新型烟草
感应加热技术与产品概论

主编 赵 伟 李雪梅 韩 熠
李廷华 赵 杨

XINXING YANCAO
GANYING JIARE JISHU YU CHANPIN GAILUN

华中科技大学出版社
http://press.hust.edu.cn
中国·武汉

内容简介

在跨国烟草企业实施由卷烟向无烟产品战略转型和将战略重心转移至以加热卷烟为代表的新型烟草的大形势下，电磁加热卷烟成为各大企业研发、制造、销售的主力产品。因此，本书介绍了磁学与磁性材料基础、电磁感应加热等方面的理论和技术，对电磁感应在加热卷烟中的应用进行了技术上的剖析，同时对电磁感应及感应加热卷烟新技术进行了展望。

图书在版编目(CIP)数据

新型烟草感应加热技术与产品概论 / 赵伟等主编. -- 武汉 ：华中科技大学出版社，2024. 8.
ISBN 978-7-5772-1214-2

Ⅰ. TS452

中国国家版本馆 CIP 数据核字第 20249GC411 号

新型烟草感应加热技术与产品概论
Xinxing Yancao Ganying Jiare Jishu yu Chanpin Gailun

赵 伟 李雪梅 韩 熠
李廷华 赵 杨 主编

策划编辑：吴晨希
责任编辑：李曜男
封面设计：原色设计
责任监印：朱 玢
责任校对：王亚钦
出版发行：华中科技大学出版社(中国·武汉) 电话：(027)81321913
武汉市东湖新技术开发区华工科技园 邮编：430223
录 排：华中科技大学惠友文印中心
印 刷：湖北新华印务有限公司
开 本：787mm×1092mm 1/16
印 张：15.5
字 数：368 千字
版 次：2024 年 8 月第 1 版第 1 次印刷
定 价：142.00 元

编辑委员会

前言

PREFACE

受惠于法拉第通过实验首次从磁场中产生电流这一电磁学领域的开创性贡献，以及麦克斯韦以数学化的方式将实验现象转化为经典的电磁场理论这一卓越成就，时至今日，人类仍尽情享用着始于19世纪60年代后期以“电气时代”为特征的第二次工业革命带来的成果。进入21世纪，烟草工业在经历了从无滤嘴卷烟向滤嘴卷烟的转变，以及低风险和低危害卷烟技术及产品的持续创新后，以2014年菲莫国际的IQOS系列加热卷烟的销售为标志，开启了从燃烧型(combustible)产品向无烟型(smoke-free)产品转变的新一轮烟草工业革命。2019年，英美烟草推出首款基于电磁加热原理的加热卷烟产品后，韩国KT&G公司和菲莫国际也紧跟步伐，推出了各自的电磁加热产品。菲莫国际于2021年推出IQOS ILUMA电磁感应加热卷烟成为加热卷烟的里程碑事件；截至2023年底，全球使用IQOS ILUMA产品的消费者已经突破1700万人，IQOS ILUMA成为目前最畅销的加热卷烟产品。

近年来，国内各大烟草企业借鉴国外加热卷烟的经验，自主研发采用各种加热技术的加热卷烟产品，在技术水平和产品质量上取得了长足进步。电磁加热型产品的研制也正处于如火如荼的阶段。

在跨国烟草企业实施由卷烟向无烟产品战略转型和将战略重心转移至以加热卷烟为代表的新型烟草的大形势下，电磁加热卷烟成为各大企业研发、制造、销售的主力产品。在此背景下，笔者认为，撰写一部较为系统阐述电磁加热卷烟的专业书籍十分必要。一方面，本书的撰写主旨是综合科普性与专业性，将电磁感应加热卷烟技术和产品发展全景尽可能完整地呈现出来；另一方面，笔者认为磁学和电磁感应加热的相关理论是支撑电磁感应加热卷烟的重要基础，是本书必不可少的组成部分。为了平衡本书的专业性和可读性并凸显与加热卷烟的相关性，笔者从无数前人呕心沥血获得的丰硕成果中撷取相关性较大的知识呈现给读者，以便读者更好地了解电磁加热卷烟在感应生热材料、感应器及交变电磁场产生、加热与控制硬软件、产品设计制造等方面的理论和技术。专业水准更高或渴望进一步厘清理论技术发展脉络的读者，可以去浩如烟海的经典著作中寻觅适合自己的知识养料。

与其他电子产品类似，由于电磁感应加热卷烟技术和产品迭代速度飞快，当读者阅读本书时，书中关于电磁感应加热卷烟的部分技术和产品可能已经被新的技术和产品取代，我们应该意识到这是科技进步的必然结果。重要的是，读者能通过阅读此书有所收获，甚至激发奇思妙想。受限于笔者的专业素养和写作水平，书中的纰漏之处在所难免，恳请读者指出并提出宝贵意见。

目录
CONTENTS

第一章

磁学与磁性材料基础

1.1 磁学理论基础

1.1.1 历史背景

在古代,人类利用天然铁矿物,特别是磁铁矿,体验到磁现象。直到近代,人们才从电磁学的角度认识了磁现象,奥斯特(Oersted)和法拉第(Faraday)等许多物理学家对此做出巨大贡献。特别是1822年,安培(Ampère)基于小的环形电流解释了磁性材料。这是对分子磁体(molecular magnet)的第一个解释。此外,安培的环路定律(circuital law)引入了磁矩(magnetic moment)或磁偶极子(magnetic dipoles)的概念,类似于电偶极子(electric dipoles)。宏观电磁现象如图1-1所示,其中条形磁铁和导线中的环路电流在物理上是等效的。

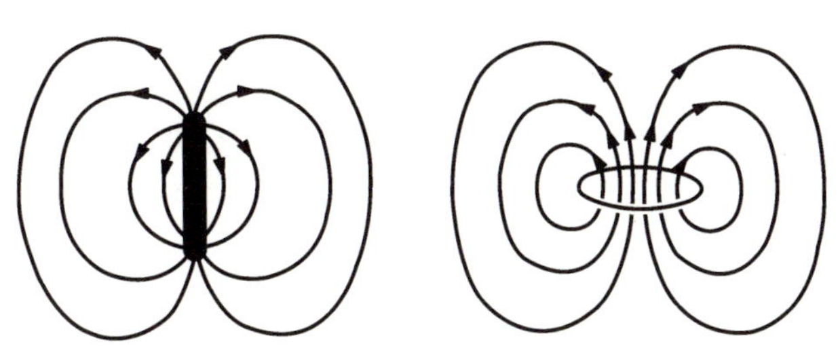

图 1-1 由条形磁铁和环形电流产生的磁场

微观相似性如图1-2所示,其中磁矩或磁偶极子与微观电子旋转运动具有可比性,但根本上没有区别。然而,对磁性起源的真正理解是伴随着20世纪新生的量子力学而来的。

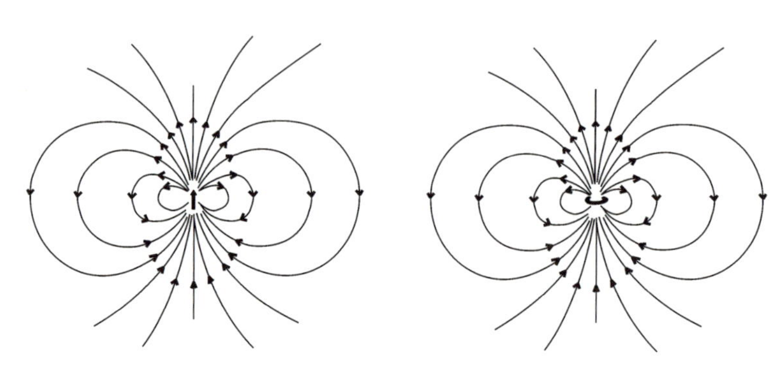

图 1-2　由磁矩和小的环形电流产生的磁场

在量子力学诞生之前，人们积累了大量关于材料磁性的数据，并通过观察每种材料对磁场的响应来实现彻底的逻辑分类。这些实验是用古埃(Gouy)和法拉第发明的磁天平进行的。磁测量原理如图 1-3 所示，天平测量的是在磁场中作用在物体上的力。

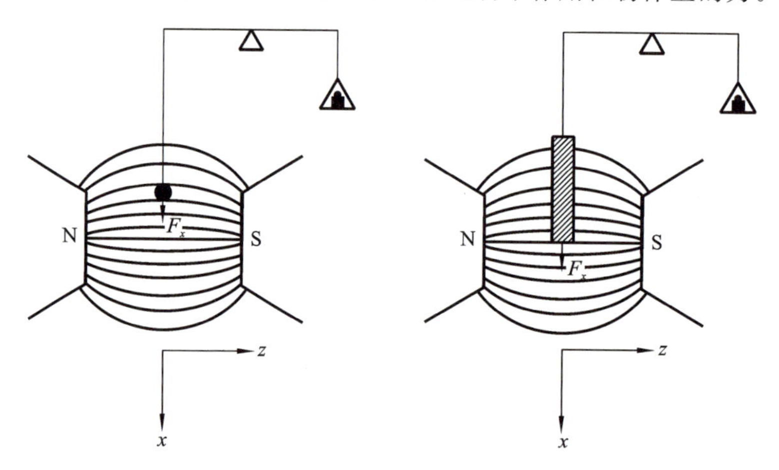

图 1-3　用于磁测量的法拉第和古埃磁天平

一般来说，根据受力方向的不同，所有材料都分为抗磁性(diamagnetic)和顺磁性(paramagnetic)两类物质。抗磁性物质倾向于从其内部排除磁场，从而在图 1-3 的实验中产生驱逐效应(expelled effect)。顺磁性指一些物质被磁场吸引。抗磁性和顺磁性物质之间的这种差异是由某些物质的原子、离子或分子中存在或不存在磁矩引起的。居里(Curie)对实验做出显著的贡献，因此理论被命名为居里定律(Curie's law)(1895 年)。韦斯(Weiss)进一步扩展了我们对磁性的理解，得到了反铁磁性(antiferromagnetism)和铁磁性(ferromagnetism)两个概念，这意味着具有反平行和平行构型的磁矩的不同磁相互作用。这些特征可用居里-韦斯定律(Curie-Weiss law)阐释。

1.1.2　磁矩及其在磁场中的能量

电路产生的磁场表示为

$$\oint \boldsymbol{H} \cdot \mathrm{d}\boldsymbol{l} = \boldsymbol{I} \tag{1-1}$$

该方程表示总电流等于磁场绕一个包含电流的闭合路径的线积分。该方程称为“安培环路定律”(Ampère’s circuital law)。电流环(current loop)产生的磁场相当于放置在电流中心的磁矩。磁矩是外加磁场施加于条形磁铁或电流环上时产生的一对力矩。如果电流环的面积为 A,电流为 I,则其磁矩定义为

$$|\boldsymbol{m}|=IA \tag{1-2}$$

磁矩的厘米·克·秒制单位(cgs unit)为“emu”,国际单位制(SI units)的单位为 $A\cdot m^2$。后一单位等同于 $J\cdot T^{-1}$。磁矩周围的磁力线如图1-2所示。在材料中,磁矩及其磁场的来源是构成材料的原子和分子中的电子。材料对外部磁场的响应与磁能有关,具体如下:

$$\boldsymbol{E}=-\boldsymbol{m}\cdot\boldsymbol{H} \tag{1-3}$$

该方程式的能量表达式采用 cgs 单位,而在 SI 单位中则加入了真空磁导率 μ_0:

$$\boldsymbol{E}=-\mu_0\boldsymbol{m}\cdot\boldsymbol{H} \tag{1-4}$$

这个 SI 单位的表达式也可以用磁感应强度 $\boldsymbol{B}$ 来表示。因此,以下表达式在 SI 单位制中更方便:

$$\boldsymbol{E}=-\boldsymbol{m}\cdot\boldsymbol{B} \tag{1-5}$$

磁感应强度的 SI 单位为 T。

1.1.3　磁化强度及磁化率的定义

分子磁体(包括原子或离子)的每一个磁矩,都作为一个整体的矢量和(vector summation)来表示。这个物理参数需要一个计数基数,如单位体积、单位重量、物质的单位数量。这用于定义材料的磁化强度(magnetization)。因此,磁化强度的单位为 $emu\cdot cm^{-3}$、$emu\cdot g^{-1}$ 和 $emu\cdot mol^{-1}$,在 SI 单位中为 $A\cdot m^{-1}$、$A\cdot m^2\cdot kg^{-1}$ 和 $A\cdot m^2\cdot mol^{-1}$,其中 $A\cdot m^2$ 可以用 $J\cdot T^{-1}$ 代替。

磁化强度是材料的一种性质,取决于其组成磁源的单个磁矩。考虑每个磁矩的矢量和,磁化强度反映了微观分子水平上的磁相互作用模式,对温度和磁场等外部参数有显著的实验行为。磁感应强度 $\boldsymbol{B}$ 是材料置于磁场 $\boldsymbol{H}$ 中时的响应。$\boldsymbol{B}$ 和 $\boldsymbol{H}$ 之间的一般关系可能很复杂,被认为是磁场强度 $\boldsymbol{H}$ 和材料磁化强度 $\boldsymbol{M}$ 作用的结果:

$$\boldsymbol{B}=\boldsymbol{H}+4\pi\boldsymbol{M} \tag{1-6}$$

该表达式采用 cgs 单位。在 SI 单位中,用真空磁导率 μ_0 将 $\boldsymbol{B}$、$\boldsymbol{H}$ 和 $\boldsymbol{M}$ 联系起来:

$$\boldsymbol{B}=\mu_0(\boldsymbol{H}+\boldsymbol{M}) \tag{1-7}$$

磁感应强度的 cgs 单位和 SI 单位分别为 G 和 T,二者之间的换算为 $1\ G=10^{-4}\ T$。

由于可用对外加磁场的直接磁化响应来测量材料的磁性,M 与 H 的比值很重要:

$$\chi=M/H \tag{1-8}$$

式中的 χ 称为磁化率(magnetic susceptibility)。普通材料的磁化强度与磁场强度成线性关系。然而,严格来说,磁化也涉及更高的磁场强度,并在磁化曲线(magnetization curve)中表现出来。普通弱磁性物质遵循 $M=\chi H$。磁化率的单位是 $emu\cdot cm^{-3}\cdot Oe^{-1}$(cgs 单位),由于 $1\ G=1\ Oe$ 成立,所以 $emu\cdot cm^{-3}\cdot G^{-1}$ 的单位也是允许的。在一些文献(特别是化学文献)中,χ 的单位为 $emu\cdot mol^{-1}$。应该指出的是,在 SI 单位中,磁化率是无量纲的。

M 和 H 的比值是磁化率;B 和 H 的比值称为磁导率(magnetic permeability):

$$\mu = B/H \tag{1-9}$$

根据上述两个 B 与 H 和 M 的方程以及 χ 和 μ 的定义可以得到以下关系：

$$\mu = 1 + 4\pi\chi(\text{cgs 单位}) \tag{1-10}$$

或

$$\frac{\mu}{\mu_0} = 1 + \chi(\text{SI 单位}) \tag{1-11}$$

式(1-11)表示无量纲关系，真空磁导率 μ_0 再次出现。材料的磁导率表示该材料对磁场的渗透性。

1.1.4　磁化过程：磁畴

1.1.4.1　磁滞回线

自发磁化的铁磁性（ferromagnetic）和亚铁磁性（ferrimagnetic）材料不一定是磁铁（magnets），如铁钉一般不具有吸引钢回形针的能力。铁钉的净磁化强度（net magnetization）为零，但它可以通过暴露在磁场中被磁化或变成磁铁。一种使铁钉成为磁铁的方法是把它放在一个多匝直流电驱动的螺线管里，这就是电磁铁（electromagnets）的工作原理。测量得到的铁钉芯中产生的磁感应强度(B)是施加在标准外部铁片上的轴向力。随着电流的增大，$B=0$、$H=0$ 状态发生变化，并沿箭头方向变化，如图 1-4 所示。当电流足够大时，B 实际上在第一象限的饱和值 B_S 处趋于平稳。在这一点上，铁钉就像磁铁一样，对铁施加最大的拉力。如果电流(和 H)减小到零，磁状态就会沿着与原来不同的路径返回，直到达到值 B_r，即剩磁（remanent induction）。在没有磁场的情况下，铁钉被磁化了。为了进一步探索磁化过程，电流极性被反转。铁钉进入第二象限的磁态，直到在 $-H_C$[称为矫顽力场（coercive field）]的磁场下退磁($B=0$)。此时铁钉对铁没有施加任何力。反向电流的进一步增大会导致感应在相反方向上的饱和($-B_S$)。当(反向)电流先减小到零(变回初始极性)，然后增加时，磁路从第三象限开始，经过第四象限，再回到第一象限，完成回线。进一步的电流循环几乎无限地再现了这种所谓的磁滞回线（hysteresis loop）。如果不发生磁饱和，则显示出较小的磁滞回线。

很明显，对于给定的磁场，可以有许多不同的磁感应强度，这取决于磁化过程。例如，穿过磁滞回线第一象限的三条路径都不重叠。路径不可逆（reversible）的事实是能量在磁化过程中损失的一个标志。在磁性材料中，磁滞回线包围的面积相当于在一个周期中损失或耗散的能量。讨论磁畴行为时，我们将探讨导致损耗的原因。

采用交流的方法，以实验跟踪回线的轨迹，并记录初始阶段的磁化过程。磁滞回线的初始斜率就是磁导率，它是软磁材料的磁性能。为了获得 μ，将材料制成环形，并在其周围缠绕许多圈导线，将其转换为电感器。比如，测量通过镍锌铁氧体的交流电流和电压，可得到磁滞回线，如图 1-5 所示。初始磁导率(μ_{in})和最大磁导率(μ_m)均由 B-H 曲线的斜率得出。电压 U_1 和 U_2 分别与 H 和 B 成正比。

1.1.4.2　磁畴

1. 磁畴的来源：静磁能

在同一方向上自发磁化的原子的集合如何在宏观上被消磁？很明显，如果材料没有消

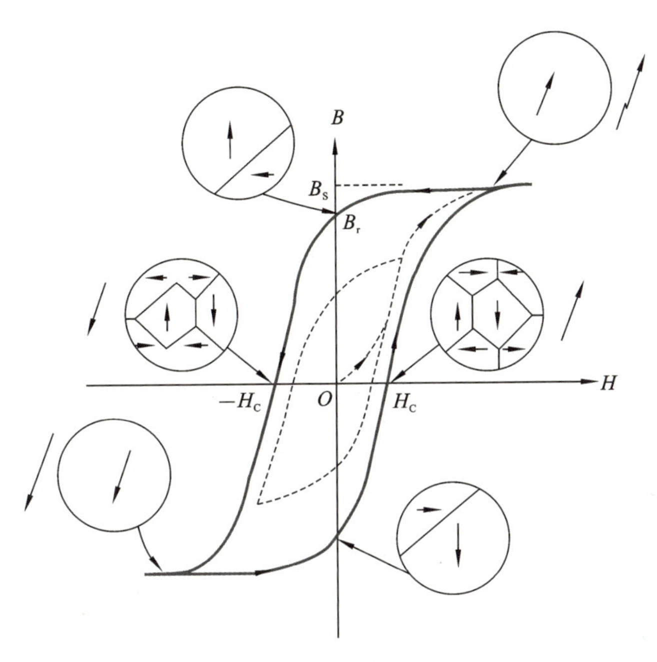

图 1-4　铁磁体的磁滞回线

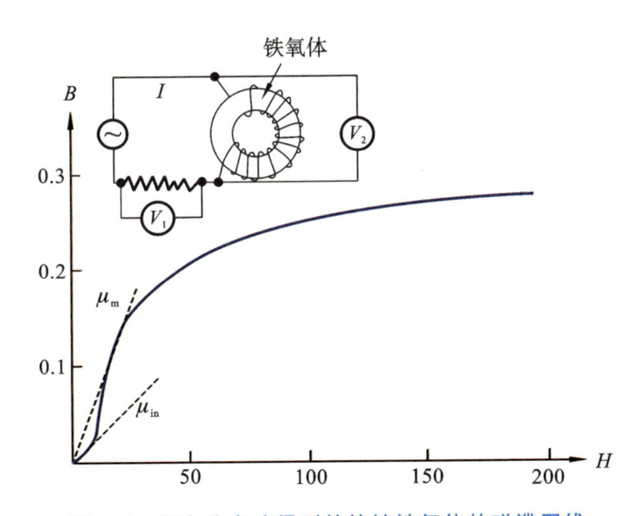

图 1-5　用交流电路得到的镍锌铁氧体的磁滞回线

磁,像条形磁铁一样,外部磁场将包围它,如图 1-6(a)所示。但是我们知道这个场是可以做功的。因此,它具有与之相关的空间静磁能(magnetostatic energy)密度(E_M,单位为 $J \cdot m^{-3}$),很像由点电荷产生的静电能密度。E_M表示自由空间中磁通线(magnetic flux lines)的密度。重要的是,E_M可以通过简单的内部磁矩重排来减小,从而产生并排的相反取向的区域或磁畴(magnetic domains),如图 1-6(b)所示。各磁畴均达到饱和磁化强度的大小(M_S),但它们的矢量是反平行的。根据自然的能量降低趋势,磁畴结构进一步发生变化,如图 1-6(c)和图 1-6(d)所示,直到没有外部磁通。取向为饱和磁化强度垂直于初始磁畴的闭合磁畴决定了外部磁通的消失。用毕特(Bitter)技术可以看到铁单晶中的磁畴,该技术使用微小的铁粒子来修饰磁畴边界，如图 1-6(e)所示。在外部出现很少磁通量的情况下，材料本质上是消磁的。磁畴结构通常与多晶晶粒结构无关。

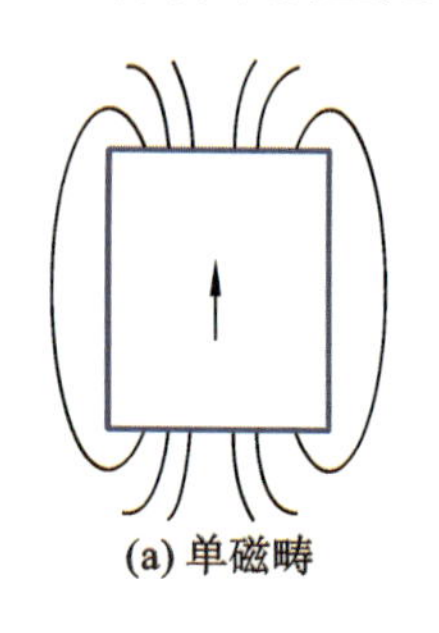
(a) 单磁畴

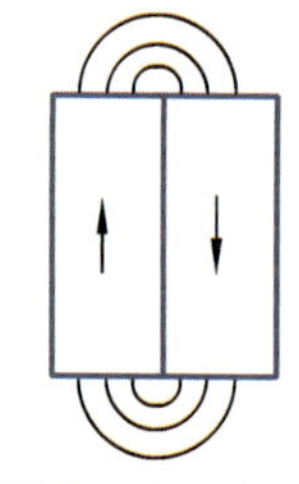
(b) 磁化相反的两个磁畴

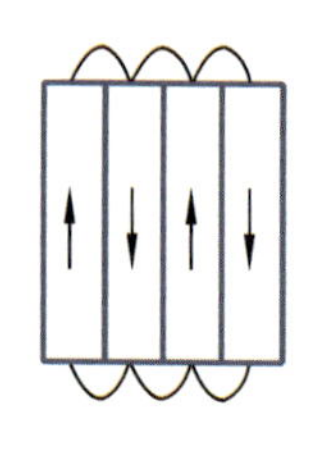
(c) 交替磁化的四个磁畴

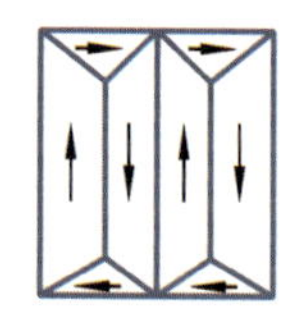
(d) 静磁能最小化的闭合磁畴

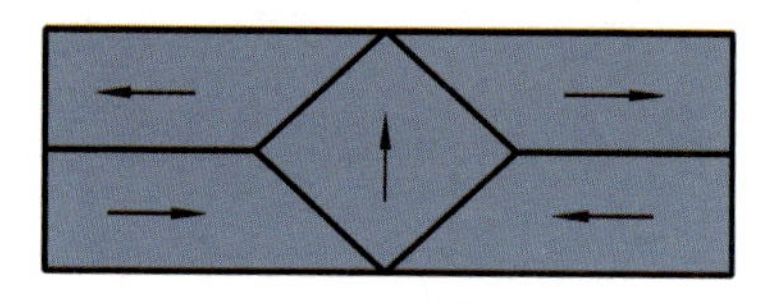
(e) H=0时的铁单晶磁畴

图 1-6　随着静磁能降低的铁磁畴结构

2. 磁畴的构型

除了图 1-6 所示磁畴，还可能有其他形状的磁畴。哪些规则控制磁畴的大小、形状和构型？就像结晶固体中的普通晶粒结构那样，需考虑其复杂的能量及其折中。其中，除静磁能外，交换能(exchange energy)、磁晶各向异性能(magnetocrystalline anisotropy energy)和畴壁能(domain wall energy)的作用尤为突出。例如，如前所述，静磁能的最小化本质上意味着单畴的分裂。但是，如果磁畴的磁矩指向反平行并且垂直于初始方向，就会产生相互竞争的能量减少机理问题。如果考虑两个相邻的、相反磁化的磁畴，如图 1-7(a)所示，过渡区或畴边界必然由连续旋转或倾斜的自旋磁矩组成。然而，最小交换能要求相邻自旋矢量之间的夹角尽可能小。这意味着磁畴边界的广泛扩大，以适应完整的 180°旋转。但是现在要考虑磁晶各向异性能(E_A)，当磁畴边界较窄或相邻自旋矢量角较大时，E_A减小。畴壁的平衡宽度(d_D)是这些相反趋势之间的折中，如图 1-7(b)所示，通常为 100 nm。

磁化强度随晶体取向而变，导致磁晶各向异性能的产生。如果铁单晶沿其三个最重要的方向磁化，则饱和磁化强度沿[100]最大，沿[111]最小，沿[110]处于这两个极值之间，如图 1-8 所示。一个小的磁场会导致沿[100]的磁饱和，但沿[111]需要更大的磁场。因此，[100]为磁化易轴(easy axis)，[111]为磁化硬轴(hard axis)；由于复杂的原因，铁原子的自旋倾向在[100]方向上。使磁化强度相对于易轴沿特定轴运动的能量被定义为 E_A，它是可以通过图形解释的量。正如应力和应变的积是机械应变能密度($J \cdot m^{-3}$)一样，M(或 B)和 H 的积是 E_A($J \cdot m^{-3}$)。在图 1-8 中，E_A是阴影区域面积，表示在易轴方向磁化铁原子所需的能量。铁中的磁畴优选沿[100]或等效地沿[010]和[001]极化。在垂直或水平畴壁(domain walls)上，磁化强度矢量从易轴转向，通过硬轴磁化方向，再次转向反平行易轴方向。窄畴壁明显降低了 E_A。磁畴过少的结构是不稳定的，因为虽然 E_A和 E_{Ex}都减少了，但 E_M增加了。同样，如果有太多的磁畴，情况则相反。因此，平衡介于两者之间。

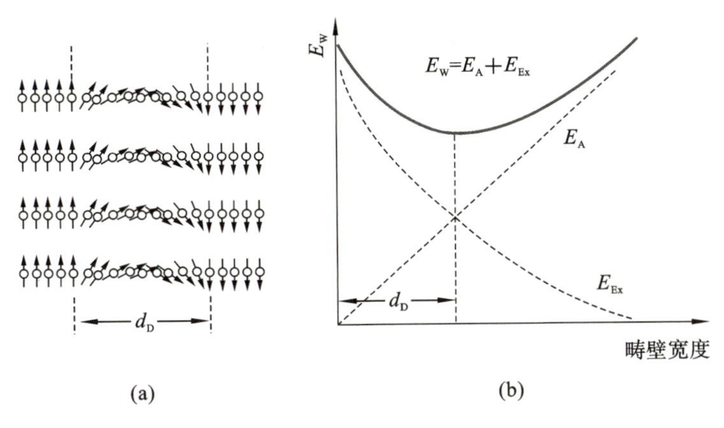

图 1-7　磁畴的构型

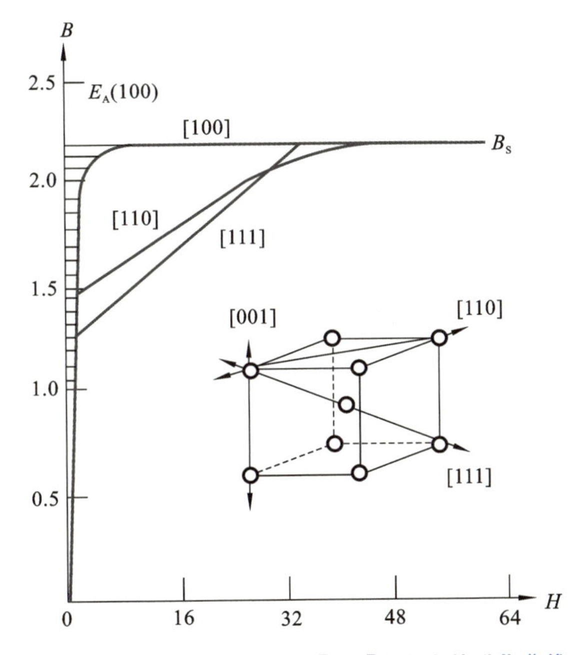

图 1-8　铁在[100]、[110]和[111]方向上的磁化曲线

3. 磁畴壁的类型

在铁磁体中已经确定了三种不同类型的磁畴壁或边界,这些磁畴壁或边界分隔相邻磁畴,如图 1-9 所示。第一种是布洛赫壁。如果磁化强度矢量在两个磁畴中都平行于书页,那么磁化强度矢量就会穿过布洛赫壁扭曲出来并回到书页。第二种是奈尔壁。在奈尔壁的情况下,磁化强度矢量也有 180°的倾斜旋转。但与布洛赫壁相反,磁化强度矢量的旋转发生在页面的平面上。图 1-6(d)中取向 45°的磁畴壁位于[110]晶向,代表 90°倾斜。第三种是枕木壁,它由从奈尔壁脊向两个方向伸出的锥形布洛赫壁线组成。布洛赫壁和奈尔壁是块状铁磁体中常见的壁,枕木壁是铁磁薄膜中常见的壁。每个畴壁都有一个结合能(E_W),典型的量级为 10^{-3}。相比而言,金属的晶界表面能为 1 J·m^{-2}。根据材料和几何形状的不同,E_W的值不同。

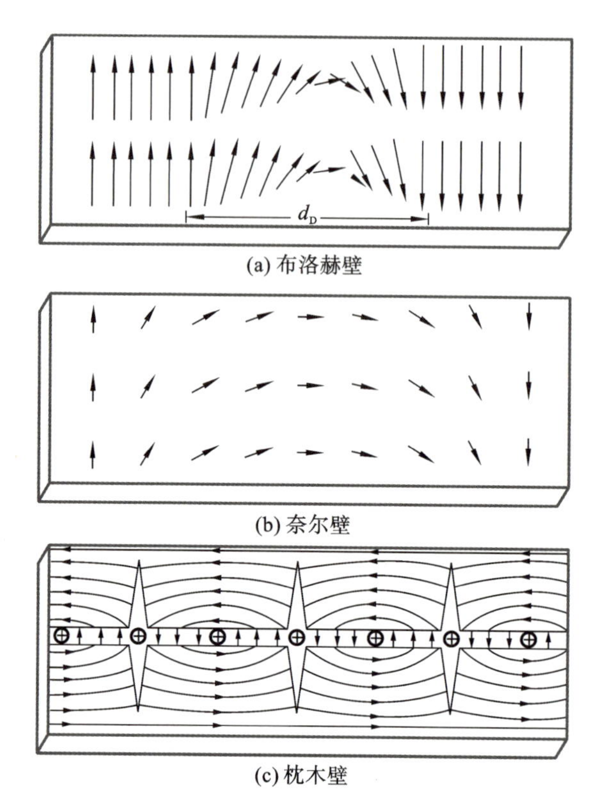

(a) 布洛赫壁

(b) 奈尔壁

(c) 枕木壁

图 1-9　磁畴壁类型

4. 磁畴、磁场相互作用

到目前为止，我们考虑的是没有外部磁场的磁畴。但我们知道，当施加磁场时，将产生净磁化，因此，一定会发生磁畴结构的改变。实际上，磁畴在三种不同的磁化过程中具有活泼的迁移性。

(1)磁场强度稍微增大时，发生的是可逆的畴壁运动(reversible domain wall motion)。在未磁化的基体中，缺陷、杂质原子、沉淀物等最初是锚定畴壁的，小的磁场强度似乎不会破坏这些相互作用；在循环过程中没有磁滞。

(2)磁场强度增大较多时，会发生不可逆的畴壁平移(irreversible domain wall translation)，移去磁场时，会发生磁滞。通过牺牲与磁场具有不利取向的磁畴，与磁场具有有利取向的磁畴得以增长。在多晶材料中，磁场不够强，不足以驱动磁化超出易轴的方向。与金属退火过程中晶粒生长的边界相对缓慢的移动不同，畴壁的移动速度非常快。当然，这种差异是由于前一种情况下发生了热激活原子运动，后一种情况下发生了集体协同自旋重定向。壁被钉扎在新的位置上，当磁场被移除时，只剩下残余磁化强度。在第二阶段磁化过程中，磁场循环过程中产生的磁滞回线面积小于饱和磁滞回线面积。

(3)在强度非常高的磁场中，发生磁畴旋转(domain rotation)，使磁化方向强制与磁场方向对齐。这可能意味着从易轴磁化方向到硬轴磁化方向的旋转，直到最终达到饱和磁感应强度。如图 1-9 所示，这些动态磁畴效应耗散能量，导致磁滞回线能量损失。

当磁场逆转时，上述顺序会被重复，但会由于磁滞效应而不太准确。退磁场产生的反向磁畴遇到了一组新的障碍，阻止了按原来的路径返回。从磁滞曲线中可以得出两个重要参数——饱和磁感应强度和矫顽力(coercivity)——它们是磁性材料的关键参数。

1.1.5　重要变量、单位和关系

考虑到 cgs 单位和 SI 单位的不同，本部分对磁学研究中的重要变量和关系进行了总结，如表 1-1 和表 1-2 所示。

表 1-1　磁学重要变量

名称	符号	cgs 单位	SI 单位	换算关系
磁能	E	erg	J	1 erg $=10^{-7}$ J
磁场强度	H	Oe	$\text{A}\cdot\text{m}^{-1}$	1 Oe $=79.58\ \text{A}\cdot\text{m}^{-1}$
磁感应强度	B	G	T	1 G $=10^{-4}$ T
磁通量	Φ	Mx	Wb	1 Mx $=10^{-8}$ Wb
磁化强度	M	$\text{emu}\cdot\text{cm}^{-3}$	$\text{Wb}\cdot\text{m}^{-2}$	$1\ \text{emu}\cdot\text{cm}^{-3}=12.57\ \text{Wb}\cdot\text{m}^{-2}$

表 1-2　磁学各变量的关系

名称	cgs 单位关系	cgs 单位	SI 单位关系	SI 单位
磁能	$E=-m\cdot H$	erg	$E=-\mu_0 m\cdot H=-m\cdot B$	J
磁化率	$\chi=M/H$	$\text{emu}\cdot\text{cm}^{-3}\cdot\text{Oe}^{-1}$	$\chi=M/H$	无量纲
磁导率	$\mu=B/H=1+4\chi$	$\text{G}\cdot\text{Oe}^{-1}$	$\mu=B/H=\mu_0(1+\chi)$	$\text{T}\cdot\text{A}^{-1}\cdot\text{m}=\text{H}\cdot\text{m}^{-1}$

由基本单位 kg、m、s 和 A 表示 SI 单位，如表 1-3 所示。

表 1-3　SI 单位的基本单位组成

SI 单位符号	SI 单位名称	基本单位
N	牛顿	$\text{kg}\cdot\text{m}\cdot\text{s}^{-2}$
J	焦耳	$\text{kg}\cdot\text{m}^2\cdot\text{s}^{-2}$
T	特斯拉	$\text{kg}\cdot\text{s}^{-2}\cdot\text{A}^{-1}$
Wb	韦伯	$\text{kg}\cdot\text{m}^2\cdot\text{s}^{-2}\cdot\text{A}^{-1}$
H	亨利	$\text{kg}\cdot\text{m}^2\cdot\text{s}^{-2}\cdot\text{A}^{-2}$

1.1.6　温度与磁化率的关系

1.1.6.1　朗之万函数与居里定律

磁化强度 M 与磁矩 m 及其数量 N 的关系可表示为

$$M=Nm[\coth(mH/kT)-kT/mH]=NmL(\alpha) \tag{1-12}$$

函数 $L(\alpha)=\coth(\alpha)-1/\alpha$ 作为 $\alpha=mH/kT$ 的函数，称为朗之万函数(Langevin function)，如图 1-10 所示。式中：H 为磁场强度，k 为玻尔兹曼常数，T 为温度。

从图中可看出特定区域 $\alpha\gg1$ 和 $\alpha\ll1$ 的朗之万函数特征。$\alpha\gg1$ 时，属于非常大的 H

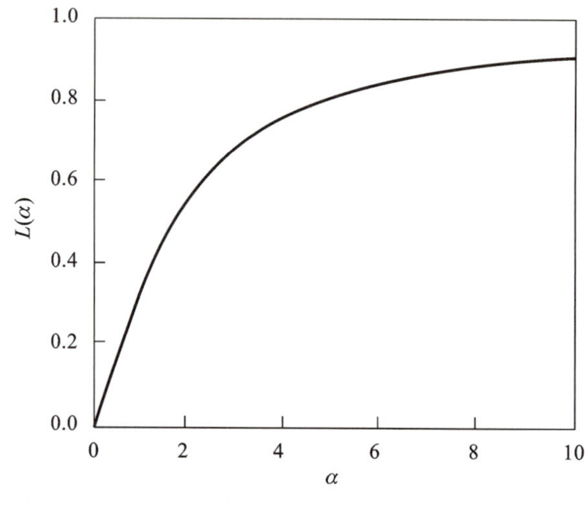

图 1-10　朗之万函数

的情况，或属于非常低的接近零开尔文的温度 T 的情况。当 $L(\alpha)$ 趋近于 1 时，M 趋近于 Nm，最大值为 $M=Nm$，相当于磁矩与磁场完全平行。如果 $\alpha \ll 1$，可以通过与 $\alpha \gg 1$ 相反的参数设置来实现。在这种情况下，朗之万函数可以展开为泰勒级数。只保留重要项，得到

$$M = Nm^2(H/3kT) \tag{1-13}$$

这一关系表明，磁化强度与外加磁场强度成正比，与温度成反比。这样，磁化率 $\chi=M/H$ 表示为

$$\chi = C/T \tag{1-14}$$

式中：$C = Nm^2/3kT$ 。

这种关系是由居里通过实验得到的，被称为居里定律，其中常数 C 是居里常数。综上所述，无特殊磁相互作用的顺磁性材料的磁化率符合这一规律，其特性可以用一个简单的公式来确定，也就是说，与温度成反比。

1.1.6.2　磁化的布里渊函数与居里定律

磁化强度 M 与磁矩数量 N 的关系可表示为

$$M = Ng_{\mathrm{J}}\mu_{\mathrm{B}}J\left\{\frac{2J+1}{2J}\coth\frac{2J+1}{2J}\alpha - \frac{1}{2J}\coth\frac{1}{2J}\alpha\right\} = Ng_{\mathrm{J}}\mu_{\mathrm{B}}JB_{\mathrm{J}}(\alpha) \tag{1-15}$$

函数 $B_{\mathrm{J}}(\alpha)=\{(2J+1)/(2J)\}\coth\{(2J+1)/(2J)\}\alpha-(1/2J)\coth\alpha/(2J)$ 称为布里渊函数(Brillouin function)，是 $\alpha=g_{\mathrm{J}}\mu_{\mathrm{B}}JH/kT$ 的函数，在 $J\to\infty$ 的极限下等于朗之万函数。式中，J 表示角动量算符，g_{J} 表示朗德 g 因子(Landé g factor)，μ_{B} 表示玻尔磁子。

保留第一个有意义的项，磁化率用居里定律表示，其形式与朗之万函数的情况类似：

$$\chi = C/T \tag{1-16}$$

式中：$C = Ng_{\mathrm{J}}^2\mu_{\mathrm{B}}^2J(J+1)/3k$ 。

比较从朗之万函数和布里渊函数推导出的居里定律的两种形式，可以看出居里常数揭示了微观磁矩的量子力学意义，即

$$m^2 = g_{\mathrm{J}}^2\mu_{\mathrm{B}}^2J(J+1) \tag{1-17}$$

1.1.6.3　居里-韦斯定律

实际上，观测到的磁化率并不符合居里定律。这是因为，在上述居里定律的推导中，假设了孤立的磁矩，因此不考虑磁相互作用。许多磁性材料在单个磁矩之间或多或少地具有各种磁相互作用，从而导出了居里-韦斯定律(Curie-Weiss law)：

$$\chi = C/(T-\theta) \tag{1-18}$$

校正项 θ 具有温度单位，称为韦斯常数，根据 $1/\chi$-T 图对其进行经验评估。图 1-11 将居里-韦斯定律与居里定律进行了对比。数据的横坐标截距发生在远离原点的地方，而根据居里定律，直线在原点相交。假定磁相互作用存在，可推导出居里-韦斯定律。虽然韦斯没有解释磁矩之间相互作用的细节，但其基本概念里除了外部磁场，还有由磁化产生并作用于磁矩的分子场(molecular field)。分子场与磁化强度 $\boldsymbol{M}$ 成正比，有效磁场 $\boldsymbol{H}_{\mathrm{eff}}$ 与外加磁场 $\boldsymbol{H}$ 结合，可表示为

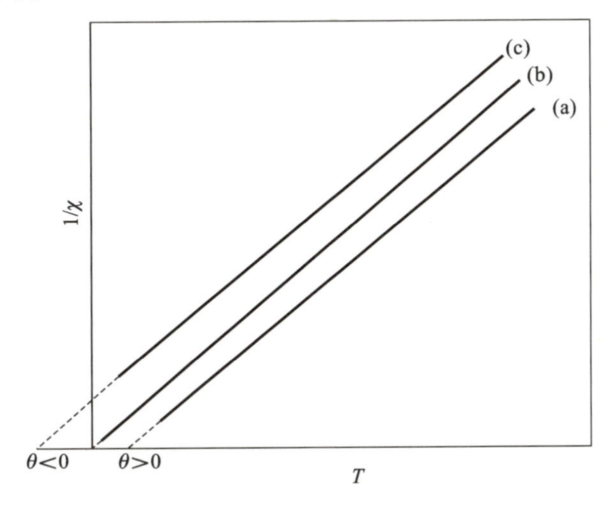

图 1-11　居里定律与居里-韦斯定律对比

$$\boldsymbol{H}_{\mathrm{eff}} = \boldsymbol{H} + \Gamma\boldsymbol{M} \tag{1-19}$$

$\Gamma\boldsymbol{M}$ 表示分子场，而 Γ 称为分子场系数。在居里定律关系 $M/H=C/T$ 中，将有效磁场代入，则有如下关系：

$$M = CH/(T-C\Gamma) \tag{1-20}$$

在 $\chi=M/H$ 的表达式中，取韦斯常数 $\theta=C\Gamma$，得到居里-韦斯定律。居里-韦斯定律预测了温度 $T_{\mathrm{C}}=\theta$ 时的反常行为。磁化率的差异对应于向自发磁有序的相变。相变温度称为居里温度(Curie temperature)(T_{C})。低于该温度，材料表现出铁磁性和自发磁化。θ 的正值表示分子场与外加场的作用方向相同，因此磁矩可能彼此平行排列，与磁场的方向相同。

另一方面，有时观察到 θ 为负值，此时磁矩的排列似乎相反，就像反铁磁性一样。奈尔对反铁磁性的形成做了解释。在最简单的磁矩排列中，可以假设有两个亚晶格，其中每个亚晶格在相同的方向上包含相同的磁矩。这些结构相同的亚晶格被标记为 A 和 B，并且彼此之间具有磁相互作用：A 与 A、A 与 B 和 B 与 B。忽略 A 与 A 和 B 与 B 相互作用，亚晶格 A 中的磁矩可视作亚晶格 B 中磁矩产生的分子场，反之亦然。与铁磁性情况相比，分子

场的方向明显相反，因此，可以假设

$$\boldsymbol{H}_{\mathrm{eff}}^{\mathrm{A}}=\boldsymbol{H}-\Gamma\boldsymbol{M}_{\mathrm{B}} \tag{1-21}$$

和

$$\boldsymbol{H}_{\mathrm{eff}}^{\mathrm{B}}=\boldsymbol{H}-\Gamma\boldsymbol{M}_{\mathrm{A}} \tag{1-22}$$

式中：$\boldsymbol{M}_{\mathrm{A}}$和$\boldsymbol{M}_{\mathrm{B}}$分别是亚晶格 A 和 B 的磁化强度。

遵循与铁磁性情况同样的过程，可以得到亚晶格磁化强度$\boldsymbol{M}_{\mathrm{A}}$和$\boldsymbol{M}_{\mathrm{B}}$，即

$$\boldsymbol{M}_{\mathrm{A}}=C'(\boldsymbol{H}-\Gamma\boldsymbol{M}_{\mathrm{B}})/T \tag{1-23}$$

和

$$\boldsymbol{M}_{\mathrm{B}}=C'(\boldsymbol{H}-\Gamma\boldsymbol{M}_{\mathrm{A}})/T \tag{1-24}$$

总的磁化强度$\boldsymbol{M}$表示为$\boldsymbol{M}=\boldsymbol{M}_{\mathrm{A}}+\boldsymbol{M}_{\mathrm{B}}$，得到下式：

$$\boldsymbol{M}=2C'\boldsymbol{H}/(T+C'\Gamma) \tag{1-25}$$

在$\chi=M/H$表达式中，得到居里-韦斯定律，韦斯常数为负，即$\theta=-C'\Gamma$。居里-韦斯定律预测了温度$T_{\mathrm{N}}=-\theta$时的反常行为。就像铁磁性的情况，虽然磁化率的差异不是共存的，但发生了从顺磁性到反铁磁性的相变。在反铁磁有序态中，每个亚晶格都自发磁化，就像铁磁体的自发磁化一样。该相变温度称为奈尔温度(Néel temperature)(T_{N})。

综上所述，居里-韦斯定律与铁磁体和反铁磁体兼容。我们必须描述磁有序态的特征，必须仔细研究磁矩相互作用的机制，以便从量子力学的角度进一步理解磁性。

1.2 磁性材料概述

当一种材料在居里温度以下具有原子级的磁矩并显示出长程有序(铁磁体、反铁磁体和亚铁磁体)时，我们就说它是具有磁性的。在铁磁性材料中，所有的磁矩彼此平行。在反铁磁性和亚铁磁性材料中，一个晶格位置上的磁矩与另一个晶格不同位置上的磁矩反平行。在反铁磁体中，两种位置上的原子磁矩相等，没有净磁矩；在亚铁磁体中，原子磁矩是不相等的，结果存在净磁矩。如果一种材料的原子级磁矩没有自发有序，但对外加磁场的响应会增加其磁矩密度(顺磁性材料)，那么这种材料也可以说是有磁性的。磁性材料也可以包括抗磁性材料，这种材料不需要具有原子尺度的磁矩，但通过产生与外加磁场相反的弱磁化来响应外加磁场。根据这个广义的定义，可以说所有的材料都是有磁性的。

磁性材料的一个更严格的定义可能从那些在室温下显示铁磁有序的材料开始，也就是说，它们的居里温度高于室温。在所有元素中，只有 Fe、Co、Ni 和 Gd 四种元素在室温下是铁磁性的。其他一些元素表现出反铁磁性(如 Cr)或其他形式的磁有序，如螺旋磁矩排列(Tb、Sm、Ho 等)。然而，从这些少数元素开始，重要的铁磁性、反铁磁性和亚铁磁性合金和化合物的类别可以扩大到包括元素周期表中大约三分之二的元素。至少有三种材料(Cu_2MnAl、ZrZn 和 InSb)是铁磁性的(后两者仅在低温下呈现铁磁性)，尽管它们不包含上

述强铁磁性元素。

如果磁性材料通过改变磁化状态来响应相对较弱的外场，就被称为软材料。如果外场不均匀，这种磁化强度的变化就会伴随着作用在材料上的力的变化。当存在一个明显的相反场时，磁性材料仍保持净磁化状态，就被称为硬材料。硬材料产生的磁场可以吸引其他软材料或硬材料。半个世纪以前，工程师对磁性材料的大部分兴趣要么与这些力有关（如电机、电磁制动器），要么与它们集中磁通量（如磁屏蔽）或增强磁通量变化（如电感器和变压器）的能力有关。今天，工程师对磁性材料的兴趣已经扩展到包括它们以非易失性(nonvolatile)方式高密度存储信息的能力（当存储设备的电源关闭时，信息仍然保留），以及它们各种各样的电性能和自旋输运(spin transport)特性。

虽然令人兴奋的新磁性成分仍在不断被发现，但现有磁性成分所表现出的性能范围经常通过将它们制成薄膜、多层结构或纳米颗粒等形式，而被扩大和/或根据特定需求进行定制。在这些降维结构中，由于改变了界面附近的原子和化学结构，以及通过在小的长度尺度上排列磁性甚至非磁性成分，可以获得新的磁性，从而可以设计新的磁性相互作用和输运效应。因此，现代对磁性材料的认知不仅必须包括其性质随组成变化的材料，还必须包括其性质随键类型和/或晶体结构变化的材料。此外，设计旧成分的新结构也取得了新进展。

以 MKS(米·千克·秒制)单位表示的磁场 $\boldsymbol{B}$ 和 $\boldsymbol{H}$ 的关系为 $\boldsymbol{B}=\mu_0(\boldsymbol{H}+\boldsymbol{M})$，其中 $\boldsymbol{H}$ 为宏观电流密度($J=I/A$)引起的外加磁场。安培定律将磁场与电流联系起来：

$$\nabla\times\boldsymbol{H}=J \text{ 或} \oint \boldsymbol{H}\cdot \mathrm{d}\boldsymbol{l}=I \tag{1-26}$$

$\boldsymbol{H}$ 的单位为 $\mathrm{A}\cdot\mathrm{m}^{-1}$。$\boldsymbol{M}$ 为材料中的磁矩密度或磁化强度，$\boldsymbol{M}=N\langle\boldsymbol{\mu}_{\mathrm{m}}\rangle/V$，$\langle\boldsymbol{\mu}_{\mathrm{m}}\rangle$ 为体系中每个原子或分子的平均磁矩，N/V 为单位体积中此类实体的数量。磁化强度 $\boldsymbol{M}$ 虽然与 $\boldsymbol{H}$ 具有相同的 MKS 单位，但它是由微观电流引起的。B 为磁通密度 φ/A，单位为 T，其时间变化率根据法拉第定律产生电压：

$$\nabla\times\boldsymbol{E}=-\partial B/\partial t \text{ 或} \oint E\cdot \mathrm{d}t=U=\frac{-\partial\varphi}{\partial t} \tag{1-27}$$

引起磁化的微观电流是电子的自旋动量和轨道角动量。

磁化率 χ_{m} 通常用来描述顺磁性和抗磁性材料对磁场强度的弱磁响应。χ_{m} 的大小通常为 $\pm(10^{-6}\sim10^{-4})$(MKS 单位制中无量纲)。抗磁性不是将先前存在的原子磁矩对齐的问题。更确切来说，它是一种对外加磁场的电子响应，产生了轨道角动量的新分量，从而产生了磁矩。抗磁响应总是负的，因为它可以追溯到经典的法拉第定律或伦茨定律。顺磁性(抗磁性)材料的磁化率 $\chi=+(-)10^{-5}$，在 $H=10^6\ \mathrm{A}\cdot\mathrm{m}^{-1}$（外加场 $B=\mu_0 H\approx1.25\ \mathrm{T}$）的磁场下，磁化强度 $M=10\ \mathrm{A}\cdot\mathrm{m}^{-1}$。当磁化强度为 $10\ \mathrm{A}\cdot\mathrm{m}^{-1}$ 时，磁通密度 $B=\mu_0 M=1.25\times10^{-5}\ \mathrm{T}$，比铁磁性材料的自发磁化强度小 5 个数量级。

顺磁材料对外部磁场弱磁响应的原因是热能 $k_{\mathrm{B}}T$ 压倒了有利于顺磁矩与 $g\mu_{\mathrm{B}}B$ 对齐的能量。顺磁体（或铁磁体，见下文）中与磁化强度相关的场和温度的关系由布里渊函数 $B_{\mathrm{J}}(x)$ 描述：

$$\frac{M(H,T)}{M(\infty,0)}=B_{\mathrm{J}}(x)=\frac{2J+1}{2J}\coth\left(\frac{2J+1}{2J}x\right)-\frac{1}{2J}\coth\left(\frac{x}{2J}\right) \tag{1-28}$$

J 为总（自旋加轨道）角动量量子数，$x=g\mu_0\mu_{\mathrm{B}}JH/(k_{\mathrm{B}}T)$，表示磁场中相对于热能 $k_{\mathrm{B}}T$ 的磁矩能量。

1.3 磁性材料类型

1.3.1 概述

根据材料的整体磁化率，材料可以根据磁性行为分为五类。两种最常见的磁性是抗磁性和顺磁性，它们解释了元素周期表中大多数元素在室温下的磁性（见图 1-12）。

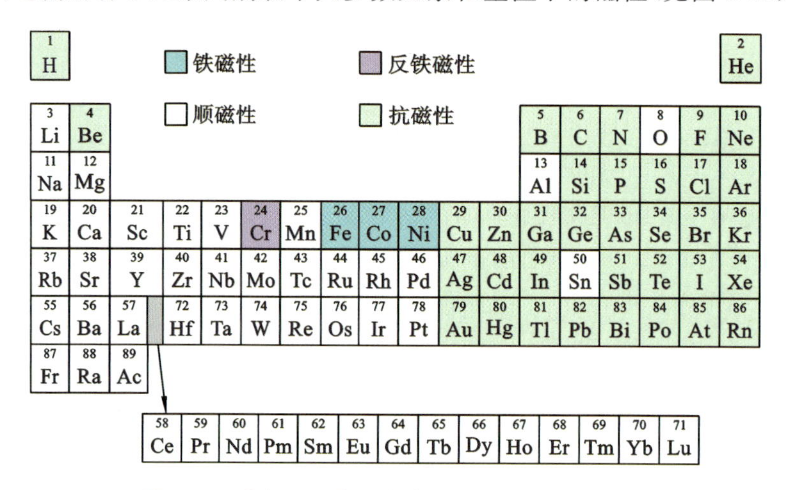

图 1-12 室温下元素周期表中各元素的磁性类型

室温下抗磁性和顺磁性元素通常都是非磁性元素，而那些称为有磁性的元素实际上划归铁磁性元素。在室温下，在纯元素中观察到的另一种磁性是反铁磁性。磁性材料还包括亚铁磁性材料，尽管这在任何纯元素中都没有观察到，而只能在化合物中发现，如称为铁氧体（ferrites）的混合氧化物，亚铁磁性的名称由此而来。对于每种类型的材料，磁化率都有一个特定的范围，见表 1-4。

表 1-4 不同类型磁行为小结

类型	例子	原子/磁行为		
抗磁性	惰性气体；Au、Cu、Ag 等金属；B、Si、P、S 等非金属元素；Na^+、Cl^- 离子及其盐；H_2、N_2 等双原子分子；H_2O；多数有机化合物	原子没有磁矩；磁化率小且为负（-10^{-5} ～ -10^{-6}）		M H

续表

类型	例子	原子/磁行为		
顺磁性	Al 等金属；O_2、NO 有双原子气体；过渡金属和稀土金属离子及其盐；稀土氧化物	原子有随机取向的磁矩；磁化率小且为正（10^{-5}～10^{-3}）		
铁磁性	Fe、Co、Ni 等过渡金属；铁磁元素合金；MnBi、Cu_2MnAl 等	原子有平行排列的磁矩；低于 T_C 时磁化率较大		
反铁磁性	MnO、CoO、NiO、Cr_2O_3、MnS、MnSe、CuC_{12}	原子有反平行排列的磁矩；磁化率小且为正（10^{-5}～10^{-3}）		
亚铁磁性	Fe_3O_4（磁铁矿）等化合物；γ-Fe_2O_3（磁赤铁矿）；铁与其他元素的混合氧化物（如 Sr 铁氧体）	原子混合了平行排列和反平行排列的磁矩；低于 T_C 时磁化率较大		

1.3.2　抗磁性

在抗磁性材料中，当没有外加磁场时，原子没有净磁矩。在外加磁场的影响下，自旋电子及其运动在与外加磁场相反方向产生磁化强度。所有材料均有抗磁效应。磁化率与温度无关。

1.3.3　顺磁性

朗之万模型(Langevin model)适用于具有非相互作用局域电子(localized electrons)的材料，认为每个原子具有一个磁矩，在热搅动(thermal agitation)作用下，磁矩方向随机。在外加磁场作用下，这些磁矩稍微平行，因此，在与外加磁场相同方向上的磁化强度较低。随着温度升高，热搅动将增加，使得原子磁矩的平行变得更困难，因此，磁化率将降低。该行为称为居里定律(Curie law)，如下式所示：

$$\chi = C/T \tag{1-29}$$

式中:C 为居里常数。

在遵守该定律的材料中,磁矩定位在原子或离子的局域,与相邻磁矩之间没有相互作用。过渡金属的水合盐(如 $CuSO_4 \cdot 5H_2O$)中,具有磁矩的过渡金属离子被许多非磁性离子(原子)包围,阻止了相邻磁矩之间的相互作用。

实际上,居里定律是更通用的居里-韦斯定律的特例。该定律如下式所示:

$$\chi = \frac{C}{T-\theta} \tag{1-30}$$

方程式中包含一个温度常数,由铁磁性材料的韦斯理论推导得出,该理论包含磁矩之间的相互作用。其中,θ 可为正、可为负、可为零。当 $\theta=0$ 时,居里-韦斯定律就相当于居里定律。当 θ 不为零时,相邻磁矩之间有相互作用,材料只有超过某一相变温度(transition temperature)时才具有顺磁性。如果 θ 为正,材料在低于相变温度时为铁磁性,θ 对应相变温度(居里温度)。如果 θ 为负,材料在低于相变温度(奈尔温度)时为反铁磁性。然而,θ 与奈尔温度无关。更重要的是,只有当材料处于顺磁态时,该方程才有效。该方程对许多金属无效,因为对磁矩有贡献的电子没有局域化。该定律也不适用于一些金属(如稀土),因为其 4f 电子产生的磁矩紧密结合。

顺磁性的泡利模型(Pauli model)适用于具有自由电子的材料,其中的自由电子相互作用形成导带,这对于多数顺磁性金属有效。在该模型中,传导电子(conduction electrons)被认为基本上是自由电子,在外加磁场作用下,自旋相反的电子之间建立一种不平衡,使得在与外加磁场相同方向上具有低的磁化强度。磁化率与温度无关,尽管电子能带结构会受影响,然后又对磁化率产生影响。

1.3.4 铁磁性

原子在晶格中排列且原子磁矩相互作用而彼此平行排列时才可能产生铁磁性。韦斯在 1907 年首次提出了在铁磁性材料中存在分子场的经典理论,并用以解释该效应。该分子场不足以使材料磁化至饱和。在量子力学中,铁磁性的海森堡模型(Heisenberg model)描述了磁矩在相邻磁矩之间的交换作用(exchange interactions)下的平行排列。

韦斯假设材料内存在磁畴,它们是原子磁矩排列的区域。这些磁畴的运动决定了材料是如何对磁场进行响应的,结果使得磁化率与外加磁场具有函数关系。因此,铁磁性材料通常根据饱和磁化强度(saturation magnetization)(所有磁畴平行时的磁化强度)而不是磁化率来比较。

在元素周期表中,只有 Fe、Co、Ni 在室温及室温以上是铁磁性的。当加热铁磁性材料时,原子的热搅动使原子磁矩的平行度降低,使饱和磁化强度也降低。最终,热搅动变得很大,使得材料变为顺磁性,此时的相变温度称为居里温度。超过居里温度时,磁化率按照居里-韦斯定律变化。

1.3.5 反铁磁性

元素周期表中唯一在室温下具有反铁磁性的元素是 Cr。反铁磁性材料与铁磁性材料非常相似，但相邻原子之间的交换相互作用导致原子磁矩的反平行排列。因此，磁场抵消，材料表现出与顺磁性材料相同的行为方式。像铁磁性材料一样，这些材料在超过相变温度（奈尔温度）时变为顺磁性（Cr 的奈尔温度为 37 ℃）。

1.3.6 亚铁磁性

我们仅在化合物中观察到亚铁磁性，化合物具有比纯元素复杂得多的晶体结构。在这些材料中，交换作用使得一些晶格位置的原子平行排列而其他位置的原子反平行排列。材料分解产生磁畴，就像铁磁性材料，磁行为也相似，尽管亚铁磁性材料通常有更低的饱和磁化强度。例如，在钡铁氧体（$BaO \cdot 6Fe_2O_3$）中，晶胞含有 64 个离子，其中钡离子和氧离子没有磁矩，16 个 Fe^{3+} 离子具有平行排列的磁矩，8 个 Fe^{3+} 离子具有反平行排列的磁矩，使净磁化与外加磁场平行，但由于只有其中 1/8 的离子对材料的磁化有贡献，磁化强度相对较低。

1.4 磁性材料的交流特性

1.4.1 概述

直流（DC）磁滞回线对于研究材料的基本性质非常重要，其操作相当于直流场，因此也用于永磁材料的设计。然而，磁性材料的使用主要是在交流条件下，也就是说，磁场是由电流正弦变化或根据其他波形（方形、三角形、锯齿形等）产生的。

1.4.2 交流磁滞回线

当电流经过一个正弦波周期时，磁化将经过一个磁滞回线周期，如图 1-13 所示。这种类型的回路称为交流磁滞回线，在低频时近似于直流磁滞回线。然而，随着激励电流的频率引入某些差异，因此回线的频率增加。损耗增加了回线的宽度。实际上，磁滞回线中包含的面积表示材料在循环磁化过程中的损耗。

通过研究磁滞回线遍历过程中的域动力学得知，由于不可逆的磁畴变化产生的磁滞引起的损耗以热的形式释放，称为磁滞损耗。这种类型的损耗对于交流磁滞回线和直流磁滞回线是相同的。然而，随着频率的增加，称为涡流的内部电流回路会产生损耗，从而扩宽磁滞回线。这些涡流在磁性材料的选择中是极其重要的。

1.4.3 涡流损耗

当一种材料被循环磁化时，如被正弦波电流磁化，材料中就会感应到与产生磁化电流和交变磁场的电压方向相反的电压。感应电压将在材料中形成环形电流，产生与原磁场相

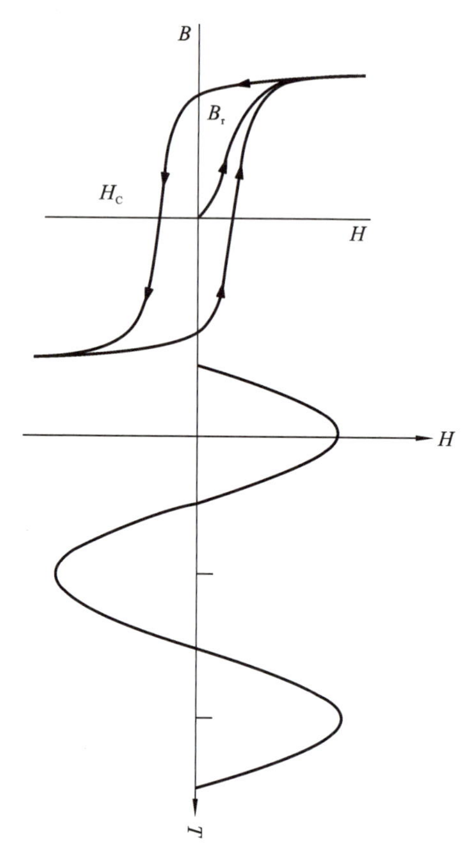

图 1-13 正弦波电流通过一个正弦波周期的磁滞回线驱动磁化的关系示意

反的磁场。如果圆柱形样品被螺线管绕组磁化，就会在圆柱体的中心轴周围产生同心圆的涡流。这些电流环路中的每一个都会产生磁场，因此在圆形截面的中心产生的涡流场最大，而在该区域周围产生电流环路的磁场数量最多。圆柱体外部的涡流场将是最低的，周围的电流回路最少。

感应电压是 $\mathrm{d}B/\mathrm{d}t$（感应场强随时间的变化率）的函数。频率 f 越高，即 $\mathrm{d}B/\mathrm{d}t$ 中的 $1/t$ 越高，感应电压越大，涡流损耗越大。所有类型的材料都会发生涡流损耗，但磁性材料的涡流损耗更大，因为磁性材料的磁导率更高，所以感应场强的变化 ΔB 也更大。非磁性材料中涡流损耗的一个重要例子发生在磁性器件的铜绕组中。必须在磁性元件中单独考虑这些损耗。涡流效应强烈地依赖于材料的电阻率，材料的电阻率会影响涡流回路电阻。由于 $I=E/R$，对于相同的感应电压，高电阻率将减少涡流，从而减小相反的磁场。

在低频或中频下，如果样品尺寸不是很大，则涡流对磁场的减小作用很小。趋肤深度涉及时间因素，因此在低频时有足够的时间使涡流扩散，并使施加的磁场到达样品的中心。在较高的频率下，涡流没有足够的时间衰减，因此在距离中心较远或距离表面较近的地方，反向磁场将变得明显。最终，随着频率的进一步增加，所施加的磁场只穿透到很小的深度。这些增加的涡流使样品内部屏蔽了施加的磁场。在电阻率低的金属中，为了减少涡流的影响，用金属带制造的元件被轧制得很薄，并与相邻层绝缘。

施加场的趋肤深度可以用频率和其他参数来表示。趋肤深度定义为施加的磁场减小为表面磁场的 $1/e$ 的深度。

在三倍及三倍以下的趋肤深度，所施加的磁场非常小，使材料无用。在这个区域产生涡流的能量被用来加热样品。这是感应加热和熔融的基础。此外，表面的磁通与中心的磁通之间存在相位滞后。表面的磁化方向与内部的磁化方向可能是相反的。

1.4.4　电阻率

涡流损耗与电阻率有关。材料电阻率定义为

$$R=\rho l/A \tag{1-31}$$

式中：R 是电阻；l 是材料长度；A 是材料面积；ρ 是材料电阻率。

表 1-5 列出了一些铁氧体和金属铁磁性材料的电阻率。

表 1-5　铁氧体和金属铁磁性材料的电阻率

材料	电阻率(Ω・cm)	材料	电阻率(Ω・cm)
Zn 铁氧体	10^2	Co 铁氧体	10^7
Cu 铁氧体	10^5	MnZn 铁氧体	$10^2 \sim 10^3$
Fe 铁氧体	4×10^{-3}	钇铁石榴石	$10^{10}\sim10^{12}$
Mn 铁氧体	10^4	铁	9.6×10^{-6}
NiZn 铁氧体	10^6	硅铁	50×10^{-6}
Mg 铁氧体	10^7	镍铁合金	45×10^{-6}

涡流损耗与电阻率的关系为

$$P_e = kB_m^2 f^2 d^2/\rho \tag{1-32}$$

式中：k 是与样品几何构型有关的常数；B_m 是最大磁感强度；f 是频率；d 是磁通穿透的最小尺寸；ρ 是电阻率。

因此，随着频率的增加，为保持涡流损耗恒定，所选材料的电阻率必须随频率的平方而增加。

1.4.5　磁导率

磁导率与磁畴壁的移动有关。在交流磁滞回线中，涡流损耗会明显改变磁滞回线，也会改变磁导率，如果回线更宽，则需要更大的磁场才能获得等效的感应场。因此，我们期望交流磁导率与频率相关，事实也确实如此。

1.4.5.1　初始磁导率

小回线的一种特殊情况是材料没有被磁化到饱和的回线，即磁场强度水平非常小的回线。这是在电话或无线传输等电信领域遇到的回线类型。在这种情况下，系统被称为瑞利区，在这种情况下的磁导率称为初始磁导率。

$$\mu_0 = \lim(B/H) \tag{1-33}$$

当 $B \to 0$ 时，如图 1-14 所示，μ_0 为初始磁导率，μ_m 为最大磁导率，μ_Δ 为微分磁导率。

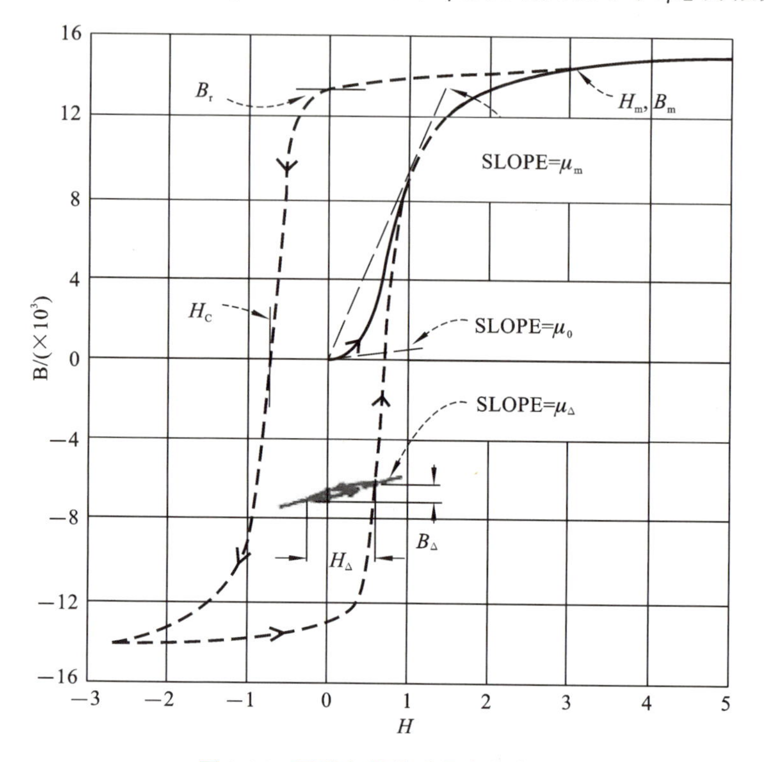

图 1-14　回线各部分磁导率的类型

在米-千克-秒-安培制系统中，μ_0 用作常数，并定义为真空磁导率。在这种情况下，μ_{in} 常用于表示初始磁导率。这里采用 μ_0 表示初始磁导率。

1.4.5.2　磁导率谱

在高频下，磁导率分为两个分量：μ' 和 μ''。其中，μ' 表示磁化与交变磁场同相时的磁导率，μ'' 表示磁化与交变磁场异相时的虚部磁导率。这里的“同相”是指磁场的最大值和最小值与感应场的最大值和最小值重合；这里的“异相”是指最大值和最小值相差 90°。

复合的复数磁导率用复数记法表示为

$$\mu = \mu' - j\mu'' \tag{1-34}$$

式中：μ' 为实部磁导率(同相)，μ'' 为虚部磁导率(异相)。

这两种磁导率通常以频率函数的形式绘制在同一张图上，称为磁导率分散或磁导率谱，如图 1-15 所示。

需要注意的是，磁导率的实部分量 μ' 随频率变化比较恒定，开始稍微上升，然后在较高频率时迅速下降。虚部分量 μ'' 先缓慢上升，然后突然增加，而实部分量 μ' 急剧下降。虚部分量在实部磁导率下降到其初始值的一半时达到最大值。正如复磁导率的定义所指的那样，这些曲线耦合是由于频率增加而使损耗增加，导致磁导率降低。如前所述，这一事实与涡流损耗增加有关。

图 1-15 中频率的影响中，还有一种类型的损耗变得重要，并且可能在某些频率上占主导地位。这种损耗归因于一种叫作铁磁共振的磁现象，或者，对于铁氧体就是亚铁磁共振。

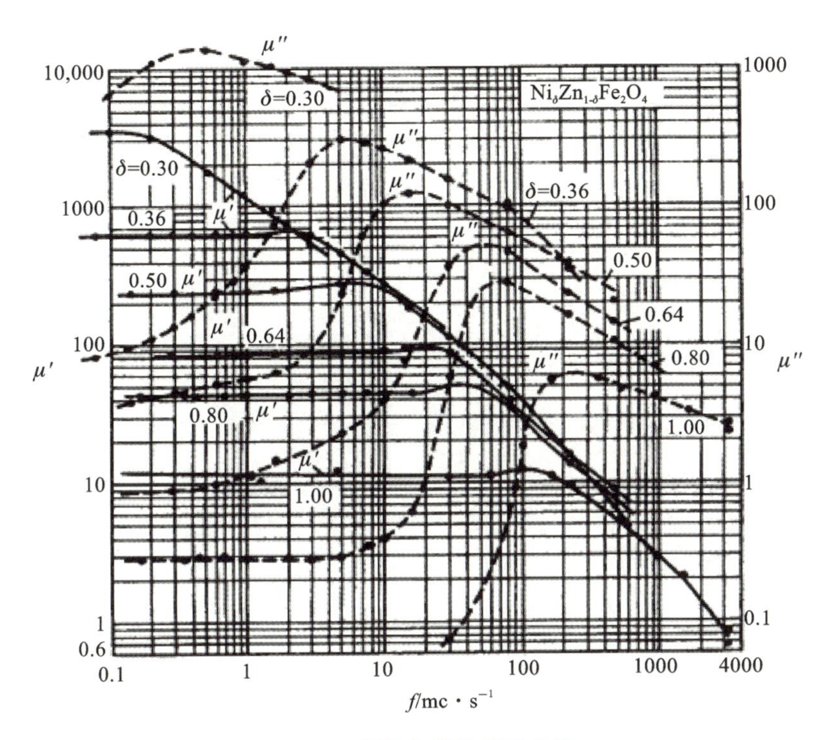

图 1-15　镍铁氧体的磁导率谱

这个因素限制了磁性材料的使用频率。我们还观察到，材料的磁导率越高，亚铁磁共振的发生频率越低。

1.4.5.3　损耗正切和损耗因子

表示材料损耗的虚部磁导率与实部磁导率之比是衡量磁性系统效率的指标，称为损耗正切：

$$\tan\delta = \mu'' / \mu' \tag{1-35}$$

将单位磁导率的损耗正切归一化，就有了描述单位磁导率损耗特性的材料性质，称为损耗因子：

$$\mathrm{LF} = \tan\delta / \mu \tag{1-36}$$

显然，这个参数越小越好。比如讨论铁氧体在电感中的应用时，应考虑损耗因子如何满足元件要求。

1.4.5.4　损耗系数

对于低能量应用，Legg 表明磁性材料中的损耗可以根据以下公式分为 3 个不同的类别：

$$\frac{R_S}{\mu f L} = h B_m + ef + a \tag{1-37}$$

式中：R_S 为损耗电阻；L 为电感；h 为磁滞系数；e 为涡流系数；a 为异常损耗系数。

通过建立公式，根据左边各量与右边 B_m 的定量关系，可以得到斜率 h。将相同的函数对频率作图，得到的斜率等于涡流系数 e。截距为异常损耗系数 a。

1.4.6 减落

铁氧体的一个稍显独特的磁性特征是一种叫作减落(disaccommodation)的现象。在这种不稳定性中,磁导率在消磁后直接随时间降低。这种退磁可以通过加热到居里温度以上来实现,也可以通过施加幅度递减的交流电来实现。材料的一种称为减落系数的因子特性定义如下:

$$DF = (\mu_1 - \mu_2)/(\mu_1^2 \lg t_2 / t_1) \tag{1-38}$$

式中:μ_1为退磁后不久(t_1)的磁导率;μ_2为退磁后较久(t_2)的磁导率。

该系数可用于预测不同时间磁导率的下降。

1.4.7 铁损

到目前为止,大部分讨论都是关于磁性材料在低能级或瑞利区的使用。虽然这是早期铁氧体的主要用途,但今天铁氧体大量用于电源应用,如高频开关电源。在这些涉及高驱动水平的功率应用条件下,损耗因子和初始磁导率等特性不是非常有用的功率使用标准。在这些情况下,需要的是在高感应水平下的低磁芯损耗。这些损耗称为铁损或瓦特损耗。对于金属,这些损耗的单位是 $W \cdot kg^{-1}$。对于铁氧体,通常使用的单位是 $m \cdot W \cdot cm^{-3}$,并且通常在高于室温的温度下测量。

1.4.8 交流应用的常见材料

多数软磁材料希望的性质是高磁导率、高饱和磁化和低矫顽力、低功耗。软铁和低碳钢曾经是变压器、电动机和发电机首选的材料,但已被 Si-Fe 取代了,变压器采用其晶粒取向形态而电动机和发电机采用其非取向形态。无定形磁性材料广泛用于更特殊的低功率应用。

1.4.8.1 Si-Fe 合金

为了使铁在低频下更适合电能转换,有几种方法可改善铁的性质。增加电阻率可降低涡流损耗。这可以通过在铁中加入硅来实现。得到的材料称为硅铁(silicon iron)、电工钢(electrical steel)或硅钢(silicon steel)。硅铁中硅含量与电阻率的关系见图 1-16。含硅3%的铁的电阻率比纯铁增大 4 倍。0.35 mm 厚的 Si-Fe 在 60 Hz 下的芯损耗见图 1-17。

硅含量较高时,硅铁变脆。高功率应用广泛使用硅铁。非取向硅铁是电动机和发电机的材料,晶体取向硅铁用于变压器。

硅铁的磁性与微结构和质地有关。通过轧制加工处理和热处理可改变上述性质。轧制和热处理类型不同,硅铁可有非取向形态或晶粒取向形态。

铁中加入硅对铁性质改进有几个主要优势。第一个优势是加入硅,电导率和磁致伸缩性能降低(见图 1-18)。对于交流应用,磁致伸缩的降低是第二个优势,因为 50 Hz 或 60 Hz 时磁致伸缩应变引起的周期性应力会产生噪声。第三个优势是降低了合金的各向异性(见图 1-19),使非取向硅铁中的磁导率增加。

层状芯平行于磁场方向,不会干扰磁通路径但会降低涡流损耗,因为仅让涡流存在于材料的窄层。而且,绝缘材料涂层还会通过阻碍电流从一层向另一层的流动而改善涡流损

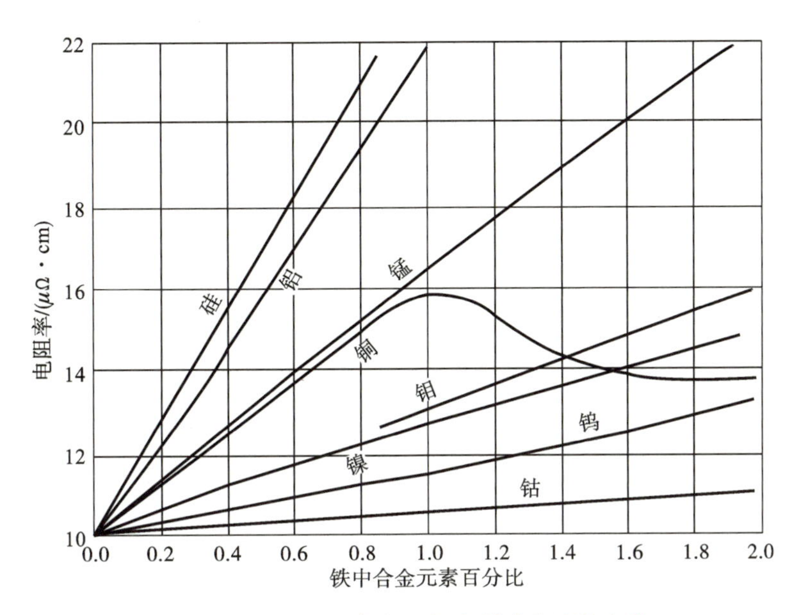

图 1-16　加入不同合金元素时，铁电阻率的变化

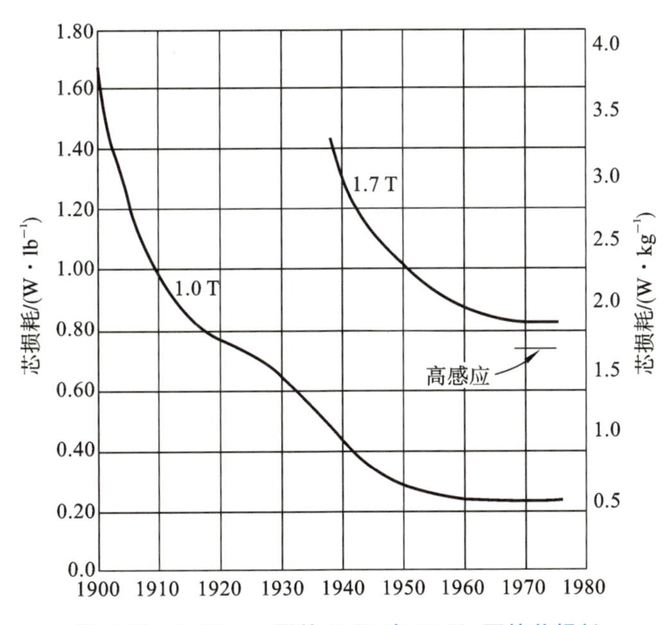

图 1-17　0.35 mm 厚的 Si-Fe 在 60 Hz 下的芯损耗

耗。50 或 60 Hz 时，层状厚度典型的是 0.3～0.7 mm。因为磁通仅经过变压器层的一个方向，有利于确保在该方向的磁导率最高。

铁中加硅的劣势：一是变脆，二是降低饱和感应。

1.4.8.2　Ni-Fe 合金

Ni-Fe 合金（坡莫合金）是电磁应用的所有软磁材料中最丰富的，广泛应用的是 Ni 含量超过 30％的合金，因为 Ni 含量较低会存在晶格转变，这种情况会根据实际的化学成分而在

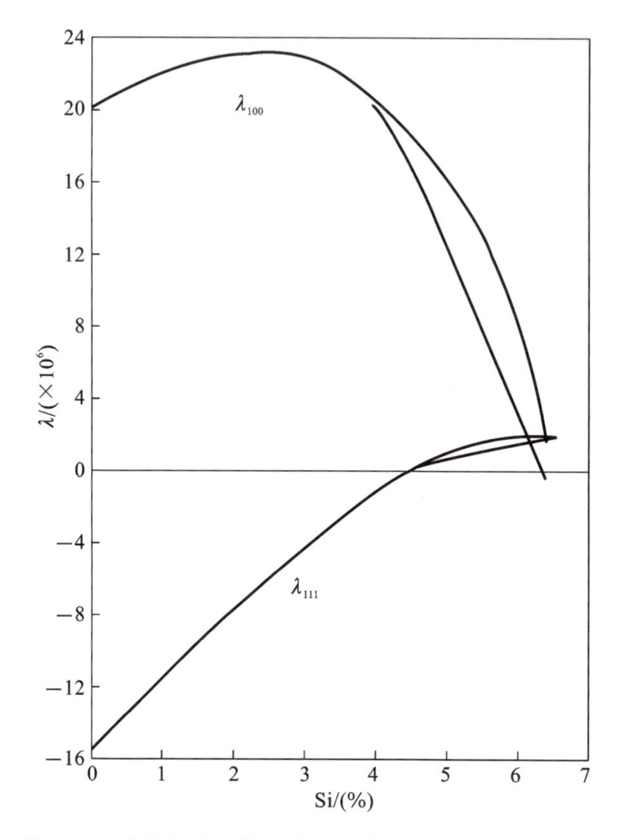

图 1-18　硅铁中硅含量与磁致伸缩系数 λ_{100} 和 λ_{111} 的关系

不同温度时发生。这种转变存在温度滞后，因此在这些条件下没有界定良好的居里温度。结果，Ni 含量低于 30%的合金应用不广。

该类合金包括 3 组：Ni 含量接近 80%、接近 50%或为 30%～40%。Ni 含量接近 80%的合金磁导率最高，如图 1-20 所示。Ni 含量接近 50%的合金饱和磁化最高（见图 1-21）。Ni 含量为 30%的合金电阻率最高（见图 1-22）。

这些合金用于感应线圈和变压器（特别是电源变压器），也在音频中用作变压器芯，还用于高频应用。有低得甚至为零的磁致伸缩。一些高磁导率合金、高导磁合金和超透磁合金的相对磁导率高达 3×10^5，矫顽力低至 0.4 $A\cdot m^{-1}$。它们也有低的各向异性，这与其多晶形态的高磁导率有关。

坡莫合金和高导磁合金都是 Ni-Fe 合金，其中的 Ni 含量接近 80%，因为有很高的磁导率而用于磁屏蔽。轧制冷加工在垂直于磁场方向产生高的磁导率，如恒磁导率铁镍合金是一种 50%-50%Fe-Ni 合金。因瓦合金（Invar）是一种零热膨胀的 64%Fe 和 36%Ni 合金。

高质量变压器通常用坡莫合金制得。相对磁导率高达 100000 而矫顽力为 0.16～800 $A\cdot m^{-1}$，这些参数可通过材料加工精确调整。

这种合金体系也用于一些磁记忆装置和放大器。对于高达 100 kHz 的高频应用，合金可采用粉末芯的形式，其中的每个颗粒相互绝缘，因此材料的整体电导率很低。

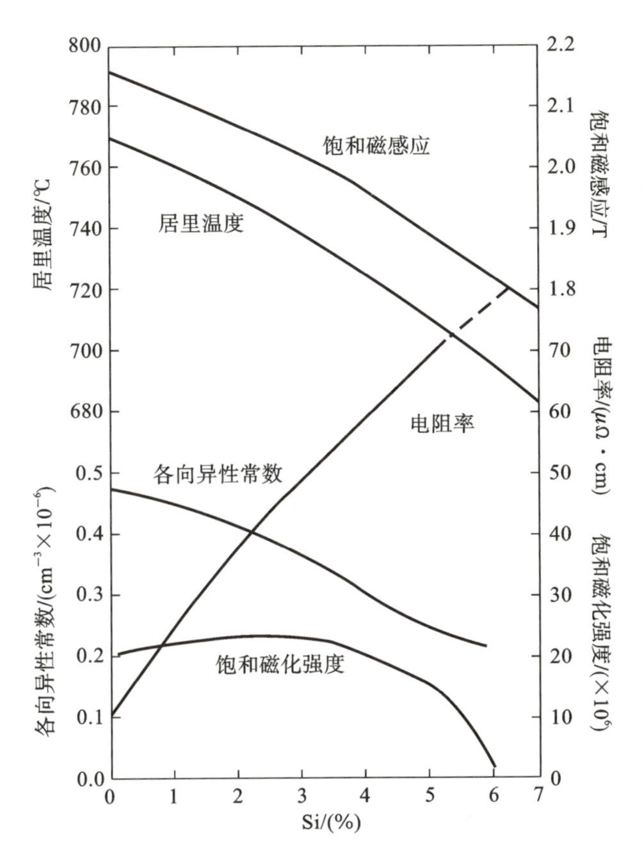

图 1-19　硅铁各种磁学和电学性质与硅含量的关系

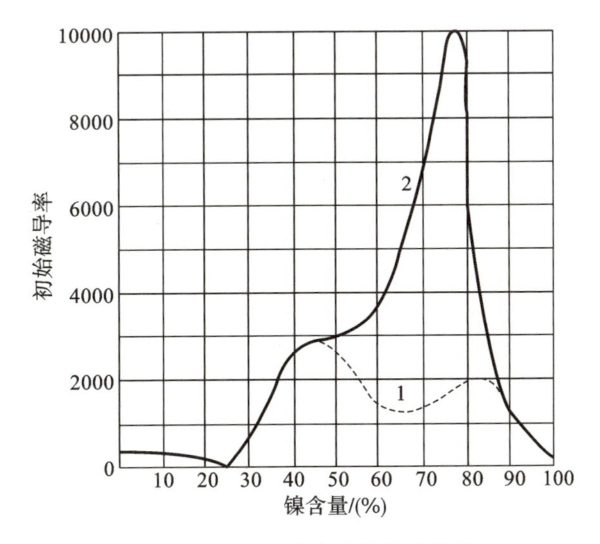

图 1-20　Ni-Fe 合金的初始磁导率

1—缓慢冷却；2—正常坡莫合金处理

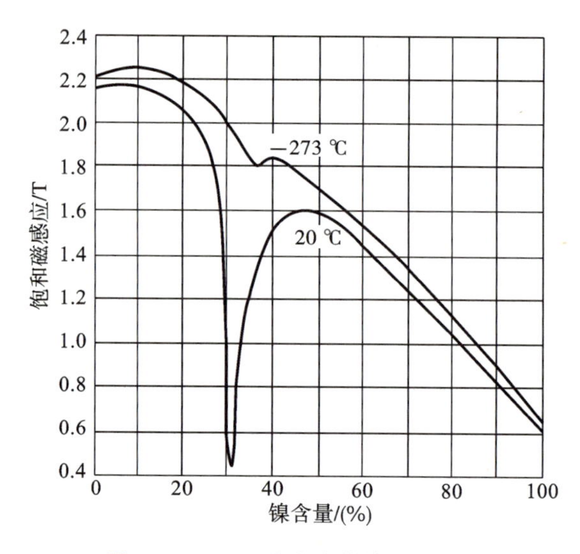

图 1-21 Ni-Fe 合金中的饱和磁感应

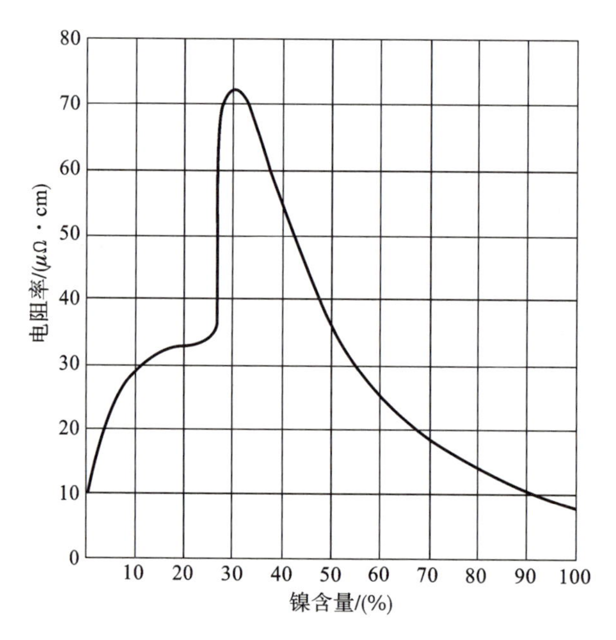

图 1-22 Ni-Fe 合金的电阻率

1.4.8.3 软铁氧体

对于高频应用,金属的电导率限制其应用。软铁氧体与软铁磁体有通用的性质:高磁导率、低矫顽力、高饱和磁化。铁氧体是陶瓷磁性固体,是亚铁磁性而不是铁磁性的,但从整体来看,与铁磁体有非常相似的行为,如存在磁畴、饱和磁化、居里温度和磁滞特征。

常用的软铁氧体有两种:①锰锌铁氧体,$Mn_aZn_{(1-a)}Fe_2O_4$,比镍锌铁氧体有更高的磁导率和饱和感应，因此更适合低频应用；②镍锌铁氧体，$Ni_aZn_{(1-a)}Fe_2O_4$，比锰锌铁氧体有更高的电阻率，因此更适合高频应用。

立方或软铁氧体都有通用化学式 $MOFe_2O_3$，其中 M 是过渡金属，如 Ni、Fe、Mn、Mg 和 Zn。最熟悉的是 Fe_3O_4。CoO Fe_2O_3 是硬铁氧体而不是软铁氧体。钇铁石榴石也属于软铁氧体。软铁氧体可进一步分为非微波铁氧体（nonmicrowave ferrites），适用频率从音频至 500 MHz；微波铁氧体（microwave ferrites），适用频率从 500 MHz 至 500 GHz。微波铁氧体（如钇铁石榴石）用作电磁辐射的波导和移相器。

软铁氧体还用于电子设备的选频电路，如电话信号发射器和接收器。锰锌铁氧体广泛用于 1 MHz 以下的频率范围。超过 1 MHz 时，优选镍锌铁氧体，因为其有更低的电导率。铁氧体的另一应用是接收器的天线。

当频率升至截止频率（critical frequency）时，这些软铁氧体的磁导率变化不大，但频率继续增大，磁导率将迅速衰减。这些材料的截止频率为 1～100 MHz。铁氧体的饱和磁化一般为 0.5 T，比铁和钴合金低。对于超过 100 MHz 的高频应用，可用六方晶系铁氧体。这些材料的磁矩被六方基准面的各向异性所限定。各种软磁材料的晶粒直径与矫顽力的关系如图 1-23 所示。Fe-Nb-Si-B 用实心三角形表示、Fe-Cu-Nb-Si-B 用实心圆形表示、Fe-Cu-V-Si-B 用实心倒三角和空心倒三角表示、Fe-Zr-B 用空心正方形表示、Fe-Co-Zr 用空心菱形表示、Ni-Fe 合金用田字形和空心三角形表示、Fe-Si 用空心圆形表示。

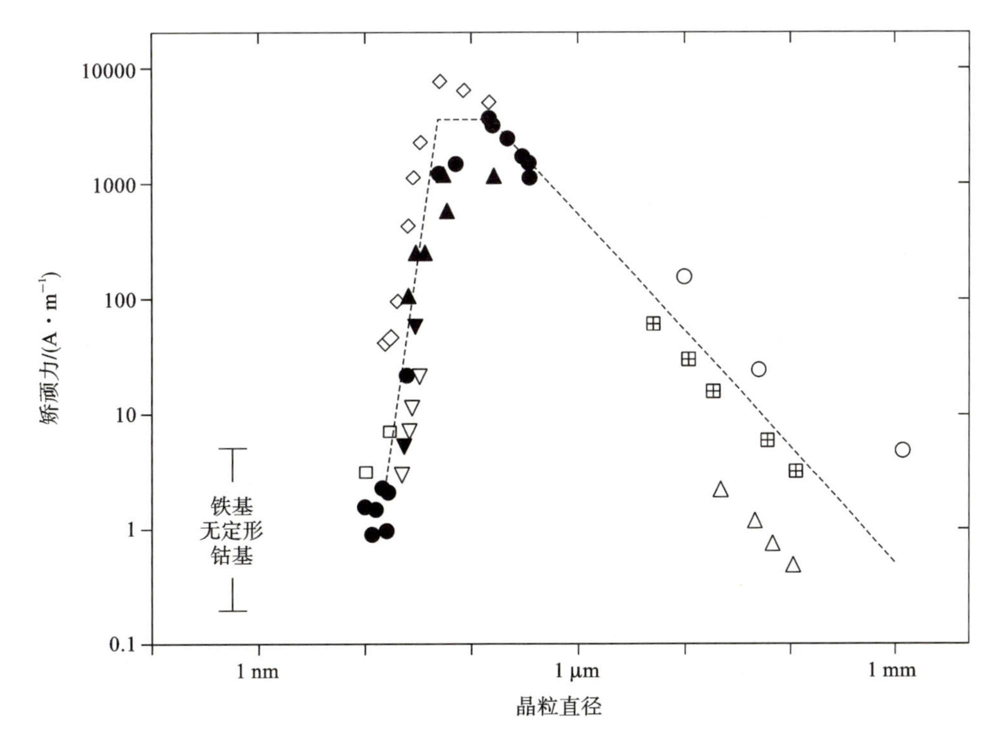

图 1-23　各种软磁材料的晶粒直径与矫顽力的关系

1.5 铁磁性材料

1.5.1 概述

铁磁性得名于“ferrous”，意思是铁，铁是已知的第一种对磁场具有吸引力的金属。铁磁性也被描述为一些不带电的材料相互强烈吸引的过程。铁磁性不仅与材料的化学组成有关，而且与材料的晶体结构有关。

在非磁化状态下的铁磁性材料中，称为磁畴的小区域中的原子偶极子沿同一方向排列。即使在没有外部磁场的情况下，在原子水平上也表现出自发净磁化，磁畴中也具有净磁矩。当施加一个外部磁场时，这些磁畴会沿着外加磁场的方向排列。这样，材料在与磁场平行的方向上被强磁化。因此，铁磁性材料是在磁场作用下，在磁场方向上倾向于表现或显示出强磁性的一类物质，在外加磁场消失后还能保持一定的磁化强度。

1.5.2 铁磁性材料的类型

大多数铁磁性材料是金属。铁磁性物质有铁、钴、镍等。它们的合金和化合物通常也是铁磁性的。铁氧体是低导电性的铁磁性材料。此外，金属合金和稀土磁体也属于铁磁性材料。

磁铁矿是一种铁磁性物质，是由铁氧化成氧化物形成的。它的居里温度为 580 ℃。人们很早就知道它是一种磁性物质。磁铁矿是地球上所有天然矿物中磁性最强的。

1.5.3 铁磁性材料的性质

1.5.3.1 磁化

铁磁性材料的特点是，即使在没有外场的情况下，它们的原子磁矩也长程有序。观察到的磁场与磁化强度的相关性可从其高场值外推到非零值，称为自发磁化，如图 1-24(a)所示。观察到的铁磁体的自发、远程磁化在居里温度以上消失，如图 1-24(b)所示。M 与 H 的实验曲线并不总是显示真实的饱和度。热力学表明 $M(H)$ 以 $1\sim H^{-1}$ 的方式接近饱和。对于多晶体系，$M(H)$ 以 $1\sim H^{-2}$ 的方式接近饱和。

对铁磁性材料施加磁场会得到该材料的磁化强度(SI 单位为 $A \cdot m^{-1}$)。材料的磁化率 χ(无量纲)表示材料对外加磁场的响应程度，定义为材料磁化强度与外加磁场强度的比值。

$$\chi = \frac{M}{H} \tag{1-39}$$

材料的磁化强度定义为每单位体积或每单位质量的材料的磁矩，它取决于材料中原子的单个磁偶极矩以及这些偶极子的相互作用。

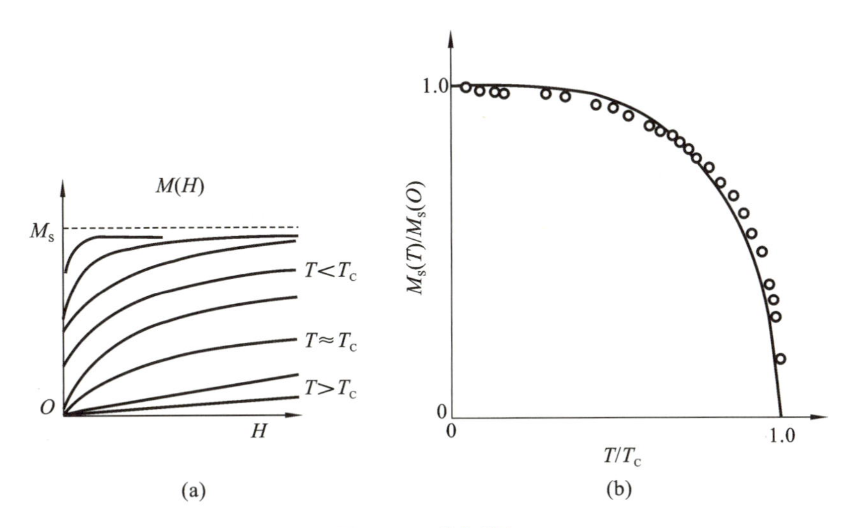

图 1-24　磁化特征

铁磁体(如铁、钴、镍及其合金)中,χ 是相对较大的正值,而且是非线性的。当施加相对较小的磁场时会发生非常强的磁化。事实上,产生的磁化强度可以是产生它的磁场强度的一千倍。

初始磁化曲线(initial magnetization curve)是初始处于退磁状态(demagnetized state)的铁磁性材料对外加磁场的非线性响应。退磁状态是铁磁体在没有施加磁场的情况下显示出零磁化强度的状态,对应于图 1-25 的原点。可以看出,每个元素都有不同的饱和磁化强度。饱和磁化强度是特定材料的磁化强度可达到的最大值,是材料的固有特性。表 1-6 列出了各种铁磁体的饱和磁化强度。注意图 1-25 与表 1-6 中 M 的单位相差 μ_0。从表中的 M_S 可以看出,由两种铁磁元素组成的合金的 M_S 通常介于两种铁磁元素的 M_S 之间,但并非总是如此(如坡明德合金)。

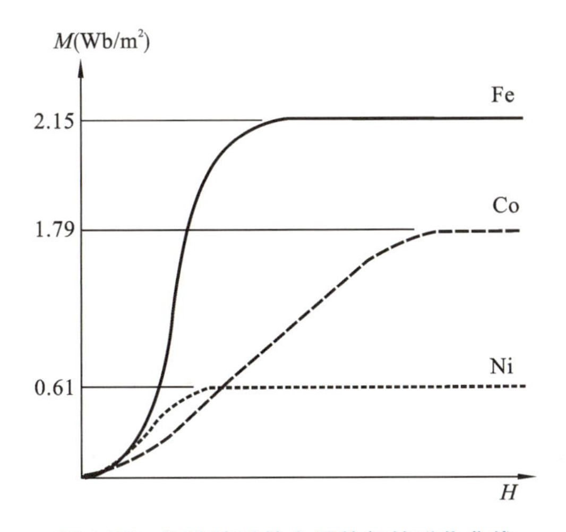

图 1-25　几种铁磁性金属的初始磁化曲线

表 1-6 各种铁磁体的饱和磁化强度

材料	M_S(×10^6 A·m^{-1})
铁	1.71
钴	1.42
镍	0.48
78 坡莫合金(78% Ni,22% Fe)	0.86
超透磁合金(80% Ni,15% Fe,5% Mo)	0.63
坡明德合金(50% Co,50% Fe)	1.91

注:坡莫合金、超透磁合金、坡明德合金的英文分别为 permalloy、supermalloy、permendur。

图 1-25 所示磁化曲线的另一个特点是每个元素的曲线斜率不同。因此,Co 比 Fe 和 Ni 需要更多磁场才能达到饱和。这一特征受材料晶体结构影响,事实上,对于单晶材料,饱和磁化强度根据磁化方向变化。

1.5.3.2 **磁滞**

磁滞回线是磁感应强度的路径,而磁场强度首先从饱和时的值减少,经过零,到相反方向的饱和值,然后再次从零增加到饱和。铁磁性材料的典型主磁滞回线如图 1-26 所示。回线的面积表示磁场在磁化材料时所做的功。磁滞回线是表征铁磁性材料整体磁性的常用方法。它的某些特性因材料而异。其中之一是矫顽力(单位为 A·m^{-1})。矫顽力,或矫顽力场,是铁磁样品一旦被磁化至饱和,将铁磁样品的磁化强度降低到零所需的反向磁场(reverse magnetic field)。剩磁(单位为 T 或 Wb·m^{-2})是铁磁体磁化至饱和后,除去外加磁化场后($H=0$)所表现出的磁感应场。矫顽力和剩磁仅与主磁滞回线有关。

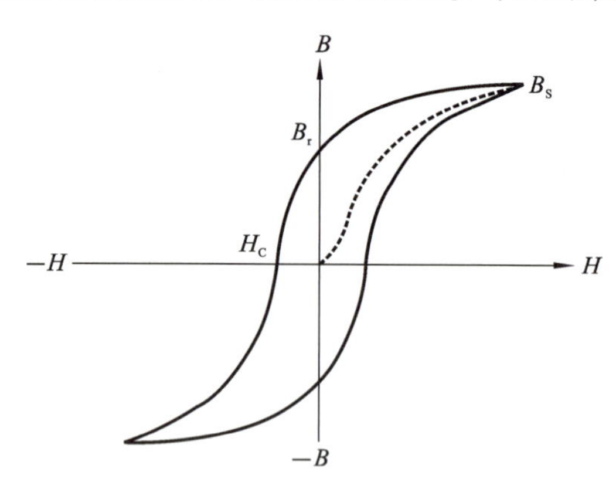

图 1-26 铁磁性材料的典型主磁滞回线

铁磁体的各种应用需要材料的不同特性,这可以从磁滞回线推断出来。例如,电磁铁的磁芯应表现出低矫顽力和低剩磁,以便易于控制磁化强度。永磁体(permanent magnets)材料应具有高剩磁和高矫顽力,前者使其具有强磁化能力,后者使其不易被杂散场退磁。用于变压器铁芯的铁磁体必须具有最小的损耗才能有效地转换能量。铁磁体的低损耗表现为面积较小的窄磁滞回线。

1.5.3.3　磁导率

铁磁性材料的相对磁导率很大，且随磁场的变化呈线性变化，材料内部的磁场比外部磁场强得多。相对磁导率 μ_r（无量纲）是铁磁性材料的磁导率与真空磁导率之比：

$$\mu_r = \frac{\mu}{\mu_0} = 1 + \chi \tag{1-40}$$

相对磁导率 $\mu_r = \mu/\mu_0 = B/H$ 比磁化率（$\chi = M/H$）更常用来描述铁磁性材料对磁场的响应。这是因为铁磁体在电磁器件中很有用，在这些器件中，对于感应产生电压更重要的是磁感应强度而不是磁场强度。

根据 $\mu = B/H$ 的关系可以得到磁导率随磁场强度的变化曲线，如图 1-27 所示。

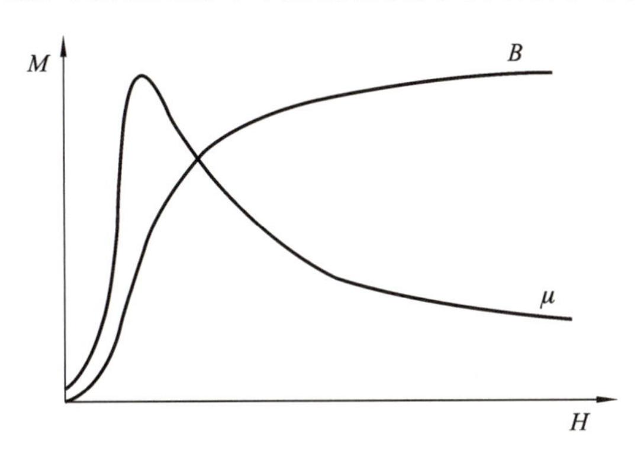

图 1-27　典型软铁磁性材料（如退火铁）的初始磁化曲线和磁导率曲线

初始磁导率（initial permeability）为初始磁化曲线 $H \to 0$ 的切线斜率：

$$\mu_{in} = \left.\frac{dB}{dH}\right|_{B=0,H=0} = \left.\frac{B}{H}\right|_{B\to0,H\to0} \tag{1-41}$$

表 1-7 给出了初始相对磁导率 $\mu_{r,in}$ 以及最大相对磁导率 $\mu_{r,max}$ 的典型值。注意，μ 是 H 的函数，而初始磁导率 μ_{in} 和最大磁导率 μ_{max} 不是 H 的函数。

表 1-7　各种铁磁体的初始相对磁导率和最大相对磁导率

材料	$\mu_{r,in}$	$\mu_{r,max}$
铁（纯化）	—	180000
阿姆科铁	250	7000
镍（锻造）	250	2000
78 坡莫合金（78% Ni，22% Fe）	—	100000
超透磁合金（80% Ni，15% Fe，5% Mo）	—	800000
坡明德合金（50% Co，50% Fe）	—	5000

1.5.3.4　磁畴

在铁磁体中，永久磁矩存在于原子尺度上。它们的存在并不依赖于外部磁场的存在，而是由自旋和原子电子轨道的量子力学描述来解释。

(1)磁畴的形成。

铁磁性材料中的磁畴是单个原子磁偶极矩彼此平行排列的区域。这意味着在特定区域内的磁化基本上是饱和的，即 $M=M_S$。磁化方向从一个磁畴到另一个磁畴通常是不同的，这说明尽管每个畴都磁化到饱和，但铁磁体可能没有剩磁。在退磁状态下，各磁畴磁化强度的矢量和为零。磁化是重新排列磁畴的过程，使它们的磁矩彼此平行，并最终与施加的磁场方向平行。在块状铁磁样品中存在磁畴，这就解释了在样品上施加相对较小的磁场可以获得较大磁化强度的事实。施加的磁场并没有在整个样品中创建磁序，而是克服了能垒来使已经存在的磁畴磁化矢量相互平行。

在固体铁磁体中，当相邻原子磁矩彼此平行排列时，量子力学交换能最小。所以，交换能的最小化驱动了铁磁体中的磁有序(magnetic ordering)。然而，铁磁体不会在整个体积内自发磁化，因为尽管交换能降低，但样品要完全有序，需具有与之对应的大静磁能。换言之，有一个与完全有序的样品相关的大的外部磁场。然而，磁畴的形成是为了减少样品的静磁能。简单来说，铁磁体的磁性状态是由交换能、静磁能和与产生磁畴壁相关的能量之间的平衡决定的。

(2)磁畴壁。

磁畴壁厚度根据材料类型变化，但通常是 100 nm 的量级，与许多原子力矩的尺度相近。在铁中，由于铁的立方晶体结构，相邻畴的磁化强度以 90°或 180°的方向切换。分隔这些磁畴的磁畴壁因此分别被称为 90°或 180°畴壁，如图 1-28 所示。其他铁磁性材料的畴结构表现出不同的特征排列，这与它们的晶体结构有关。

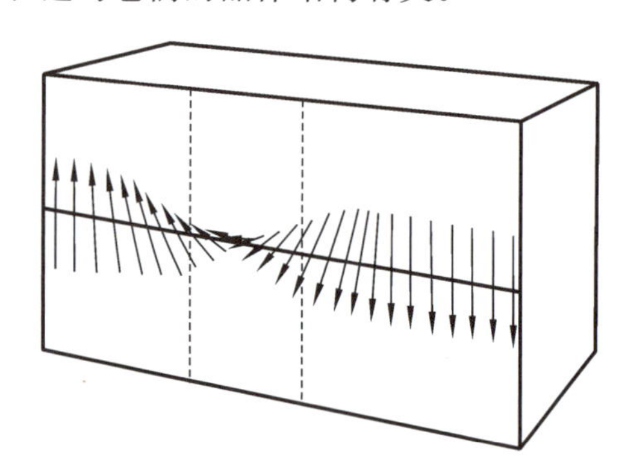

图 1-28　磁矩在 180°畴壁上的旋转

(3)磁化过程中磁畴的变化。

当磁场作用于铁磁性材料时，磁场做功，使畴磁化方向与所施加磁场的方向更紧密地对齐。

在较低的外加磁场强度下，磁化矢量(magnetization vector)与外加磁场方向相似的磁畴以牺牲磁化方向与外加磁场方向不相似的磁畴为代价而增大。一个磁畴的增长来自其与另一个磁畴之间磁畴壁的移动。畴壁运动过程如图 1-29 所示。在较高的外加磁场强度下，磁畴的重组持续进行，直到只存在一个磁畴，磁化方向与外加磁场的磁化方向相似。单畴(single domain)的磁化起初并不平行于施加的磁场的方向，因为所有铁磁性材料都有一个或多个易轴，磁化矢量将优先沿着易轴排列，易轴的方向由特定材料的晶体结构决定。

例如，铁具有体心立方晶体结构，六个等效易轴位于立方棱的方向[100]且相似；钴具有六角形紧密堆积的晶体结构，并且只有一个易轴，在[001]方向上。对于非常强的磁场，磁化方向从易轴旋转到完全与磁场方向平行。

畴壁的运动是一个磁滞过程，因为简单来说，畴壁被“钉扎(pinned)”在其局部能量最小的位置。钉扎位点(pinning sites)与材料的不均匀性有关，如有杂质(分散在晶体结构中的少量其他元素)和晶格的不连续(可能发生在晶界处)。在图 1-29 所示的磁滞回线中，无论磁畴壁的运动方向如何，都必须提供能量来克服畴壁钉扎。

(4)磁畴的硬磁和软磁特性。

硬铁磁性材料，如永磁体材料钐钴，是具有高密度钉扎位点的材料。这些材料需要较高的磁场强度才能磁化，以提供足够的能量来移动磁畴壁跨越多个钉扎位点。所以，硬铁磁性材料具有较高的 H_C。铁等软铁磁性材料，含有相对较少的杂质，并表现出相应的低 H_C。畴壁的运动不是平滑的，而是从一个钉扎位点到下一个钉扎位点的一系列跳跃。换言之，当 H 平稳增加时，B 或 M 以阶梯形(step-like)的方式响应，因为当磁畴壁被钉扎时，H 的增加不会使 B 或 M 发生变化，但当磁畴壁从一个钉扎位点断裂并移动到下一个钉扎位点时，会观察到突然的变化。这种不连续的运动可以通过仔细观察磁滞回线得到证明，磁滞回线原来是由一系列台阶组成的，而不是平滑的曲线，如图 1-30 所示。

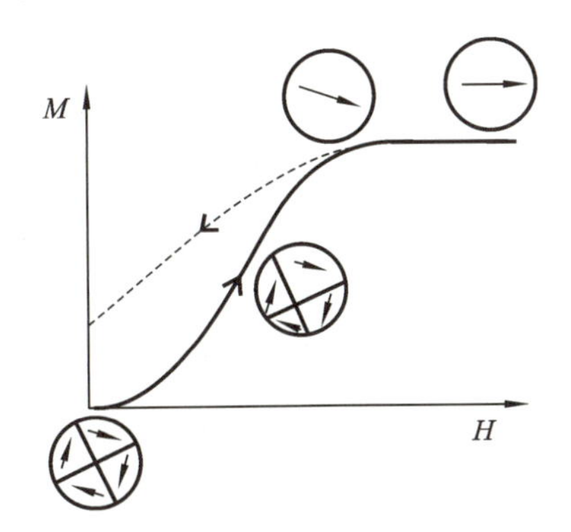

图 1-29　畴壁运动过程

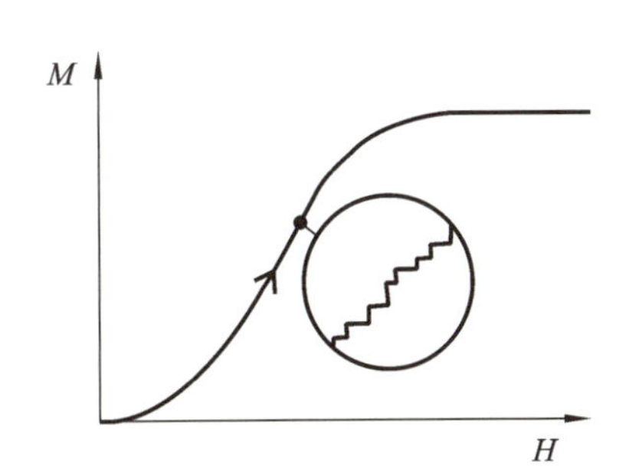

图 1-30　不连续变化曲线

1.5.3.5　居里-韦斯定律

超过临界温度(居里温度)，所有铁磁性材料都变成顺磁性。这是因为在这个温度以上，晶格的热搅动会克服铁磁有序。

在居里温度以上，当材料变为顺磁性时，磁化率会发生变化，得到以下居里-韦斯定律：

$$\chi = \frac{C}{T - T_C} = \frac{M}{H} \tag{1-42}$$

式中：C 是常数。

图 1-31 显示了铁磁性元素镍的饱和磁化(在高磁场中获得的磁化)与温度的关系。可以看到，饱和磁化随温度的升高而降低，直到在居里温度时降至零，此时材料变为顺磁性。

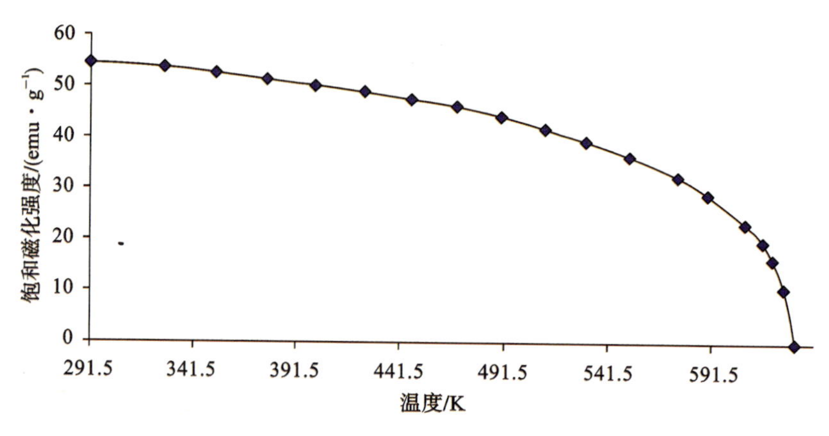

图 1-31　镍的饱和磁化强度随温度的变化

磁化率在居里温度下达到最大值，因为当材料处于磁性有序和无序之间时，通过施加磁场来增加材料的磁矩是最容易的。

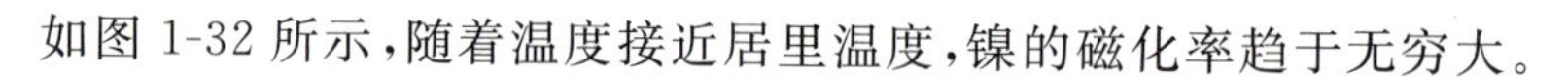

如图 1-32 所示，随着温度接近居里温度，镍的磁化率趋于无穷大。

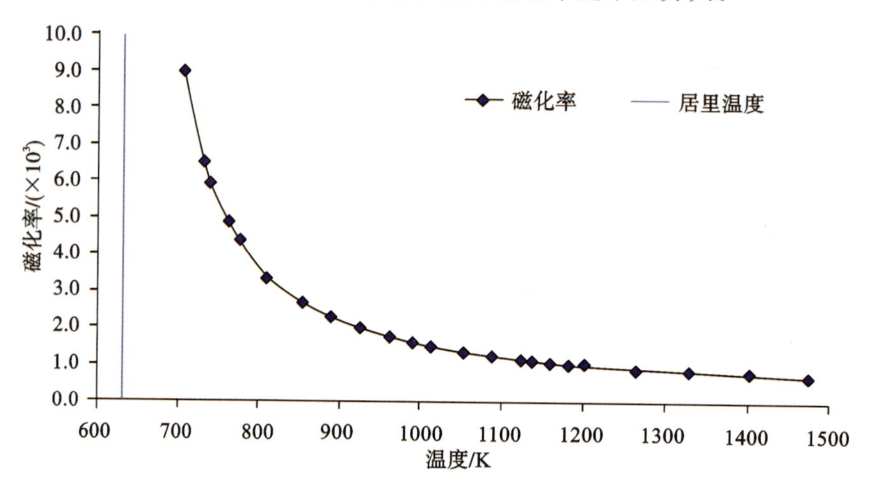

图 1-32　镍的磁化率随温度的变化

表 1-8 列出了一些铁磁体的居里温度。

表 1-8　各种铁磁体的居里温度

材料	T_C/℃
铁	770
钴	1130
镍	358
钆	20
硬铁氧体	400～700

1.5.4 铁磁性材料的应用

铁磁性材料在工业上有着广泛的应用。它们被广泛应用于电机、发电机、变压器、电话、扬声器和信用卡背面的磁条等。

铁磁性材料影响我们日常生活的一个常见用途是数据的磁存储。这种存储被认为非易失性存储,因为设备不通电,数据不会丢失。这种存储方法的一个优点是,它是一种更便宜的存储数据的形式,并且能够重复使用。这一切的可能性都来源于磁滞。

1.6 软磁材料

1.6.1 概述

磁性材料分类的主要标准之一是矫顽力,它是剩磁态稳定性的度量。软磁材料的特点是矫顽力较低($H_C<10^3\ \text{A}\cdot\text{m}^{-1}$),硬磁材料(通常是永磁体)的矫顽力高于 $10^4\ \text{A}\cdot\text{m}^{-1}$。半硬磁性材料(主要是存储介质)的矫顽力介于上述两个值之间。软磁和硬磁材料开发和应用的一个中心问题是外在磁性能(矫顽力、剩磁、磁滞回线)与微观结构之间的关系。矫顽力 H_C与各向异性常数 K_1之间的一般关系为

$$H_C = \frac{2\alpha K_1}{\mu_0 M_S} - N_{eff} M_S \tag{1-43}$$

微结构参数 α 和 N_{eff}描述了微结构和磁畴结构的影响。

目前的技术允许人们获得广泛的微观结构,从无定形(非晶)、纳米晶到单晶。从极软到极硬的磁性材料,相应的矫顽力可变化 $10^7 \sim 10^8$倍。

对软磁材料的典型要求包括低矫顽力、高初始磁导率和低高频损耗。这些特征通常伴随着介质的以下属性:低有效磁各向异性、高剩磁、小磁致伸缩(抑制磁弹性对磁各向异性的贡献)、低电导率。

在磁性各向异性和磁致伸缩接近于零的材料中,静态磁导率已经增加到巨大的值。最好的软磁材料的磁导率可达 10^5。磁导率描述磁性材料对弱磁场的响应。对于弱磁场,这种响应是线性的,可以用初始磁导率来表征。一般来说,磁导率由两种机制决定:以牺牲其他磁畴为代价的某些磁畴的生长(磁畴机制)和每个磁畴内磁化的旋转(旋转机制)。两种机制也会影响软磁材料中的磁滞回线。在这些材料中有两类损耗:磁滞损耗(由磁滞回线的面积决定)和涡流损耗(与直流电阻率有关)。经过热退磁或磁化强度快速变化后,几乎所有软磁材料的磁导率都随时间缓慢降低,呈现出如下规律:

$$\Delta\mu = -D\ln t \tag{1-44}$$

这种磁导率随时间的衰减被称为减落。这种减落归因于畴壁刚度的增加,这源于与磁

化相互作用的移动缺陷(mobile defects)的存在。

1.6.2 铁和软钢

铁是一种非常好的、相对便宜的软磁材料。它在室温下具有很高的饱和磁化强度和较高的居里温度(见表1-9)。纯铁或软钢(低碳钢、硅钢)用于磁屏蔽、电力和配电变压器、小型电机、电磁铁等。低碳钢用于交流领域,因其具有高磁导率和低铁损(core loss)。硅钢广泛用于变压器、旋转电力设备和继电器。在纯铁中加入硅可以提高电阻率和磁导率,降低磁致伸缩和磁晶各向异性。在硅钢中,当硅含量略大于6%时,基本磁致伸缩常数接近于零。这种高硅含量合金通常用快速固化技术制得。这种熔体旋转技术最初是为非晶合金开发的。硅钢主要分为两大类:无取向晶粒结构的铁硅片和晶粒取向的铁硅片。在后一种情况下,首选的晶体结构导致铁损的减少和磁导率的增加。铁和钢的退火消除了应力,提高了磁性参数的时间稳定性。

表1-9 软磁材料(晶体)

材料		饱和磁感/T	矫顽力/(A·m^{-1})	初始磁导率
铁(锭)		2.14	80	150
碳钢		2.14	100	200
硅铁(3% Si)	无取向	2.01	60	270
	取向	2.01	7	1400
坡莫合金(79% Ni,5% Mo)		0.80	1	40000
坡明德合金(49% Co,2%V)		2.40	160	800
铁钴钒磁性合金(49% Co,2%V)		2.40	16	1000
高导磁铝铁合金(16% Al)		0.80	3.5	4000
MnZn 铁氧体		0.40	7	10000
NiZn 铁氧体		0.33	80	290

注:坡莫合金、坡明德合金、铁钴钒磁性合金、高导磁铝铁合金的英文名分别为permalloy、permendur、supermendur、alfenol。

1.6.3 Ni-Fe 合金

Ni-Fe合金(称为坡莫合金)用于1~100 kHz范围内的电子变压器和电感。这类材料的特点是具有高初始磁导率(见表1-9)和良好的延展性,可以成形为非常薄的条状。Ni含量为80%的Fe-Ni合金具有各向异性和磁致伸缩几乎同时消失的特点。最好的合金成分是$Fe_{15}Ni_{80}Mo_5$。具有极高磁导率的合金主要用于安全装置和磁场屏蔽。

1.6.4 Fe-Co 合金

最重要的Fe-Co软磁合金是坡明德合金(49%Fe,49%Co,2% V)和铁钴钒磁性合金(见表1-9)。这些合金的技术重要性是由于它们的高饱和磁化和高居里温度。它们具有高磁导率和低矫顽力的特点。由于 Co 含量高,Fe-Co 合金相对昂贵,它们只用于磁性材料成本不太重要的特殊用途,如在航空中频电气工程和高温磁性设备中使用。

1.6.5　软铁氧体

"铁氧体"一词是指尖晶石铁氧体,通式为 $MOFe_2O_3$,其中 M 是二价阳离子(如 Mg^{2+}、Zn^{2+}、Cd^{2+}、Mn^{2+}、Fe^{2+}、Co^{2+}、Cu^{2+})。尖晶石结构为立方结构,具有面心立方氧阴离子晶格。金属离子分布在四面体位和八面体位之间。在"正常尖晶石"结构中,四面体位置被二价阳离子占据,八面体位置被三价阳离子占据。在"反尖晶石"结构中,四面体位置被三价阳离子占据,八面体位置被二价和三价阳离子占据。铁氧体的磁性通常由位于八面体和四面体位置的磁性阳离子之间的反铁磁相互作用决定,这使饱和磁化强度相对较低。大多数铁氧体的居里温度低于金属的居里温度。软铁氧体的各向异性常数 K_1 通常较小且为负值,[111]轴为易磁化方向。在晶格中加入 Fe^{2+} 或 Co^{2+} 离子对 K_1 有积极的贡献,并有改变易磁化方向(至[100]轴)的趋势,还提供了实现各向异性常数接近零值的可能性。铁氧体的电阻率在绝缘范围内,远远大于金属合金的电阻率。软铁氧体导电的主要机制是八面体上的 Fe^{2+} 和 Fe^{3+} 离子之间的电子转移。这意味着铁氧体的电阻率取决于铁离子的含量。MnZn 铁氧体的电阻率为 $10^{-2}\sim10\ \Omega\cdot m$,而 Ni-Zn 铁氧体的电阻率为 $10^7\ \Omega\cdot m$。Fe^{2+}、Fe^{3+} 的跳变(hopping)也决定了 μ_{in} 与频率的关系。

铁氧体有一些缺点:饱和磁化强度低(见表 1-9),居里温度相对较低,机械性能较差。尽管有这些缺点,铁氧体在现代技术中还是得到了广泛应用,主要用于两个领域:电力电子(主要是 MnZn 和 NiZn 铁氧体)和低功率技术。

1.6.6　亚铁磁性铁石榴石

亚铁磁性铁石榴石的基本结构式为 $\{R_3^{3+}\}[Fe_2^{3+}](Fe_3^{3+})O_{12}$,其中 R 为稀土元素或钇。这些离子占据十二面体位。铁离子分布在四面体位和八面体位之间。石榴石在立方体系中结晶。在亚铁磁性铁石榴石中,八面体亚晶格和四面体亚晶格的磁矩反平行。Gd^{3+} 和较重的 R^{3+} 离子的磁矩与 Fe^{3+} 亚晶格的净磁矩呈反铁磁偶联。石榴石的磁化强度是三个因素的总和:

$$M(T)=|M_a(T)-M_d(T)+M_c(T)| \tag{1-45}$$

在低温下,稀土磁化起主导作用。这种效应被铁亚晶格在补偿温度 T_{comp} 下的净磁化完全抵消。在 T_{comp} 以下,磁化强度平行于饱和场,在 T_{comp} 以上,磁化强度是反平行的。轻稀土离子的磁矩与 Fe^{3+} 亚晶格的净磁矩呈铁磁偶联,不存在补偿点。在化合物 $Y_3Fe_5O_{12}$(YIG)中,最吸引人的性质是极窄的亚铁磁共振线宽度,约为 $50\ A\cdot m^{-1}$。因此,对 Y 进行各种部分替代的 YIG 在微波器件中得到了广泛的应用。石榴石主要应用于较低的频率(<5 GHz)。在 5 GHz 以上,通常使用尖晶石铁氧体。YIG 的室温饱和磁化强度为 $\mu_0M_s\approx0.175\ T$,磁晶各向异性为 $500\ J\cdot m^{-3}$。轻稀土石榴石的饱和磁化强度略高,而重稀土石榴石的饱和磁化强度要低得多。

1.6.7　非晶合金

非晶合金包括两大类:过渡金属(类金属),其成分接近 $(Fe,Co,Ni)_{80}(B,C,Si)_{20}$;过渡金属(Zr,Hf)。前一种类型具有更大的技术应用潜力。非晶合金主要是通过熔体快速淬火、溅射或蒸发生产的。非晶磁性合金中缺乏长程原子有序的原因:①高金属电阻率(10^{-6} Ω·m);②缺乏宏观磁晶各向异性;③缺乏晶界和位错,在晶体磁性材料中起钉扎中心(pinning centers)的作用;④广泛的可用成分,产生连续的性能值谱;⑤突出的机械性能;⑥优异的耐腐蚀性。

第一类非晶合金分为三大类(见表1-10)。

表1-10　软磁材料(非晶态)

材料	居里温度/K	饱和磁感应强度/T	矫顽力/(A·m^{-1})	磁致伸缩常数/(×10^{-6})
$Fe_{81}B_{13.5}Si_{3.5}C_2$	370	1.61	3.2	30
$Fe_{67}Co_{18}B_{14}Si$	415	1.80	4.0	35
$Fe_{56}Co_7Ni_7Zr_2Nb_8B_{20}$	508	0.71	1.7	10
$Fe_{72}Al_5Ga_2P_{11}C_6B_4$	605	1.07	5.1	2
$Fe_{40}Ni_{38}Mo_4B_{18}$	353	0.88	1.2	12
$Co_{67}Ni_3Fe_4Mo_2B_{12}Si_{12}$	340	0.72	0.4	0.5

第一类是铁基非晶合金,其饱和磁感应强度为1.1~1.8 T,具有优异的高频(100 kHz)特性;第二类是铁-镍基非晶合金,具有较低的饱和磁感应强度,同时具有较低的磁致伸缩;第三类是钴基非晶合金,具有近零磁致伸缩、非常高的磁导率和低损耗。

除了铁基合金在电力设施和工业变压器中的应用,非晶合金在电力电子、电信设备、传感器件、电力调节、电子物品监控系统等方面的应用也越来越多。具有高抗结晶性的材料经缓慢结晶可以降低临界冷却,并形成稳定的大块金属玻璃。用这种方法可制备出软磁性能良好的铁基块状非晶合金。

我们可以在软磁非晶带和线中观察到巨磁阻抗效应(GMI)。这种效应包含外加磁场或机械应力作用下非晶合金复数阻抗(包含实部分量和虚部分量)的剧烈变化。我们可以在极低场区域观察到每奥斯特高达500%的相对阻抗变化灵敏度。GMI强烈依赖于外加磁场的频率和材料中存在的磁各向异性,这使GMI材料非常方便地应用于电流、位置、液位和压力传感器。这些传感器被用于车辆交通监控、钢的质控、地震检测和医学等技术。

1.6.8　纳米晶合金

纳米晶合金是由均匀分布的平均尺寸为5~20 nm的超细晶粒嵌入非晶基体组成的。它们是由非晶带(加入Cu和Nb)经过再结晶退火制备的。结晶相的体积比为50%~80%,可通过退火温度控制。纳米晶合金的矫顽力比非晶样品低,初始磁导率比钴基非晶合金高(见表1-11),磁致伸缩非常低,并且(由于交换软化)有效磁各向异性几乎为零。

表 1-11　软磁材料(纳米晶合金)

材料	居里温度/K	饱和磁感应强度/T	矫顽力/(A·m^{-1})	磁致伸缩常数/($\times10^{-6}$)
$Fe_{73.5}Cu_1Nb_3Si_{13.5}B_9$	843	1.24	0.53	2.1
$Fe_{73.5}Cu_1Nb_3Si_{16.5}B_6$	833	1.18	1.1	0
$Fe_{56}Co_7Ni_7Zr_2Ta_8B_{20}$	538	0.85	1.5	14
$Fe_{56}Co_7Ni_7Zr_2Nb_8B_{20}$	508	0.71	1.7	10
$Fe_{90}Zr_7B_3$		1.63	5.6	−1.1
$Fe_{86}Zr_7B_6Cu_1$		1.52	3.2	1
$Fe_{78}Si_9B_{13}$	688	1.56	2.4	27

Cu 和 Nb 的存在可以得到高分化型微观结构。这些材料的电阻率通常与非晶材料的电阻率在同一数量级，即 $1\times10^{-6}\sim1.5\times10^{-6}$ Ω·m。软纳米晶合金的高磁导率和弱能量损失使其在各种传感器、安全装置、高频变压器和许多其他应用中具有重要价值。

1.7　不　锈　钢

1.7.1　简介

不锈钢是一种由多种金属组合而成的合金，除铁外，至少含有 10.5%(质量百分比，以下同)的铬和不超过 1.2%的碳，也可能含有其他合金元素，如镍、钼、氮、铜、钛、硫、铈、锰、硅、铝、钴、钒等。不锈钢的耐腐蚀性随着铬含量的增加而增加，添加镍和钼也可增强耐腐蚀性。不锈钢之所以对腐蚀剂的化学作用具有抵抗力，是基于铬含量超过 10.5%时所发生的钝化作用。此外，铬作为硬化元素(hardening element)，还可以增加硬度和强度。碳可以增加钢的强度。镍作为增韧元素(toughening element)，可以增韧铁素体相，同时可以减少热膨胀和具有优异的抗热蠕变性能。钼的加入可以进一步提高耐腐蚀性。氮的加入可以增加机械强度。

1.7.2　不锈钢类型

不锈钢可以根据其应用领域、生成中使用的合金元素以及微观结构中的冶金相来分类。根据其微观结构中存在的冶金相进行分类可能是目前最准确的分类方式。不锈钢可以分为 4 类：铁素体不锈钢、马氏体不锈钢、奥氏体不锈钢和双相不锈钢。

(1)铁素体不锈钢。

铁素体不锈钢通常含有12.5%或17%的铬，基本不含镍，含碳量少，不能热处理，比马氏体不锈钢有更优的耐腐蚀性，并具有良好的抗氧化性；具有铁磁性；尽管在低温下会变脆，但具有足够的可成型性；热膨胀和其他热性能与常规钢相似。

(2)马氏体不锈钢。

马氏体不锈钢含有0.2%～1.0%的碳和10.5%～18%的铬；具有中等耐腐蚀性；具有铁磁性；低温下变脆，可成型性差；热膨胀和其他热性能与常规钢相似。

(3)奥氏体不锈钢。

奥氏体不锈钢含有16%～26%的铬和6%～12%的镍，可以根据所需性质添加或改变其他合金元素(如钼)。相比其他类别不锈钢，奥氏体不锈钢包含更多的等级，用量也更大。奥氏体不锈钢比铁素体不锈钢和马氏体不锈钢的耐腐蚀性更优；具有优异的成型性；低温下不会变脆，对低温有更高的韧性；具有更大的热膨胀和热容，比其他不锈钢或传统钢的热导率更低；通常不具有磁性。

(4)双相不锈钢。

双相不锈钢含有18%～26%的铬、4%～7%的镍、0～4%的钼和铜；具有由奥氏体和铁素体组成的微观结构，既有奥氏体不锈钢的抗腐蚀性，又有更大的强度；具有铁磁性；低温下会变脆；热膨胀介于奥氏体不锈钢和铁素体不锈钢之间。

各种不锈钢的典型物理性质见表1-12。

表1-12　各种不锈钢的典型物理性质

性质	不锈钢类型			
	马氏体不锈钢*	铁素体不锈钢	奥氏体不锈钢	双相不锈钢
密度/(g·cm^{-3})	7.6～7.7	7.6～7.8	7.9～8.2	8.0
杨氏模量/(N·mm^{-2})	220000	220000	195000	200000
热膨胀/(×10^{-6}·℃$^{-1}$)	12～13	12～13	17～19	13
热导率/(W·m^{-1}·℃$^{-1}$)	22～24	20～23	12～15	20
热容/(J·kg^{-1}·℃$^{-1}$)	460	460	440	400
电阻率/(nΩ·m)	600	600～750	850	700～850
铁磁性	有	有	无	有

注：*表示在硬化和回火条件下。

不同类型的不锈钢在热膨胀和热导率这两个物理性能上差异明显，如图1-33和图1-34所示。奥氏体不锈钢比其他类型不锈钢表现出更高的热膨胀，这会导致在温度波动、进行热处理和焊接时引起热应力。不锈钢的热导率通常低于碳钢，并且随着不锈钢合金含量的增加而降低。热导率由高到低的顺序：马氏体不锈钢>铁素体不锈钢>双相不锈钢>奥氏体不锈钢。

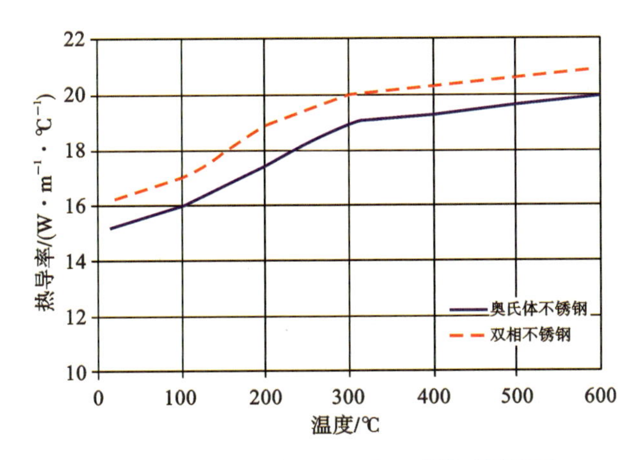

图 1-33　奥氏体不锈钢和双相不锈钢的热导率

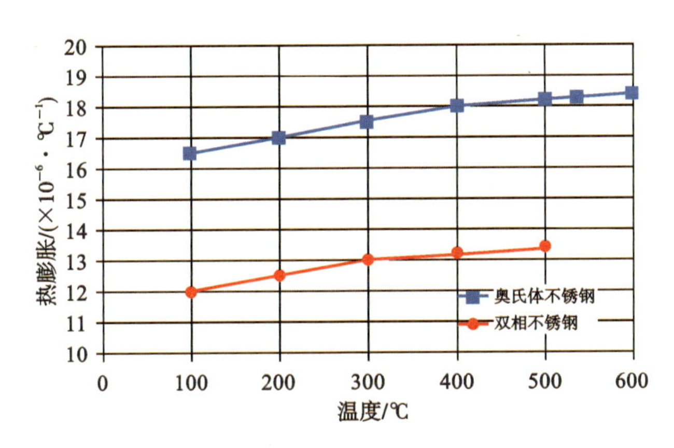

图 1-34　奥氏体不锈钢和双相不锈钢的热膨胀

1.7.3　不锈钢的高温力学性能

马氏体不锈钢的最高使用温度受到过度回火和脆化风险的影响，蠕变强度低。该类型不锈钢通常不能在 300 ℃以上使用。铁素体不锈钢在不超过 500 ℃时有较高的强度，蠕变强度低。双相不锈钢的性能与铁素体不锈钢相似，但强度更高，蠕变强度更低。该类型不锈钢的使用温度上限通常为 350 ℃，超过该温度时存在脆化的风险。大多数奥氏体不锈钢在 500 ℃以下的强度低于其他类型不锈钢。

1.7.4　磁性不锈钢

不锈钢分为磁性不锈钢和非磁性不锈钢。不锈钢具有磁性需满足两个条件：一是含铁，二是具有马氏体或铁素体的晶体结构。如果不锈钢本质上是由奥氏体结构组成的，那么它在性质上就是非磁性的。

不锈钢的磁性行为变化很大，从全奥氏体级的顺磁性(非磁性)到硬化马氏体级的硬磁或永磁行为。由于不锈钢的磁性几乎总是不如传统磁性材料，因此它并没有被广泛用作磁性材料。尽管如此，由于不锈钢廉价易得的特性，不锈钢也可用于使用温度不高(如家用或便携式感应加热)的设备。

奥氏体不锈钢的磁化力为200 Oe(16 kA·m^{-1})时,直流磁导率为1.003～1.005。与硅铁合金等常规磁性材料相比,奥氏体不锈钢的磁导率非常低。因此,其非磁性行为使之用于以安全、测量和控制为目的的磁性检测设备的外壳和部件。304级奥氏体不锈钢:铁含量约73%、铬含量为18%～20%、镍含量为8%～10%、碳含量低于0.08%。

铁素体不锈钢通常有铁磁性。该类不锈钢含有最多的铁素体。铁素体是铁和其他元素的复合物。铁素体晶体组合物与铁的结合使铁素体不锈钢产生磁性。但许多铁素体不锈钢的磁性强度比传统碳钢低。市售铁素体不锈钢的牌号有409、430、439等。其中,430级铁素体不锈钢的铁含量约83%、铬含量为16%～18%、碳含量低于0.012%。铁素体不锈钢可用于电磁磁芯和磁极等软磁部件。铁素体不锈钢的磁性一般不如传统的软磁合金,但可成功应用于必须耐腐蚀的环境。此外,铁素体不锈钢相对较高的电阻率使之具有优异的交流性能。

马氏体不锈钢独特的晶体结构使之具有铁磁性。市售马氏体不锈钢的牌号有410、420、440等。

双相不锈钢通常具有磁性,因为它们包括铁素体和奥氏体的混合物。双相不锈钢从2205级开始,有许多其他等级可供选择。

表1-13列出了一些不锈钢的磁性能。

表1-13 一些铁素体不锈钢和马氏体不锈钢的磁性

等级	条件	洛氏硬度	最大相对磁导率	矫顽力	
				Oe	A·m^{-1}
410(马氏体)	A	B 85	750	6	480
	H	C 41	95	36	2900
416(马氏体)	A	B 85	750	6	480
	H	C 41	95	36	2900
420(马氏体)	A	B 90	950	10	800
	H	C 50	40	45	3600
430F(铁素体)	A	B 78	1800	2	160
430FR(铁素体)	A	B 82	1800	2	160
440B(马氏体)	H	C 55	62	64	5100
446(铁素体)	A	B 85	1000	2	360

注:A表示完全退火;H表示热处理有最大硬度;B、C为洛氏硬度标尺;Oe为矫顽力cgs单位;A·m^{-1}为矫顽力SI单位。

参考文献

[1] CULLITY B D, GRAHAM C D. Introduction to Magnetic Materials[M]. Second Edition. Hoboken, New Jersey: John Wiley & Sons, Inc., 2009.

[2] JILES D. Introduction to Magnetism and Magnetic Materials[M]. Third

Edition. Florida:CRC Press,Taylor & Francis Group,2016.

[3] YAMAUCHI J. Fundamentals of Magnetism, in Nitroxides: Applications in Chemistry, Biomedicine, and Materials Science [M]. WILEY-VCH Verlag GmbH & Co. ,2008.

[4] O'HANDLEY R C. Magnetic Materials, in Encyclopedia of Physical Science and Technology [M]. Third Edition. Academic Press,2003.

[5] GOLDMAN A. Handbook of Modern Ferromagnetic Materials[M]. Springer Science+Bussiness Media,LLC,1999.

[6] Classification of magnetic materials[J/OL]. University of Birmingham, www. birmingham. ac. uk/.

[7] SZYMCZAK H. Magnetic Materials and Applications, in Encyclopedia of Condensed Matter Physics[M]. Elsevier,2005.

[8] HARRIS I R,WILLIAMS A J. Magnetic materials[J/OL]. Encyclopedia of Life Support Systems (EOLSS). http://eolss. net/Sample-Chapters/C05/E6-36-02-01. pdf.

[9] BOWLER N. Eddy-Current Nondestructive Evaluation[M]. Springer Science+Business Media,LLC,2019.

[10] Ferromagnetism[J/OL]. https://eng. libretexts. org/.

第二章

电磁感应加热原理与技术

2.1 概　　述

感应加热可无接触、快速和高效加热导电材料。由于与其他经典加热技术(如火焰加热、电阻加热、传统烤箱或炉加热)相比具有一定的优势,它正在成为工业、家庭和医疗应用中首选的加热技术。

图 2-1 是纵向磁通感应加热系统的典型布局。交流电源为感应加热线圈提供交变电压。线圈产生交变磁场,感应目标(负载)置于交变磁场中。结果,感应目标通过两种物理现象(涡流和磁滞)被加热。涡流施加在感应目标上,通过焦耳效应(Joule effect)产生热。这是感应加热过程中的主要热源。除此之外,磁滞会在铁磁性材料中产生额外的热。这些系统中典型的工作频率包括从工业和高功率应用中的线频率(line frequency)到医学系统应用的频率。

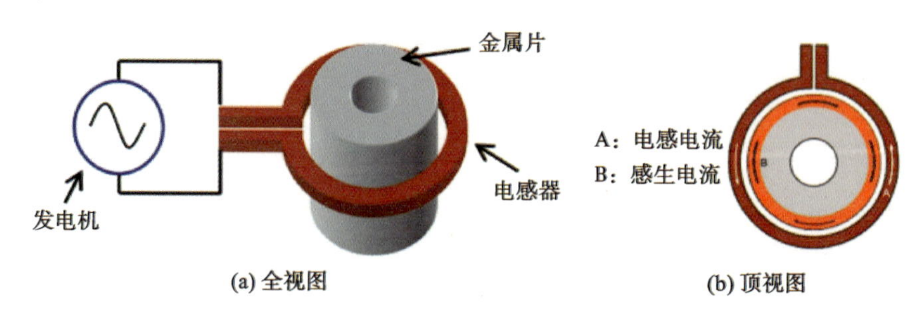

图 2-1　纵向磁通感应加热系统的典型布局

感应加热的优势如下。

(1)快速加热。

得益于高功率密度(能量密度)和没有任何热惯性(thermal inertia),感应加热技术直接加热感应目标,减少了废热(wasted heat),显著缩短了加热时间。

(2)效率高。

当代线圈和功率变换器(power converter)的高效设计可实现超过90%的效率值,感应加热技术显著优于常规加热技术。而且,只有感应目标被加热,在环境和周围元件中的热损耗降至最低。

(3)可控加热。

通过恰当设计线圈和功率变换器及其控制,可以精确控制在感应加热系统和局部施加的功率,结果是可以应用先进的技术,如局部加热、预设温度曲线等。

(4)改善工业过程。

感应加热一致性和重现性改善了质量控制并使过程生产率最大化。而且,感应加热是一种非接触加热过程,感应目标不受加热器具(如线圈)的影响,可保证加热质量。

(5)清洁和安全。

感应加热直接加热感应目标,加热区域周围的环境温度较低,避免了其他材料的燃烧。而且,感应加热没有局部污染。

这些优势以及近年感应加热技术取得的进展,促进了感应加热的应用,使得感应加热广泛应用于工业、家庭和医疗领域。推动这一进步的主要技术有电力电子、调制和控制算法以及磁性元件设计。

表2-1总结了感应加热应用和所涉及技术的主要特征。

表2-1　所涉及技术在感应加热应用中的主要特征

应用	技术		
	电力电子	调制和控制算法	磁性元件设计
工业	高功率; 改善可靠性; 装配线监测; 低频至高频	多区域控制算法; 改善接口和通信; 可变的负载和功率范围; 多负载管理; 温度控制	高效率; 可变形状; 优化热分布
家用	低成本; 高效率; 有限的冷却能力; 中等工作频率	功率因数和谐波控制; 可变的负载和功率范围; 需避免噪声; 多负载管理; 温度控制	高效率; 加热非铁磁性材料; 灵活烹饪面
医用	低功率; 高品质因数谐振回路; 高工作频率	精确的功率和温度控制; 频率选择	局部加热; 可控磁场作用; 铁磁流体

尽管所有感应加热应用的基本原理是相通的,但它们具有不同的特性,每种设计会包含各具特色的技术。工业应用通常需要更高的输出功率和更高的可靠性,这限制了功率变

换器的拓扑结构选择。此外，由于工业应用的密集性特点，装配线应能准备就绪并且能改善接口和通信。除此之外，电感器的设计还要适应不同形状的感应目标（如轴、齿轮等），并提供所需的热量分布面。

相比之下，由于冷却能力有限，通常以电磁炉为代表的家用感应加热系统需要低成本和高效率。此外，从控制的角度来看，由于材料、几何形状和所需的输出功率不同，宽负载范围成为主要挑战。电感系统也必须达到高效率，并且能够加热某些非铁磁性材料。医疗应用需要对感应加热系统提出具体但至关重要的要求。这些系统通常功耗低，但需要非常精确地控制加热过程，包括温度和位置。

自19世纪末以来，随着工业和技术的进步，感应加热技术在不断发展。感应加热原理是由法拉第在发现磁体感应电流时发现的。麦克斯韦后来发展了电磁学的统一理论。焦耳描述了导体中电流产生的热量，建立了感应加热的基本原理。

感应加热现象的第一个工业应用是在1887年由 Sebastian Z. de Ferranti 发现的，他提出了感应加热用于熔融金属，并申请了感应加热工业应用的第一件专利。在1891年，F. A. Kjellin 制造了第一个全功能的感应炉。1916年，Edwin F. Northrup 在普林斯顿制造了第一台高频感应炉，这是第一个重大革命。几乎在同一时间，M. G. Ribaud 使用火花隙发电机开发了高频感应加热技术。后来，Valentin P. Vologdin 使用机械发电机和真空管开发了感应加热发生器。这就是现代高频感应加热系统的开端。

在第二次世界大战期间和之后，汽车和飞机工业促进了感应加热技术的应用，感应加热技术不仅用于熔融金属，还用于先进的材料处理，大大增强了感应加热技术在工业过程中的渗透。随着固态发电机的发展，感应加热技术的第二次重大革命随之而来。这些发电机利用新的功率半导体技术（主要是晶闸管）来制作可靠性高的功率变换器。后来，更高频率功率器件的发展，如双极[结]晶体管（BJT）和金属-氧化物-半导体场效应晶体管（MOSFET），使设计更高效率的功率变换器成为可能，使感应加热技术在许多应用中成为可选项。感应加热系统的性能和效率的提升，再加上半导体技术的进一步发展和绝缘栅双极型晶体管（IGBT）的成功引入，将感应加热技术的应用扩展到工业领域之外。

自20世纪80年代末以来，感应加热进入了家用领域。如今，以电磁炉为代表的感应加热炊具在许多国家得到了广泛使用。此外，进入21世纪后，由于热疗治疗在精确和局部加热方面的优势，感应加热热疗呈现方兴未艾之势。

目前，感应加热技术正朝着高度可靠和高效的方向快速发展，并正致力于高度通用系统的构建。

2.2 金属材料的电磁性质

材料包含许多工程学特性，如电阻率（电导率）、相对磁导率、饱和磁感应强度、矫顽力、磁滞损耗、初始磁导率、介电常数、磁化率、磁偶极矩等。

2.2.1　电阻率

材料的导电性能用电导率 σ（单位：$S \cdot m^{-1}$）表征。电导率的倒数为电阻率 ρ（单位：$\Omega \cdot m$）。

金属和合金是电的良导体，相比其他材料（如陶瓷、塑料等），电阻要小得多。表 2-2 给出了普通材料在室温下的电阻率。虽然已知大多数金属材料是导电体，但根据其电阻率的大小，它们又被分为几个亚组。有些金属和合金为低电阻金属（如 Ag、Cu、Au、Mg、Al），有些金属和合金为高电阻金属（如 Ti、碳钢、不锈钢、W、高温合金）。

表 2-2　一些常见材料的电阻率

材料（室温）	电阻率/（$\mu\Omega \cdot m$）
Ag	0.015
Cu	0.017
Au	0.024
Al	0.027
W	0.054
Zn	0.059
Ni	0.068
Co	0.09
低碳钢	0.16
不锈钢	0.7
Pb	0.21
Ti	0.42
镍铬合金	1
石墨	7～9
木材（干）	10^{14}～10^{17}
玻璃	10^{16}～10^{20}
云母	10^{17}～10^{21}
聚四氟乙烯	$>10^{19}$

金属材料的电阻率随温度、化学成分、微结构和晶粒大小而变。多数金属的电阻率随温度升高而增大。图 2-2 显示了一些市售金属的电阻率与温度的关系。

纯金属的电阻率与温度大致呈线性关系（除非材料晶格变化/相变）：

$$\rho(T) = \rho_0 [1 + \alpha(T - T_0)] \tag{2-1}$$

式中：ρ_0 是室温（T_0）下的电阻率；$\rho(T)$ 是温度为 T 时的电阻率；α 是电阻率温度系数，单位是℃$^{-1}$。

表 2-3 列出了一些金属和合金的电阻率温度系数。

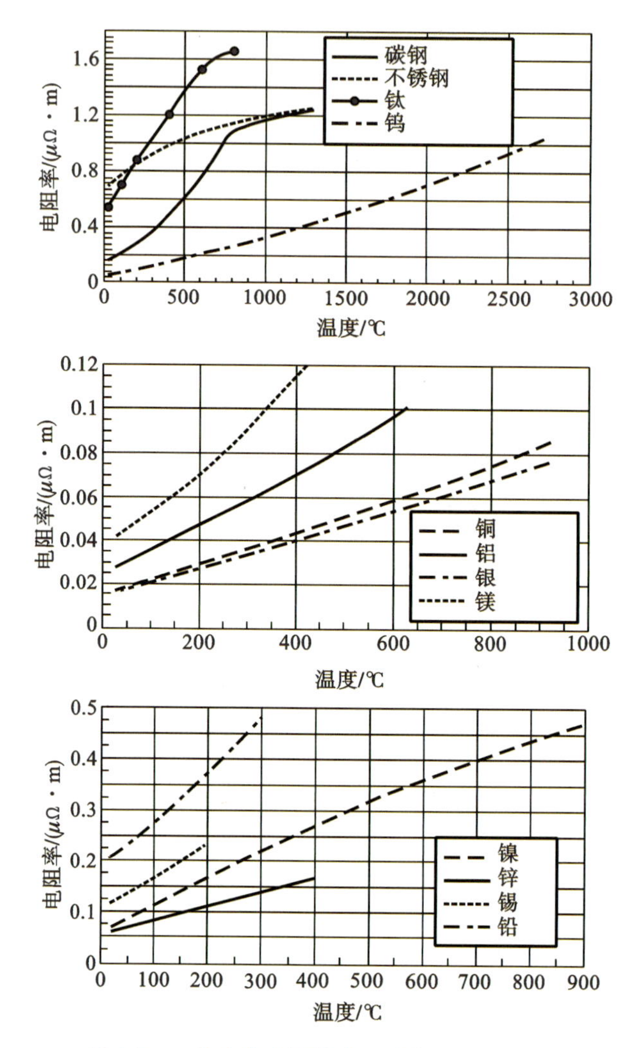

图 2-2 一些市售金属的电阻率与温度的关系

表 2-3 一些金属和合金的电阻率温度系数

金属和合金(室温)	$\alpha/(℃^{-1})$
Al	0.0043
Co	0.0053
Cu	0.004
Au	0.0035
Fe	0.005
Pb	0.0037
镍铬合金	0.0004
Ni	0.0069
Ag	0.004

续表

金属和合金(室温)	$\alpha/(℃^{-1})$
Ti	0.0035
W	0.0045
Zn	0.0042

对于一些导电材料,ρ 随温度升高而降低,因此 α 是负值。对于其他材料(包括碳钢、合金钢、石墨等),ρ 是温度的非线性函数,所以 α 是温度的非线性函数。在熔点,金属电阻率急剧增加(见图 2-3)。

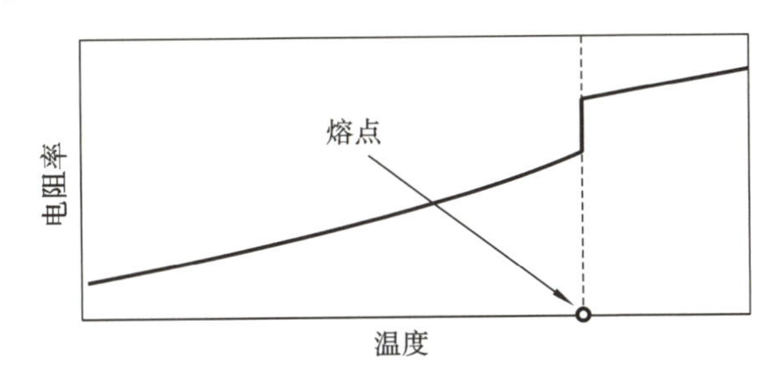

图 2-3　金属电阻率在熔点附近显著增加

金属和合金中的杂质扭曲了金属晶格,会影响电阻率。作为说明,图 2-4 显示了最常见的合金元素对铁电阻率的影响。

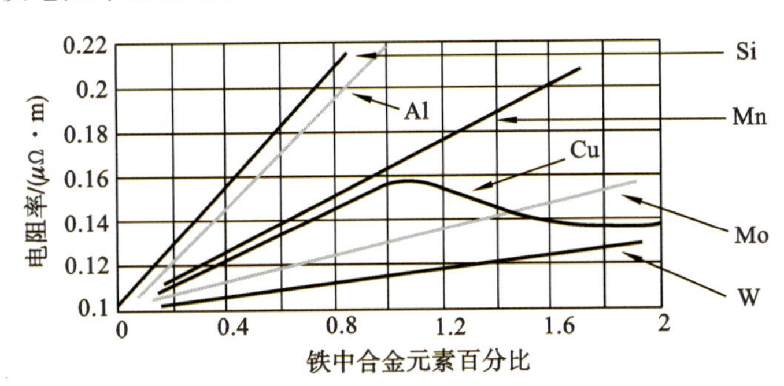

图 2-4　电阻率与铁中合金元素百分比的关系

对于某些二元合金,电阻率与合金元素浓度之间的关系曲线呈钟形。合金元素重量各占 50%时,电阻率最大。

当使用感应加热合金时,对包括电阻率在内的物理性质的变化有一个清晰的认识是很重要的。使用电阻率的平均值进行不正确假设可能导致代价大的误导性假设。

有些合金电阻率随着合金浓度的增加而持续减小或增大,如普通碳钢的电阻率随着含碳量的增加而增大。对于粉末冶金材料,电阻率随着密度的增加而降低。

电阻率还受晶粒大小(如晶粒越细,电阻率越大)、塑性变形、热处理和一些其他因素的影响,但相比温度和化学成分的影响,上述因素的影响很小。

不要混淆电阻率 $\rho(\Omega \cdot m)$ 和电阻 $R(\Omega)$,R 是电路的性质。这两个参数的关系为

$$R = \frac{\rho l}{a} \tag{2-2}$$

式中：l 是载流导体的长度，a 是电流流经的导体横截面积。

电阻率几乎影响感应系统的所有重要参数，包括发热深度、温度分布、加热效率、线圈阻抗等。

2.2.2 磁导率和相对介电常数

相对磁导率 μ_r 表示材料（如金属）相对真空或空气传导磁通的能力。相对介电常数 ε 表示材料相对真空或空气传导电场的能力。μ_r 和 ε 都是无量纲参数，有相似的意义。

相对磁导率对影响电学现象的过程参数的选择有显著影响，这些电学现象包括趋肤效应、电磁边缘和末端效应以及邻近和环效应。介电常数对感应加热金属材料的影响较小，但在电介质加热中起着主要作用。

常数 $\mu_0 = 4\pi\times10^{-7}\ \mathrm{H\cdot m^{-1}}$（或 $\mathrm{Wb\cdot A^{-1}\cdot m^{-1}}$）称为真空磁导率，常数 $\varepsilon_0 = 8.854\times10^{-12}\ \mathrm{F\cdot m^{-1}}$ 称为真空介电常数。

μ_r 和 μ_0 的乘积称为磁导率 μ，对应磁通密度和磁场强度的比值：

$$\frac{B}{H} = \mu_r \mu_0 \tag{2-3}$$

相对磁导率与磁化率密切相关：

$$\mu_r = \chi + 1 \tag{2-4}$$

换言之，磁化率表示 μ_r 与 1 的差值。

顺磁性材料的相对磁导率稍微大于 1（$\mu_r>1$），反磁性材料的相对磁导率稍微小于 1（$\mu_r<1$）。因为顺磁性材料和反磁性材料的 μ_r 差异不大，在感应加热中，这些材料可简单称为非磁性材料（如 Al、Cu、Ti 和 W）。

铁磁性材料的相对磁导率高（$\mu_r\gg1$）。Fe、Co、Ni 在室温下有铁磁性。一些稀土金属在低于室温的温度下有铁磁性。所有普通碳钢都是铁磁性的。还有大量合金钢属于铁磁性材料。

材料的铁磁性与结构、化学成分、预处理、晶粒大小、频率、磁场强度和温度等因素相关。

铁磁体失去磁性变为非磁性时的温度称为居里温度（居里点）。即使在普通碳钢中，居里温度也会随含碳量的变化而变化。相对磁导率的最大值 μ_r^{max} 受化学成分和微结构影响。

磁化曲线描述的是磁感应强度（磁通密度）和磁场强度之间的非线性关系。典型碳钢的 μ_r 如图 2-5 所示。μ_r 的最大值出现在曲线的“膝盖”处。对应最大磁导率的磁场强度 H_{cr} 称为 H 临界值。当 $H>H_{cr}$ 时，磁导率随着 H 增大而降低。如果 $H\to\infty$、$\mu_r\to1$，常规金属感应加热中，工件表面的磁场强度 H_{surf} 通常比 H_{cr} 大得多。

与电流分布类似，均质工件表面的磁场强度有最大值，而朝着工件内核呈指数下降（见图 2-6）。结果表明，μ_r 在磁体内部是变化的。表面的 μ_r^{surf} 对应表面磁场强度 H_{surf}。采用长螺旋线圈时，H_{surf} 可视为线圈与工件之间空气间隙的场强。随着与表面距离的增加，μ_r 增大，达到最大值（$H=H_{cr}$）后开始降低（见图 2-6）。μ_r 与温度和磁场强度呈复杂函数关系（见图 2-7）。

多数感应加热和热处理情况下，μ_r 总是随温度升高而降低。在相对“弱”的磁场中，μ_r 可能先随温度升高而增大，在居里点附近开始急剧降低(见图 2-8)。

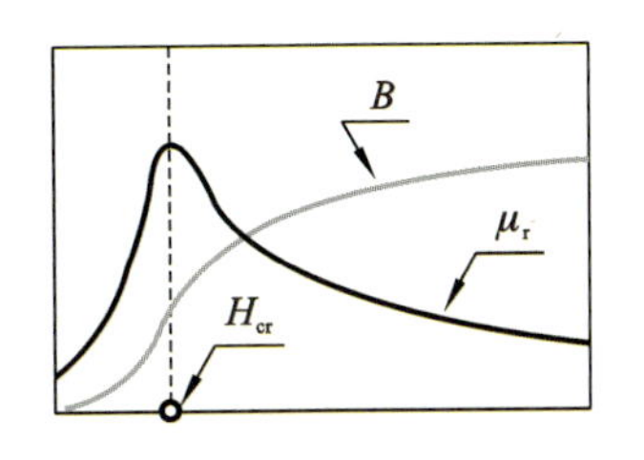

图 2-5　B 和 μ_r 与 H 的关系

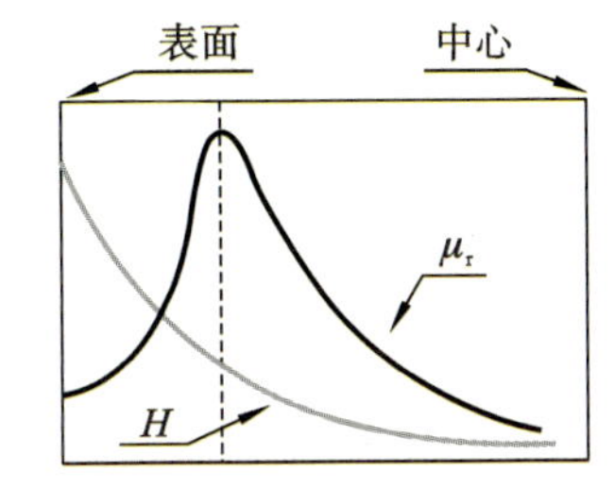

图 2-6　H 和 μ_r 在均质碳钢圆柱体上沿半径的分布

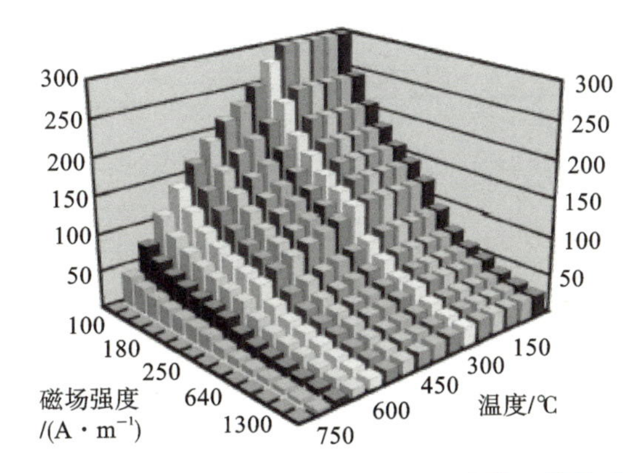

图 2-7　相对磁导率与温度和磁场强度的函数关系

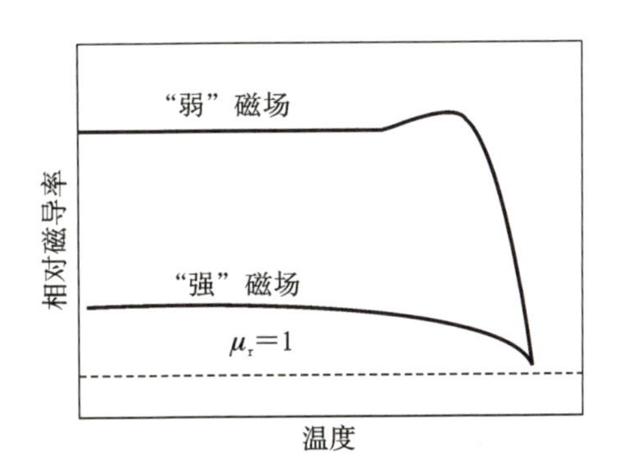

图 2-8　“弱”和“强”磁场中相对磁导率的比较

2.3　感应加热电磁效应

2.3.1　趋肤效应

当直流电流经单独的导体(如母线或电缆)时，在导体横截面内的电流分布是一致的。但是当交流电流经相同导体时，电流分布是不一致的。电流密度的最大值总是位于具有均质电磁物理性质的导体表面，电流密度将从导体表面向中心减小。这种在导体横截面内不一致的电流分布现象称为趋肤效应(skin effect)。只要存在交流电，趋肤效应就总会出现(尽管程度不同)。因此，趋肤效应将存在于位于感应线圈内的工件中。

趋肤效应是导致涡流集中在工件表层(skin)的主要因素。因为实心圆柱体中感应的涡流的圆周性质，所以没有电流流向实心圆柱体的中心(见图 2-9)。

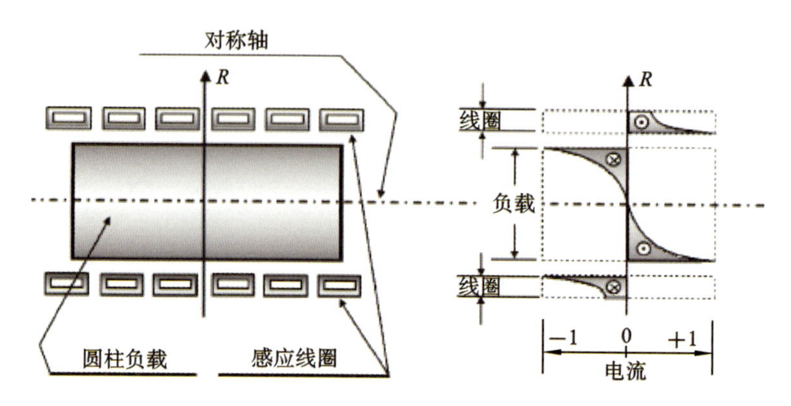

图 2-9　交流电在“线圈-工件”系统中的瞬时分布

图 2-10 描述的是两个不同频率 F_1 和 F_2 下，沿着非磁性金属实心圆柱体的半径上，电流密度的分布比较。

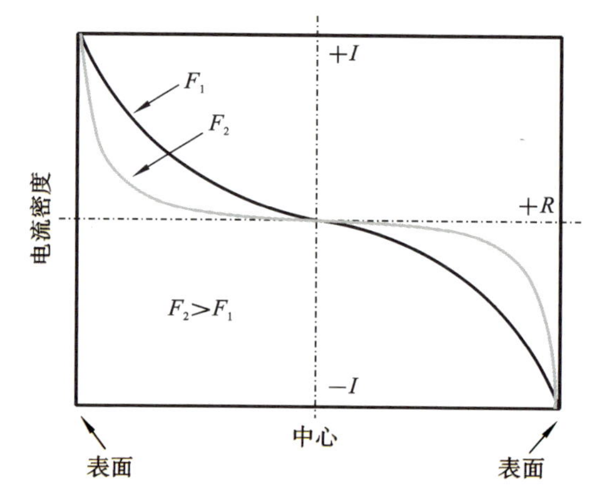

图 2-10　电流密度在不同频率下的两个不锈钢圆柱体半径上的分布

因为趋肤效应，约 86%的功率将集中在导体表层。电场在良导体内衰减到其原始强度的 1/e(即 36.8%)时所深入的距离称为趋肤(或电流渗透)深度[reference (or current penetration) depth]δ。趋肤效应的大小与频率、导体材料性质(ρ 和 μ_r)、工件形状有关。当工件半径比 δ 大时，将有明显的趋肤效应(见图 2-11)。

电流密度在工件厚度方向的分布(假设电磁性质均匀)可大致用以下公式计算：

$$I = I_0 e^{-y/\delta} \tag{2-5}$$

式中：I 是与表面相距 y 处的电流密度($A \cdot m^{-2}$)，I_0 是工件表面的电流密度($A \cdot m^{-2}$)，y 是表面与中心的距离(m)，δ 是趋肤深度(m)。

趋肤深度表示为

$$\delta = 503\sqrt{\frac{\rho}{\mu_r F}} \tag{2-6}$$

式中：F 是频率(Hz)，ρ 是导电材料的电阻率($\Omega \cdot m$)，μ_r 是相对磁导率。

趋肤深度与电阻率的平方根成正比，与频率和相对磁导率的平方根成反比。从数学上讲，趋肤深度是指从导体表面到中心的距离，在此距离内，电流呈指数降至其表面值的 1/e。

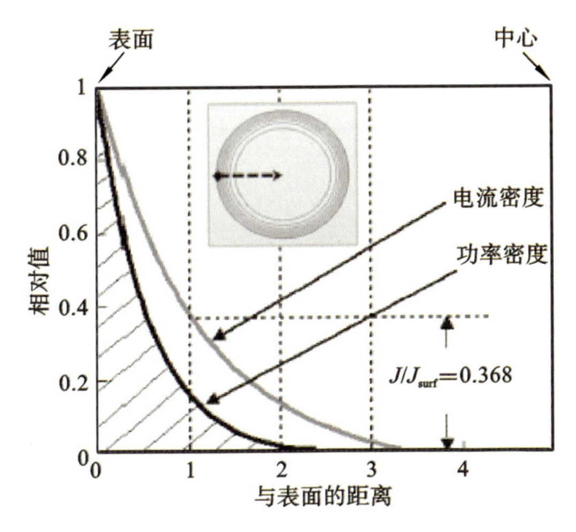

图 2-11　趋肤效应引起的电流密度和功率密度的变化

该距离内的功率密度(power density)将降至其表面值的 $1/e^2$。图 2-11 通过显示从工件表面到中心的电流密度和功率密度分布，说明了趋肤效应的形式。从图中可以看出，在距离表面一个趋肤深度($y=\delta$)处，电流密度约等于其表面值的 37%，功率密度将等于其表面值的 14%。因此，63%的电流及 86%的功率将集中在厚度为 δ 的表面层内。

在加热过程中，多数金属的电阻率将比初始值大 4～6 倍。因此，即使是非磁性金属，加热过程中，趋肤深度也会充分增加。

在讨论铁磁体内相对磁导率的三维行为时，需要注意趋肤深度经典形式的定义没有完全确定的意义，因为即使在室温下，相对磁导率在工件内也是非恒定分布的。在工程领域中，通常用工件表面的相对磁导率值μ_r^{surf}定义上述公式。

趋肤深度是温度的函数。加热开始时，因为电阻率随温度升高而增大，深入碳钢中的电流将稍微增大(见图 2-12)。随着温度进一步升高(大约 550 ℃)，相对磁导率开始显著下降。接近居里温度时，相对磁导率急剧降至 1——因为碳钢变为非磁性。结果是趋肤深度显著增加。超过居里温度后，因为电阻率随温度升高而增大，趋肤深度将继续稍微增加(见图 2-12)。

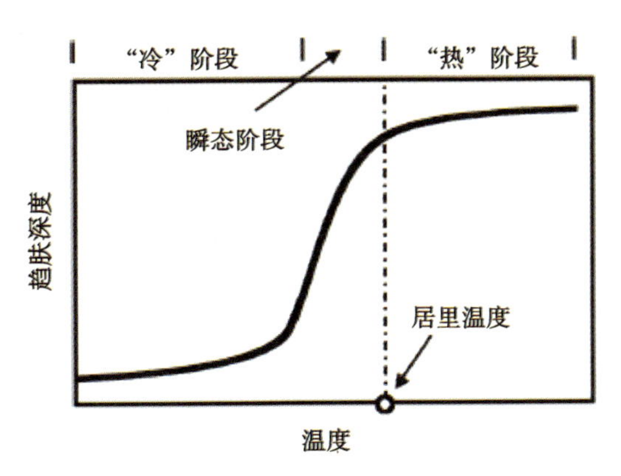

图 2-12　碳钢元件感应加热时电流趋肤深度的典型变化

感应加热时，碳钢元件趋肤深度的变化急剧改变了趋肤效应的程度。图 2-13 表示感应加热过程中不同金属趋肤深度的变化。

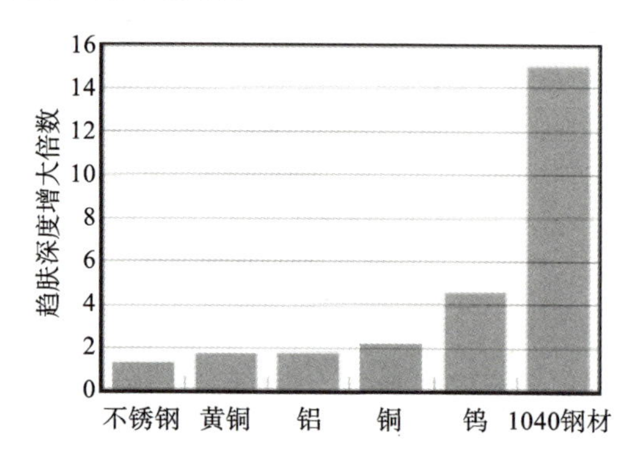

图 2-13 感应加热过程中不同金属趋肤深度的变化

多数感应加热应用中，沿着工件厚度、半径分布的电流密度和功率密度(热源分布)被简化了，仅描述为从表面到工件内呈指数下降。但是该假设仅适用于电阻率恒定的均质非磁性实心体。

对于绝大多数感应加热应用，电流密度分布不一致，在加热工件内总有热梯度。热梯度导致元件内部电阻率和相对磁导率分布不一致。

由于磁场强度分布不一致，在铁磁性工件的厚度方向，相对磁导率不一致，因此，电流密度呈指数分布仅用于加热非磁性材料时粗略的估计。

新一代的计算机建模软件使人们能够对功率密度波形现象的物理特性做出相当准确的预测，从而揭示出趋肤效应的本质。

在讨论趋肤效应时，可引入术语电磁厚(thick)体或电磁薄(thin)体。从电磁学角度看，根据选择的频率和磁场方向，工件可相当于厚体或薄体。如果 δ 比实心体的厚度或直径大，那么工件对电磁场就是半透明的，可视为电磁薄体。电磁薄体中有明显的电流抵消(current cancellation)，仅吸收可忽略不计的能量(横向磁通电感器和行波电感器除外)。由于工件对外部电磁场几乎是透明的，因此电磁薄体中只会产生少量的热。

如果实心导电体的厚度或直径是 δ 的 6 倍，可视为电磁厚体。由于 δ 在加热过程中会增大 15 倍以上，开始被视为电磁厚体的工件在加热后期会变为电磁薄体，同时伴随着加热效率的急剧降低。

除了频率外，工件相对电磁场的方向对工件是电磁薄体还是电磁厚体有显著影响。如果实心工件相对电感器的方向导致涡流消除，那么工件可视为电磁薄体；否则，视为电磁厚体。图 2-14 是电磁薄体和电磁厚体的图示和概念。工件在不同的位置关系下可以是电磁薄体或电磁厚体。

仅由几何形状不能决定工件是否视为电磁薄体或电磁厚体。比如，当使用螺旋线圈时，直径为 25 mm 的不锈钢工件在频率低于 500 Hz 下感应加热时视为电磁薄体，而直径为 12.7 mm 的不锈钢工件在频率 70 kHz 下视为电磁厚体。

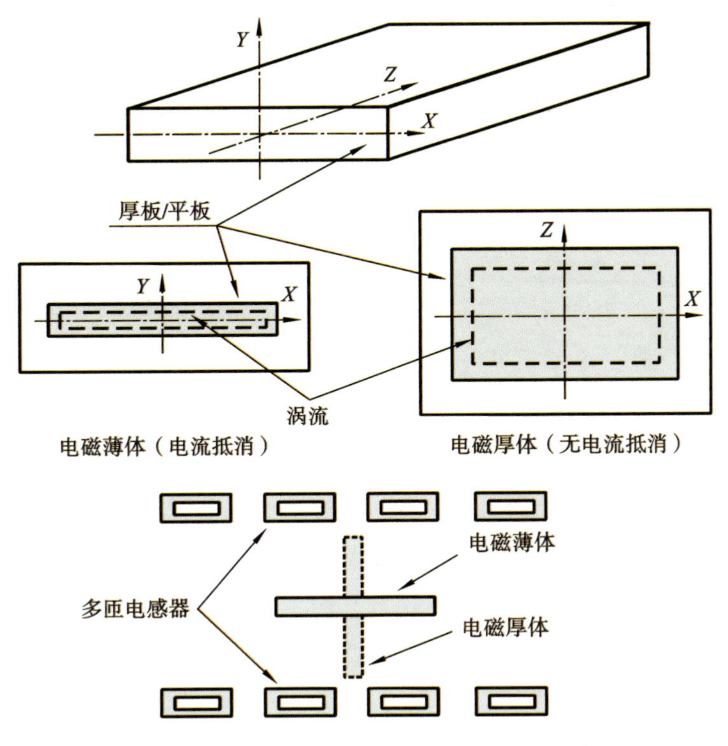

图 2-14　电磁薄体和电磁厚体的图示和概念

2.3.2　电磁邻近效应

当讨论导体的趋肤效应时，我们假设导体是单独的，没有其他载流导体在其周围。在实际应用中，并非如此，在导体邻近处经常有其他导体。这些导体有自己的磁场，与邻近磁场相互作用，影响电流密度和功率密度的分布。这种效应称为电磁邻近效应(electromagnetic proximity effect)。

图 2-15 表示单独的矩形导体中的磁场和电流密度分布。矩形导体中趋肤效应的外观清晰可见。

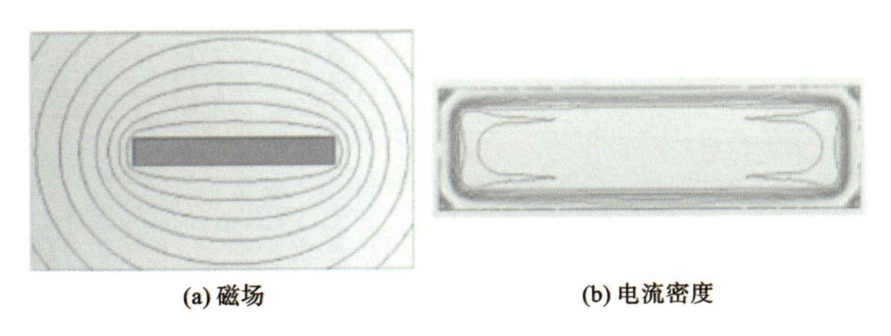

图 2-15　单独的矩形导体中的磁场和电流密度分布

当另一个载流导体置于第一个导体附近时，两个导体中的电流将重新分配，如图 2-16、图 2-17 所示。如果导体中电流方向相反，两者的电流将集中在彼此相对的区域(内部区域)，如图 2-16(b)所示。如果电流方向相同，电流将集中在导体的相反侧，如图 2-17(b)所示。

(a) 磁场　　(b) 电流密度

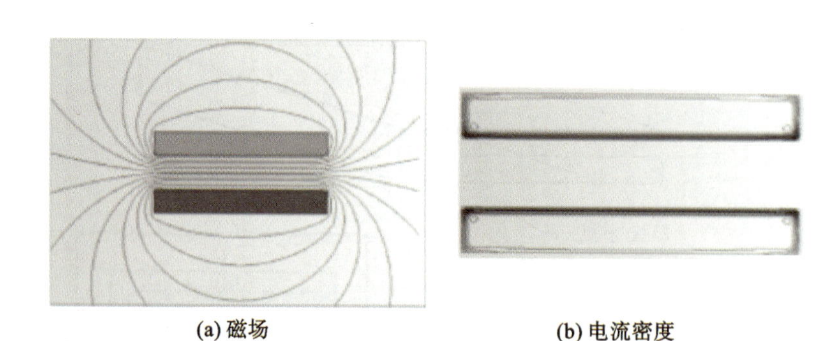

图 2-16　电流在相反方向流动时的磁场和电流密度分布

(a) 磁场　　(b) 电流密度

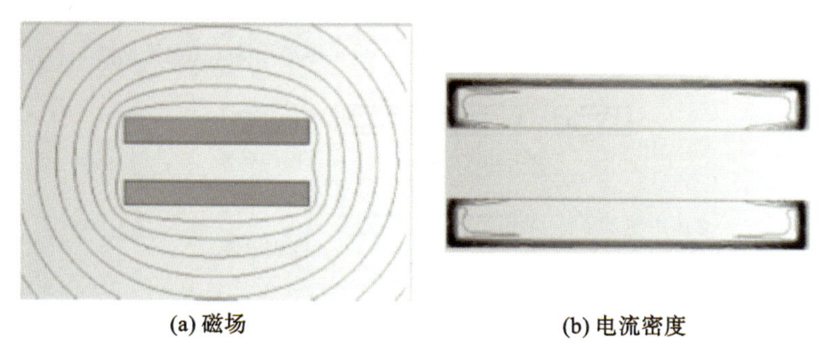

图 2-17　电流在相同方向流动时的磁场和电流密度分布

如图 2-17(a)所示，如果电流方向相同，磁力线将在母线之间方向相反而彼此抵消。因为这种抵消，在母线之间有较弱的磁场，然而外部磁场将很强——因为两个导体产生的磁场的磁力线方向相同而彼此补充。

如果导体间的距离增加，电磁邻近效应的强度将减小。不对称系统的电磁邻近效应如图 2-18 所示。

(a) 反向电流　　(b) 同向电流

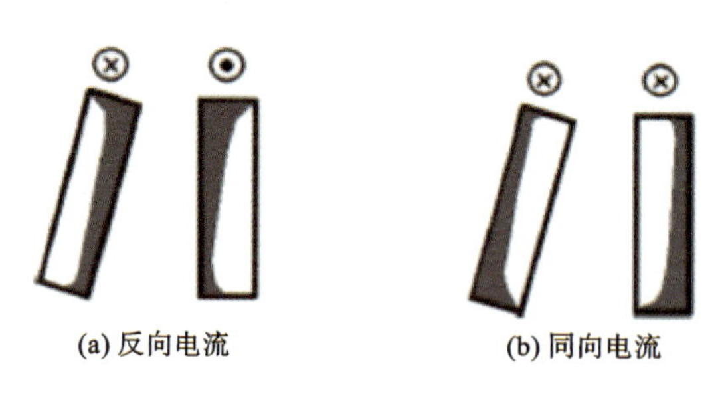

图 2-18　不对称系统的电磁邻近效应

电磁邻近效应直接与感应加热有关。感应加热系统至少包含两个导体：一个是感应器，负载电源电流(见图 2-19)；另一个是位于感应器附近的导电工件。根据法拉第定律，工件中感生的涡流的方向与感应器中源电流的方向相反。因此，由于电磁邻近效应，线圈电流和工件感生的涡流将集中在彼此相对的区域。这是导致电流在感应加热系统再分配的因素(见图 2-19)。

图 2-19 表示电磁邻近效应如何产生不同的加热图案。在单匝感应器中不对称布置一

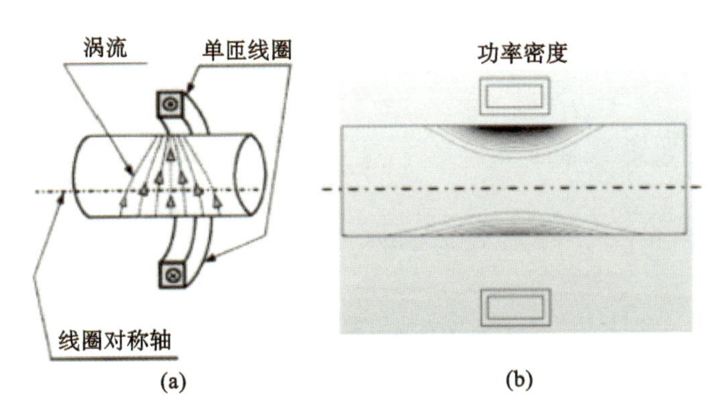

图 2-19　单匝线圈与不对称元件的电磁邻近效应

个碳钢圆柱体，如果静态加热圆柱体（无旋转），就有两个明显不同的图案。涡流的不同导致这些图案不同。

如图 2-19(a)所示，涡流在线圈-工件间隔（air gap）小的区域（良好的耦合）有更高的密度，导致这里有强烈的加热，加热图案窄而深。在较大间隔（较差电磁耦合）的区域，温度升高不如良好耦合区域明显，加热图案明显更宽和更浅，如图 2-19(b)所示。

根据应用的特殊性，电磁邻近效应的存在可能有害或有益。感应器设计、过程工艺和工件处理机制结合不恰当，会导致不希望的电磁邻近效应，这会出现局部冷点和热点，导致过热甚至熔融。

另外，电磁邻近效应在选择性加热某区域时有利（如选择性硬化、局部回火和应力消除）。

理解电磁邻近效应和趋肤效应不仅对感应加热很重要，而且对电源设计和总线网络设计也很重要。合理地设计总线网络将显著降低其阻抗，减小电压降和降低传输功率损耗，可以改善总体的能量效率。

2.3.3　电磁齿槽效应

当导体（如工件）置于磁场附近时，磁场和电流密度将重新分布（见图 2-20）。磁场被挤压在感应器和工件之间的间隙中，导致这里有最大的磁通密度，如图 2-20(a)所示。感应器的相当一部分电流将流过面向工件的导体表面附近，如图 2-20 所示。剩余电流将分布在导体两侧，少量电流将出现在导体的相对侧。

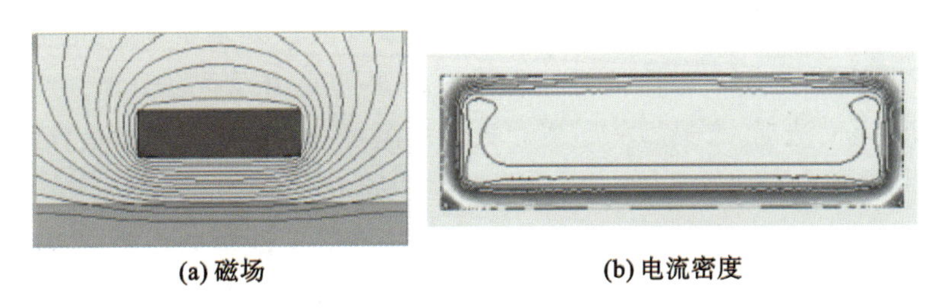

图 2-20　导体置于矩形导体附近时磁场和电流密度重新分布

如果在该导体周围放置一个外部磁通集中器（如 C 形层状结构），磁通集中器提供了磁场的低磁阻通路，如图 2-21(a)所示。

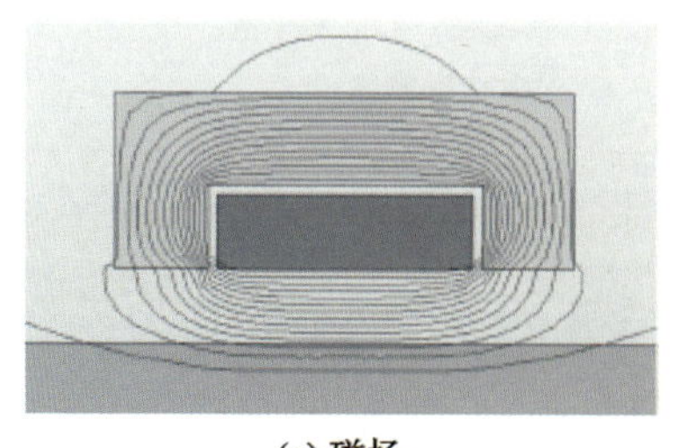

(a) 磁场

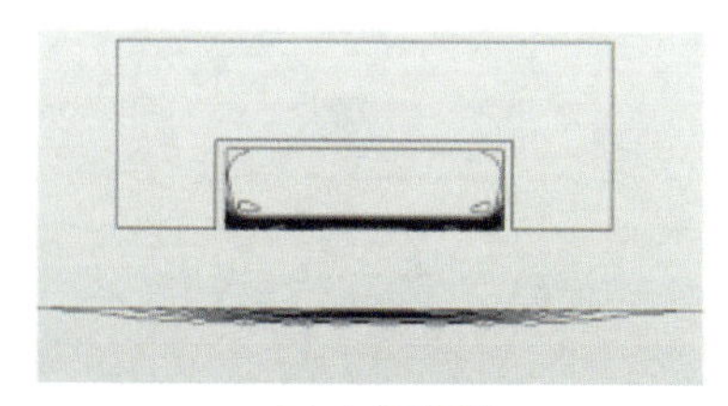

(b) 电流密度

图 2-21　有外部磁通集中器时磁场和电流密度分布

实际上，所有导体的电流都将集中在面向工件的表面，如图 2-21(b)所示。换言之，磁通集中器将感应器电流挤压到集中器的“敞开表面”(open surface)，即齿槽的敞开区域。这种现象称为电磁齿槽效应(electromagnetic slot effect)。该现象广泛用于选择加热的区域，有助于急剧减小外部磁场。该现象有助于改善感应器-工件电磁耦合，从而提高感应加热的电效率。

需要注意的是，电磁齿槽效应在没有工件时也会发生(见图 2-22)。此时，电流将重新分布在导体中，但多数仍然集中在齿槽的“敞开表面”。导体中实际的电流分布与频率、磁场强度、几何形状、导体和集中器的电磁性质有关。

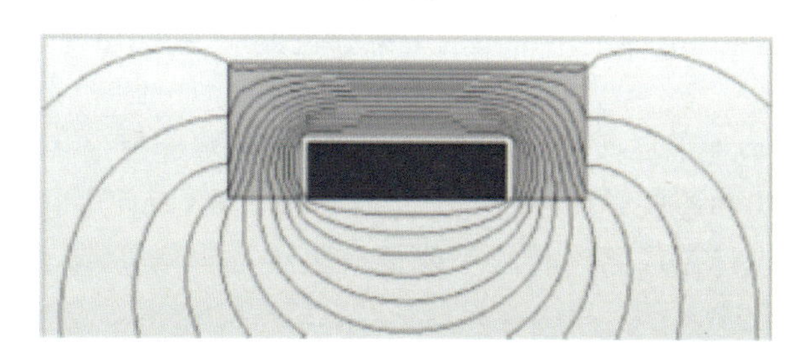

图 2-22　单独导体中不存在工件时出现的电磁齿槽效应

电磁齿槽效应不仅广泛用于感应加热，而且用于设计其他工业机械(如发电机、交流和直流机械)以及需要某些屏蔽导电部件的地方。

2.3.4　电磁环效应

矩形导体的电磁环效应如图 2-23 所示。如果载流条弯曲为环形，其电流将重新分布。磁通线将集中在环内，增加了环内的磁通密度。环外的磁力线将被分散。结果，多数电流将在环的薄的内表面流动，有最短的距离和最低的阻抗通路。电磁环效应(electromagnetic ring effect)类似于电磁邻近效应——因为电流在环周的相对侧的内表面流动。

图 2-24 是圆柱形导体的电磁环效应。电流集中在感应线圈的内表面。电磁环效应不仅发生在单匝感应器中，还出现在多匝感应器中。因此，它是与图 2-9 所示的感应加热系统中电流分布有关的一种电磁效应。

电磁环效应的存在对加热和过程效率有影响。比如，在常规感应加热中，当实心圆柱工件置于螺旋感应线圈内时，该效应起着积极作用——因为结合了趋肤效应和电磁邻近效

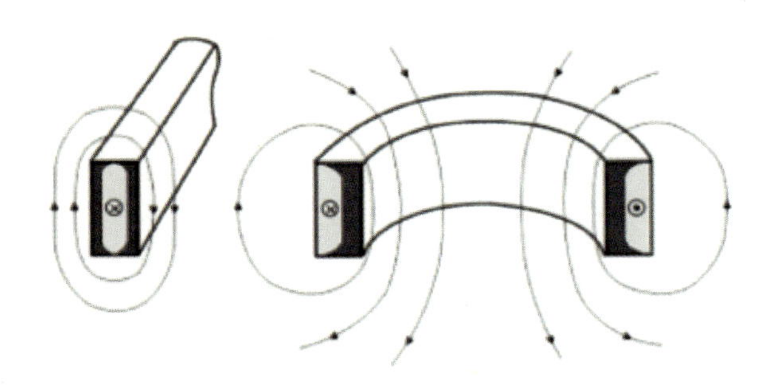

图 2-23　矩形导体的电磁环效应

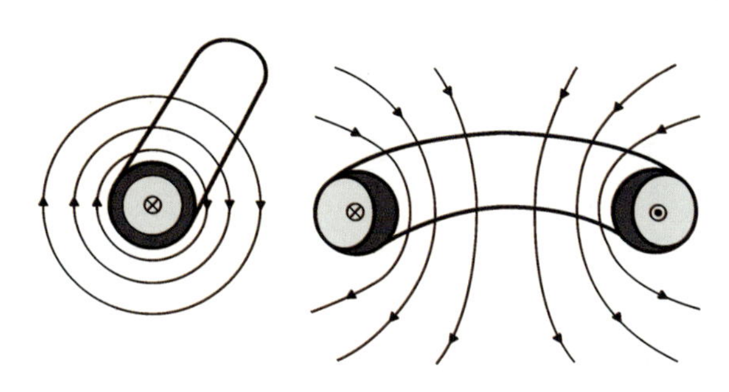

图 2-24　圆柱形导体的电磁环效应

应，使线圈电流集中在线圈内径上，改善了线圈-工件电磁耦合，使线圈效率提高。

电磁环效应在内表面和内径感应加热(所谓内径加热，I. D. heating)中起着负面作用。其中，感应器位于中空工件内，如图 2-25(a)所示。此时，电磁环效应导致线圈电流集中在线圈的内径上。这削弱了等效线圈-工件电磁耦合，因此降低了线圈效率。尽管存在电磁环效应，但电磁邻近效应倾向于使线圈电流迁移至线圈外表面，这对于提高过程效率有用。因此，这种应用中线圈电流的分布是两种电磁现象(电磁邻近效应和电磁环效应)相互抵消的结果。对于中等或较小内径工件，线圈中的电磁环效应通常压倒电磁邻近效应，强迫多数线圈电流在内径上流动。这导致线圈电流从工件上解耦，急剧降低了线圈的电效率，急剧增大了线圈功率损耗和能耗。

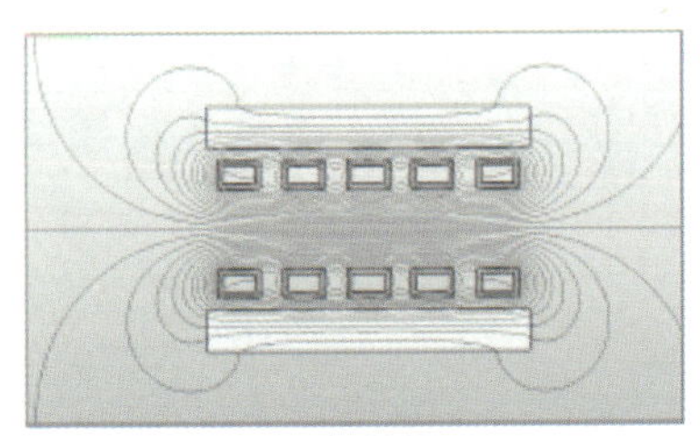

(a) 裸线圈

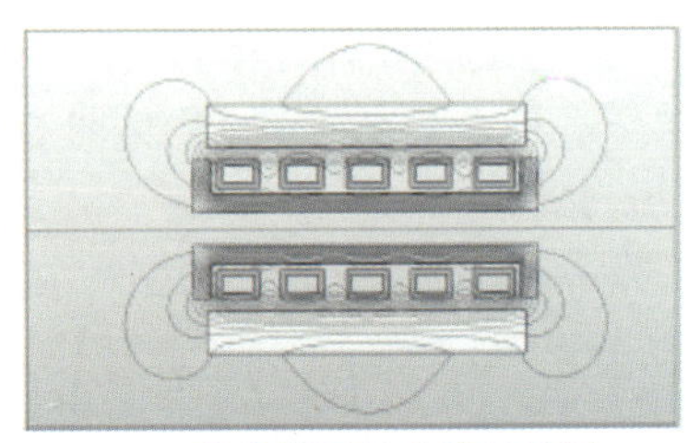

(b) 具有磁通集中器的线圈

图 2-25　内径加热时的电磁环效应

为了使电磁邻近效应压倒电磁环效应，在绝大多数内径加热应用中，在线圈内设置一个磁通集中器。这使电磁齿槽效应“辅助”电磁邻近效应以改善等效电磁耦合，增加了线圈效率，压倒(但不能完全消除)了电磁环效应，如图 2-25(b)所示。

我们在设计电源时要考虑电磁环效应。因为该效应，电流集中在母线弯曲的区域，会引起母线局部区域过热而出现热点。为避免局部过热，有必要在设计冷却电路时考虑该现象。

2.3.5 电磁力

线圈中的大电流产生显著的力量，对线圈寿命和系统设计有明显的影响。如果不充分加以考虑，这些力可能会在被加热的工件、夹具或磁通集中器中重新分配，甚至会使感应线圈匝或夹具弯曲，可能会对整个系统的可靠性、可重复性和加热质量产生负面影响。

置于磁场中的载流导体会承受与电流密度和磁通密度成正比的力。如果一个载流元 $\mathrm{d}l$，载流 $\boldsymbol{I}$，置于外部磁场 $\boldsymbol{B}$ 中，其经历的电磁力 $\mathrm{d}\boldsymbol{F}$ 为

$$\mathrm{d}\boldsymbol{F}=\boldsymbol{I}\times\boldsymbol{B}\mathrm{d}l=IB\mathrm{d}l\sin\varphi \tag{2-7}$$

式中：$\boldsymbol{F}$、$\boldsymbol{I}$ 和 $\boldsymbol{B}$ 是向量，φ 是电流 $\boldsymbol{I}$ 和磁通密度 $\boldsymbol{B}$ 之间的夹角。

图 2-26 表示置于外部磁场中的载流导体元承受的力的方向，可用左手定则判定。根据定则，如果左手中指指向电流方向，手背朝向外部磁场磁通的方向（想象磁通线进入手掌），那么拇指将指向力的方向。

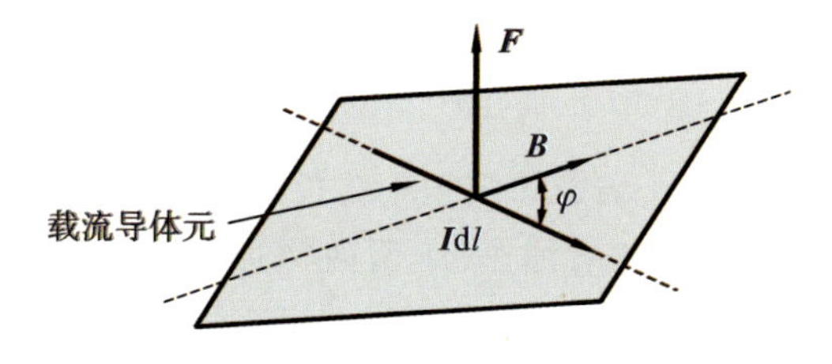

图 2-26 磁力的左手定则

如果电流和磁场之间的角度等于 0，那么 $\sin\varphi=0$，载流导体不会承受力的作用。换言之，如果载流导体平行于外部磁场，就不会承受任何来自磁场的力。磁力对载流导体方向的依赖性极大。

磁力在感应加热应用中最常见的情况如下。

(1)如果两个彼此接近的载流导体中的电流方向相反，那么每个导体将承受反向的力[见图 2-27(a)]，这会试图分开导体，$F_{12}=-F_{21}$。

(2)如果两个导体载流方向相同[见图 2-27(b)]，最终的力将试图将导体拉在一起，它们之间是吸引力，$F_{12}=F_{21}$。

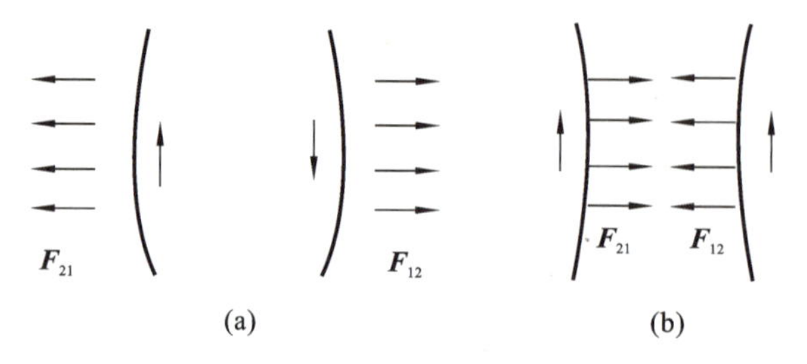

图 2-27 载流导体中的磁力

(3)这些现象会应用于多匝螺旋感应器。施加在多匝螺旋线圈上的交变电压导致其内部产生电流，产生电磁力(见图 2-28)。由于每匝电流相对于多匝螺旋线圈的相邻匝具有相同方向，线圈将承受纵向的压缩应力。假设为无限长的螺旋线圈和均匀的磁场，在长且均质的螺旋线圈中，纵向磁压力(磁力密度，$N \cdot m^{-2}$)可表示为

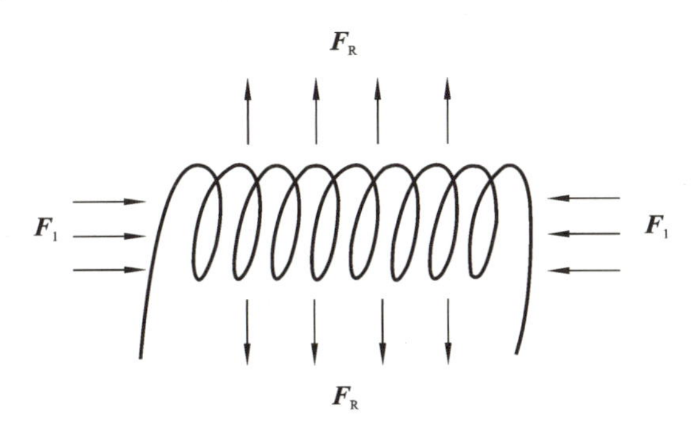

图 2-28　中空螺旋线圈的磁力

$$f_L = \frac{F_L}{A} = \frac{\mu_0 H_T^2}{2} = \frac{B_T^2}{2\mu_0} \tag{2-8}$$

在该无限长的多匝线圈中，H_T是向量 $\boldsymbol{H}$(磁场强度)切向分量的均方根：

$$H_T = NI/l \tag{2-9}$$

式中：N 是长度为 l 的长螺旋线圈的匝数，I 是线圈电流。

同时，线圈承受径向拉力——因为在每匝的相对侧周向流动的电流方向相反。径向拉伸磁压力表示为

$$f_R = \frac{\mu_0 H_T^2}{2} = \frac{B_T^2}{2\mu_0} \tag{2-10}$$

另一种假设是螺旋线圈是中空的或者含有一个电阻率恒定的无限长非磁性负载。必须强调的是，由于感应线圈感生的涡流在加热工件内，涡流方向与线圈电流方向相反，线圈承受拉伸磁压力，工件承受压缩压力。为了实现有刚性和可靠的线圈设计，该磁压力需要考虑，特别是基本依靠邻近加热的感应器(如饼型、分回型和蝴蝶型感应器)和采用低频加热低电阻率金属(如 Cu、Mg 和 Al 合金)。

(4)上述讨论的仅是无限长螺旋线圈和无限长非磁工件。然而，当感应线圈和工件为有限长度(这是实际情况)时，电磁末端和边缘效应对磁力的大小和分布有明显影响。两个典型的例子如图 2-29 所示。

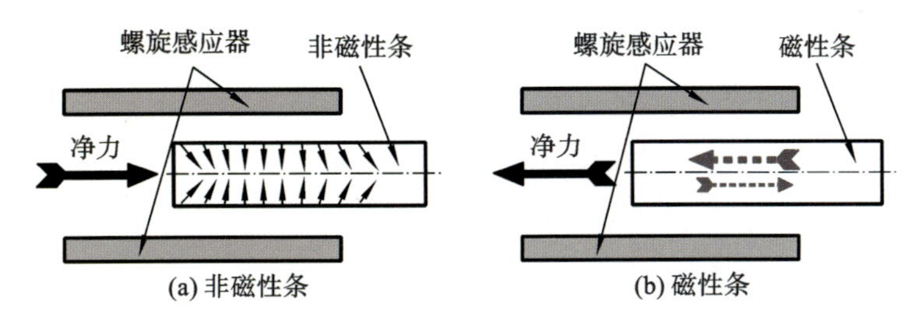

图 2-29　加热非磁性条和磁性条时条末端的磁力

如果非磁性条部分置于多匝感应器内来加热条末端，磁力将会把条排斥在线圈外。通常，加热低电阻率金属的条时会产生更强的力。

当磁性条部分置于多匝感应器内时，情况完全不同。最终的力是两种力的结合：一种来自消磁作用，试图将条从感应器中除去；另一种来自磁化效应，试图将条拉向线圈中心。对磁化有贡献的力通常是两种力中更强的力。

多数感应加热应用中，电磁力呈复杂的三维分布。按照线圈设计和过程参数，三种力的分量（纵向、径向或环向）之一可能要比其他的力大得多。重要的是，加热过程中力的方向和三维分布既不只是系统构型的函数，也不恒定。在加热过程中，力的分布还与频率、功率密度、温度、材料性质、加热模式（恒功率、电流、电压）及其他参数有关。

过大的磁力对感应系统的刚性有害，导致强烈振动和工业噪声。然而，在有些地方，这些力又是有益的。

对于大多数具有复杂几何形状的感应加热应用，设计人员需要通过计算机数值建模来准确地评估磁力，并确定应该采取哪些行动来开发坚固可靠的线圈、夹具。

2.3.6 电磁末端和边缘效应

如前所述，表面到内核的温差受趋肤效应的影响极大。温度在工件长和宽两个方向的分布受到电磁场在线圈末端和边缘区域扭曲的影响。这些场的扭曲和相应的感生电流的分布称为电磁末端和边缘效应（electromagnetic end and edge effects）。这些效应和场扭曲基本上与圆柱形、矩形和梯形工件不一致的温度分布有关。

研究矩形条的感应加热有助于理解这些效应。假设条置于初始分布一致的磁场（见图2-30）。如果条的长和宽比其厚度大得多，条中的电磁场可视为包含3个区域：中心部分、横向边缘效应区域、纵向末端效应区域。在中心部分，电磁场分布对应无限板（infinite plate）中的场。基本上，电磁末端和边缘效应呈二维空间分布，仅排除了三棱（三维）角区域，这里的场是三维的，对应的热源分布是末端和边缘效应（端缘效应）混合的结果。

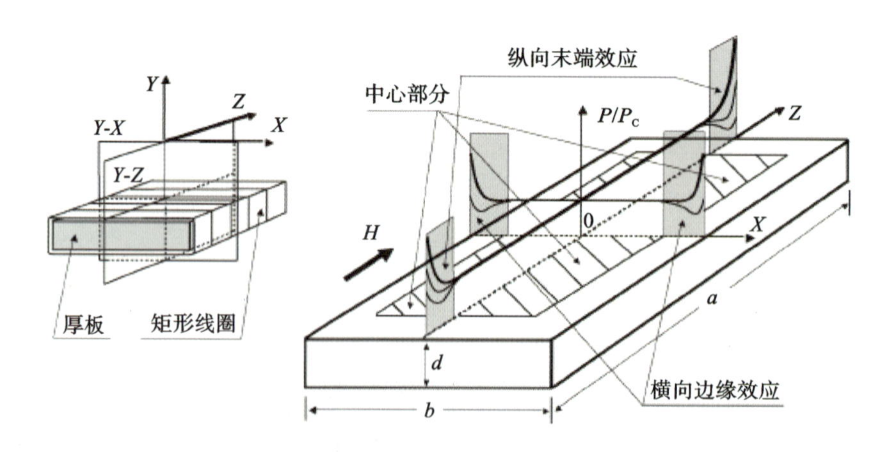

图 2-30 条的坐标轴系统、电磁末端和边缘效应

估算沿圆柱形或矩形工件长度方向（Y-Z 截面沿 Z 轴方向）的功率密度分布，便于研究末端效应。

边缘效应的分析通常是通过评估沿条宽度(沿 Y-X 横截面的 X 轴)的功率密度分布来进行的。当线圈和圆柱形工件的对称轴重合时,在纵向螺线管感应器中加热圆柱形工件(如棒材)时,边缘效应通常可以忽略不计。

2.3.6.1　电磁纵向末端效应

图 2-31 显示了加热实心圆柱体时的纵向末端效应。如前所述,电磁末端效应是指电磁场在圆柱体的末端发生畸变(扭曲)。在传统设计线圈的情况下,圆柱体末端("热"端)的电磁末端效应主要由以下变量定义:趋肤效应比 R/δ;线圈过剩部分 σ;比值 R_i/R;功率密度;磁通集中器的存在;线圈匝的空间因子 K_{space}(线圈匝数的绕组密度)。R 是加热圆柱体的半径,R_i 是线圈内半径;δ 是电流趋肤深度。趋肤效应比 R/δ 中包括了频率 F 和被加热材料的电磁物理性质(ρ 和 μ_r)的影响。K_{space}(也称为线圈间距)表示线圈缠绕的紧密程度。K_{space}=铜匝宽度/绕组间距。对于多匝线圈,K_{space}总是小于 1。对于单匝线圈,K_{space}=1。这些变量的组合如果不恰当,可能导致末端("热"端)加热不足或过热。

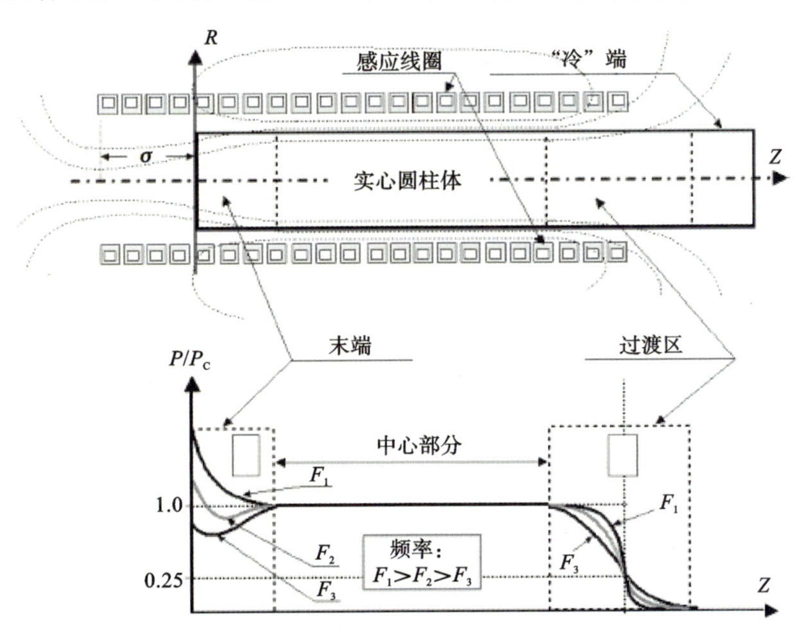

图 2-31　感应加热器示意图和沿实心圆柱体长度的归一化功率密度分布

2.3.6.2　电磁横向边缘效应

加热矩形工件时,除了条的端部磁场产生畸变(扭曲)外,条边缘也会产生类似的畸变(见图 2-32)。这种现象的发生是由于电磁横向边缘效应(electromagnetic transverse edge effect),它对条或板宽度方向上的温度分布起主要作用。

加热均匀非磁性体时,涡流密度的最大值位于条中心部分的表面(但这并不意味着最高温度总是位于那里)。趋肤效应越明显,感应电流越接近条的轮廓。图 2-32 给出了趋肤效应十分显著(d/δ=10)(d 是条厚)时和趋肤效应不显著(d/δ=3)时,条横截面的电场强度分布图。

如果趋肤效应明显(d/δ>5),则电流密度除了边缘区域(二维角,如图 2-32 所示),沿

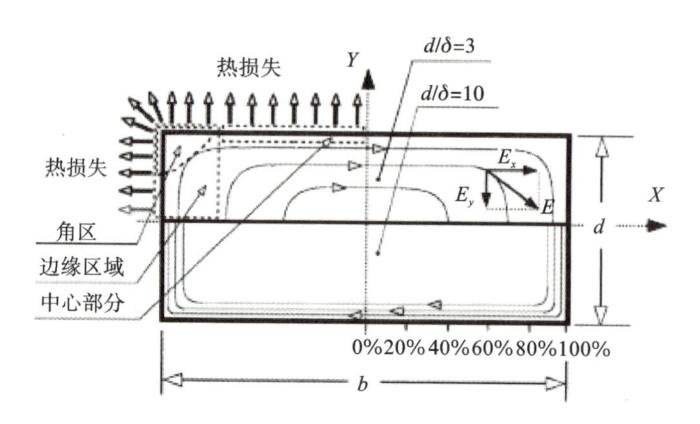

图 2-32 条横截面上电场强度的分布

条周长近似相同。边缘面积通常为(1.5～4.0)×δ。尽管边缘区域的表面热损耗高于中心部分的热损耗，但与中心部分相比，边缘区域很容易过热。这是因为在中心部分，热源从两个面(从两个相对的宽表面)渗透，但在边缘区域，热源从三个面(两个表面和侧面)渗透。当加热磁钢、铝或铜条时，趋肤效应相当明显，边缘区域往往会出现热量过剩。

如果趋肤效应不明显($d/\delta<3$)，边缘区域会加热不足。在这种情况下，电流在条截面上的路径与条的轮廓不匹配，大多数感应电流较早闭合，没有到达二维角区，有时甚至没有到达边缘区(见图 2-32)。因此，边缘区域的功率密度将小于条的中心部分的相应值。

2.3.6.3 **不同电磁特性结合材料的电磁效应**

当两种不同的金属处于共同的一个磁场中时，具有不同性质的结合材料会发生电磁效应。为了简化对这一效应的研究，可以考虑位于传统电磁感应线圈中的两个圆柱体的电磁过程(见图 2-33)。

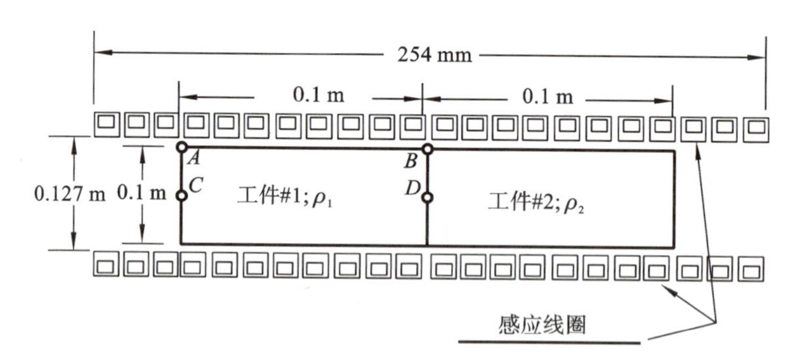

图 2-33 用于研究结合材料电磁效应的感应加热系统示意图

假设工件具有不同的电磁特性(如不同的 ρ 或 μ_r)。当两个具有不同材料特性的工件在感应线圈内结合或彼此靠近时，两个工件之间的磁场就会变形。

为了便于说明，当具有完全不同物理性能的两个碳钢工件(如一个工件加热到超过居里点时变为非磁性，另一个工件则保持其磁性)位于多匝螺线管感应器中时，会发生什么？这种情况下的表面功率密度分布如图 2-34 所示。如果感应线圈和两个工件足够长，那么它们中心区域的磁场强度将大致相同，并对应于线圈电流。同时，磁性和非磁性工件的表面功率密度会有很大的不同，如图 2-34(a)所示。

在非磁性工件(工件♯1)的左端和磁性工件(工件♯2)的右端，由于非磁性体和磁性体的末端效应，将存在不均匀的功率密度分布，如图 2-34(a)所示。另一个磁场扭曲且相当复杂的区域是工件之间的过渡区域。在非磁性圆柱体(工件♯1)的右端，功率密度急剧增加。在磁性圆柱体(工件♯2)的左端，功率密度急剧下降。这种现象称为不同性质结合材料的电磁效应(EEJ 效应，electromagnetic effect of joined materials)。在讨论 EEJ 效应时，有必要注意，当两个工件都为非磁性但电阻率明显不同时，也会发生这种效应，如图 2-34(b)所示。

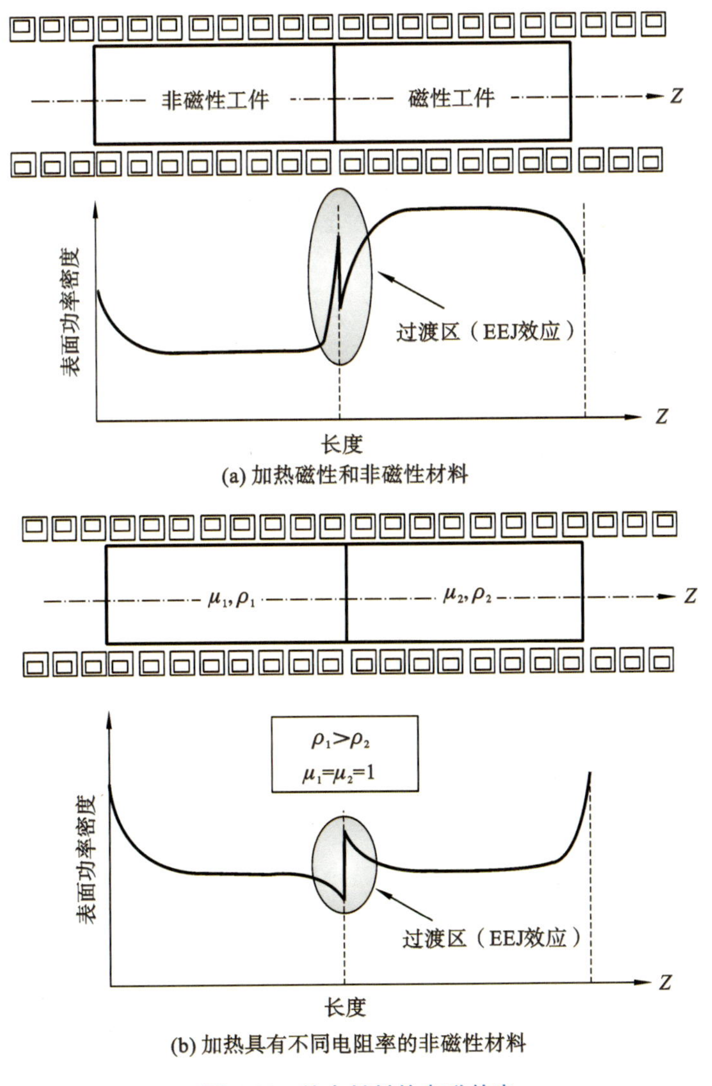

图 2-34　结合材料的电磁效应

EEJ 效应通常不像趋肤效应、电磁末端和边缘效应那样起重要作用；然而，在某些应用中，这种现象可能会对工件内部的瞬态和最终温度分布产生明显的影响，特别是当需要加热相对较薄但较长的工件时。

2.4 感应加热中的热现象

2.4.1 材料的热性质

2.4.1.1 热导率

热导率表示热在导热工件上传输的速率。高热导率的材料比低热导率的材料传热更快。比如，选择感应器耐温材料或内衬，需要低热导率，对应高热效率和低表面热损失。相反，被加热材料的热导率高，容易在工件内获得一致的温度分布，这对于穿透加热很重要。

在选择性加热应用中，高热导率经常是一种劣势，因为其促进传热并使温度在工件内的分布一致。

Wiedermann-Franz 定律规定了多数纯金属和金属类材料的热导率和电导率的关系。热导率也是温度的函数。但是一些合金（如铸铁）可能不遵循该定律。

常见金属和合金的热导率和温度的关系如图 2-35 所示。热导率是温度的非线性函数。合金化和残留元素会影响热导率。

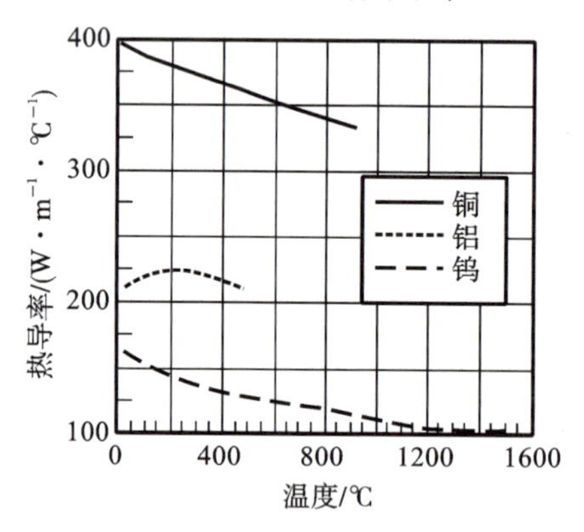

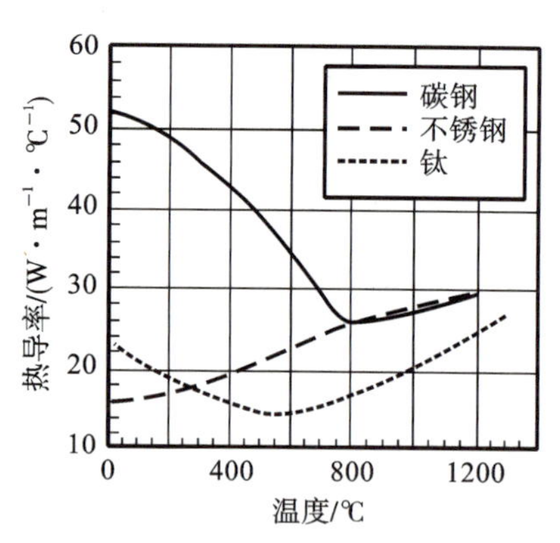

图 2-35 常见金属和合金的热导率和温度的关系

2.4.1.2 热容和比热

热容表示实现单位温度变化工件吸收的能量，表示为

$$C=\frac{\mathrm{d}Q}{\mathrm{d}T} \tag{2-11}$$

式中：$\mathrm{d}Q$ 是所需能量；$\mathrm{d}T$ 是所需温度变化；C 为热容，单位为 $\mathrm{J \cdot mol^{-1} \cdot ℃^{-1}}$。

热容与比热紧密相关，比热代表单位质量的热容，表示实现单位温度升高，单位质量材料吸收的能量。比热的单位是 $\mathrm{J \cdot kg^{-1} \cdot ℃^{-1}}$。

比热越高，表示加热单位质量提高单位温度所需功率越大。图 2-36 是常见金属和合金的比热与温度的关系。

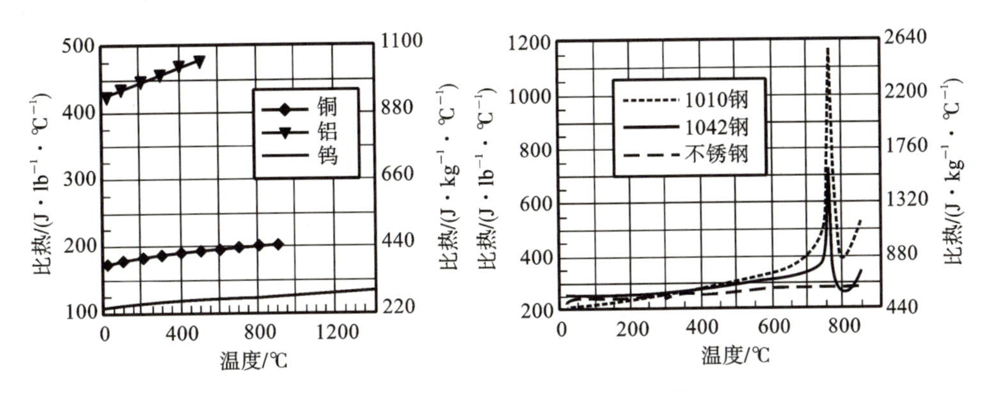

图 2-36　常见金属和合金的比热与温度的关系

热导率和比热还受化学成分、残留元素、晶粒大小、塑性变形、热处理和其他因素的影响。

2.4.2　传热的三种模式

2.4.2.1　传热的热传导模式

工件从高温区向低温区通过传导来传热。采用傅立叶定律描述热传导：

$$\boldsymbol{q}_{\text{cond}} = -\kappa\,\mathbf{grad}\,T \tag{2-12}$$

式中：$\boldsymbol{q}_{\text{cond}}$是传导的热通量，$\kappa$ 是热导率，T 是温度。

工件的传热速率与温度梯度(温差)和工件热导率成正比。换言之，表面和内核间大的温度梯度以及高的热导率导致热从工件热表面集中传至冷核。热传导的传热速率与不同温度区域之间的距离成反比。

2.4.2.2　传热的对流模式

相比热传导，对流传热是通过流体、气体或空气进行的(从加热工件表面至周围区域)。采用牛顿定律描述对流传热。传热速率直接与工件表面和周围区域的温差成正比：

$$q_{\text{conv}} = \alpha(T_{\text{s}} - T_{\text{a}}) \tag{2-13}$$

式中：q_{conv}是对流的热通量密度，W·m^{-2}；α 是对流表面传热系数，W·m^{-2}·℃$^{-1}$；T_{s}为表面温度，℃；T_{a}是环境温度，℃。

对流表面传热系数是工件热性质、周围气体、空气或流体(如淬火剂)热性质、工件黏度和速度(如果工件旋转或高速移动)的函数。

对流损耗值随温度、表面条件变化而急剧变化，也与是否是自由或强制对流有关。由强制对流造成的热损耗比固定加热工件的自由对流损耗高得多(通常高 5～10 倍)。

2.4.2.3　传热的辐射模式

在热辐射中，热量从热工件传入包含非材料区域(真空)的环境中。辐射传热可以作为一种由温差引起的电磁能量传播现象。热辐射的 Stefan-Boltzmann 定律表明辐射传热速率与辐射热损耗系数 C_{s}和 $T_{\text{s}}^4 - T_{\text{a}}^4$ 的值成正比。

辐射热损耗系数与发射率、辐射形状因子(视角因子)和表面条件有关。发射率值随表面氧化的增加而增加。同时，抛光金属相比未抛光金属辐射至环境的热要低。

辐射热损耗系数可近似为 $C_s=\sigma_s\varepsilon$ 。ε 是金属发射率；σ_s是 Stefan-Boltzmann 常数，$\sigma_s=5.67\times10^{-8}\ \mathrm{W\cdot m^{-2}\cdot K^{-4}}$。

对流和辐射传热会影响热损耗值。高的热损耗值降低了感应加热器的总效率。在低温感应加热（如温度低于 350 ℃的 Al、Pb、Zn、Sn、Mg 和钢）应用中，对流损耗是热损耗的主要部分。高温感应加热（如加热钢、Ti、W 等）时的热辐射损耗与温度的四次方成正比，是总的热损耗的主要组成部分。

2.5 感应加热动力学简述

2.5.1 感应加热所需功率的估算

由于比热代表了单位质量工件实现单位温度升高所需吸收的热能，比热的平均值可用来大致估计工件以所需生产率加热至平均温度所需的功率：

$$P_w=mc\frac{T_f-T_{in}}{t} \tag{2-14}$$

式中：m 是加热体的质量，kg；c 是比热平均值，$\mathrm{J\cdot kg^{-1}\cdot ℃^{-1}}$；$T_{in}$和 T_f分别是初始和最终温度的平均值，℃；t 是所需加热时间，s。

比如加热一个实心铜圆柱体（直径为 0.1 m、长 0.3 m），从室温（20 ℃）加热至 620 ℃，加热时间为 120 s，在工件内所需的感应功率可用上式计算。

加热体的质量为

$$m=\frac{\pi D^2}{4}l\gamma=\frac{3.14\times0.1^2}{4}\times0.3\times8.91\times10^3\ \mathrm{kg}=21\ \mathrm{kg} \tag{2-15}$$

式中：γ 是密度，$\mathrm{kg\cdot m^{-3}}$；D 是直径，m；l 是长度，m。

$c=420\ \mathrm{J\cdot kg^{-1}\cdot ℃^{-1}}$可用作铜在温度从 20 ℃到 620 ℃的比热平均值。因此，所需功率为

$$P_w=mc\frac{T_f-T_{in}}{t}=21\times420\times\frac{620-20}{120}\ \mathrm{W}=44100\ \mathrm{W}=44.1\ \mathrm{kW} \tag{2-16}$$

需要记住，功率 P_w并不代表线圈端的功率（线圈功率）。下式为线圈功率 P_c和工件功率 P_w的关系：

$$P_c=\frac{P_w}{\eta_{el}\ \eta_{th}} \tag{2-17}$$

式中：η_{el}是电效率，η_{th}是热效率。两者的取值范围为 0～1。

η_{el}代表在工件上感应的功率 $P_{w'}$与 P_w和电损耗（P_{loss}^{el}）之和的比值：

$$\eta_{el}=\frac{P_{w'}}{P_w+P_{loss}^{el}} \tag{2-18}$$

P_{loss}^{el}包括线圈匝的功率损耗P_{loss}^{turns}和在周围区域的导电体产生的功率损耗P_{loss}^{sur}，表示为

$$P_{loss}^{el}=P_{loss}^{turns}+P_{loss}^{sur} \tag{2-19}$$

加热长形电磁螺旋线圈中的实心圆柱体时，η_{el}可粗略估计为

$$\eta_{el}=\frac{1}{1+\frac{\delta_1}{\delta_2}\frac{\rho_1}{\rho_2}\frac{D_1'}{D_2'}}=\frac{1}{1+\sqrt{\frac{\rho_1}{\mu_r\rho_2}}\frac{D_1'}{D_2'}} \tag{2-20}$$

式中：D_1'是有效线圈内径，$D_1'=D_1+\delta_1$；D_2'是圆柱体的有效外径，$D_2'=D_2-\delta_2$；δ_1和δ_2分别是线圈铜和圆柱体（工件）中的电流趋肤深度；ρ_1和ρ_2分别是线圈和工件的电阻率；μ_r是加热圆柱体的相对磁导率。

上式基于以下假设：

①趋肤效应明显；

②线圈单独，在线圈附近没有导电结构；

③单层、无限长的螺旋线圈产生均匀的磁场；

④制造线圈用的是电磁厚壁铜管。

比值$(D_1'/D_2')(\sqrt{\rho_1/(\mu_r\rho_2)})$称为线圈电效率因子。高的$\eta_{el}$对应低的线圈电效率因子。因此，假设电流消除不会发生，那么在具有磁性、高电阻率和线圈-工件之间的间隙最小（$D_1/D_2\rightarrow1$）的条件下，会出现高的η_{el}。

当加热矩形体（包括条和片）时，采用以下公式：

$$\eta_{el}=\frac{1}{1+\sqrt{\frac{\rho_1}{\mu_r\rho_2}}\frac{F_1}{F_2}} \tag{2-21}$$

式中：F_1和F_2分别是线圈开口和加热条的有效周长。

η_{th}代表与加热功率相比的热损耗的量（P_{loss}^{th}），表示为

$$\eta_{th}=\frac{P_w^{av}}{P_w^{av}+P_{loss}^{th}} \tag{2-22}$$

P_{loss}^{th}包括辐射和对流引起的工件表面热损耗及与热传导有关的热损耗。

工件上感应的功率P_w在加热过程中不是常数，随着ρ和μ_r的变化而变。这就是不用P_w而常用P_w^{av}（指的是每个加热循环或每个特定过程阶段的平均功率）的原因。

采用隔热或耐火材料可明显降低热损耗。对于带有预制件隔热材料的圆柱形线圈，热损耗可表示为

$$P_{loss}^{th}=3.74\times10^{-2}\times\frac{l}{\lg\left(\frac{D_1}{D_3}\right)} \tag{2-23}$$

式中：P_{loss}^{th}是工件表面的热损耗，kW；l是线圈长度，cm；D_1是感应线圈内径，cm；D_3是隔热材料内径，cm。

感应线圈总效率（η）是线圈热效率（η_{th}）和电效率（η_{el}）的乘积：

$$\eta=\eta_{el}\,\eta_{th} \tag{2-24}$$

隔热可以改善η_{th}，明显降低热损耗。同时，采用隔热材料需要有合适的安装空间，导

致有更大的线圈-工件间隙，这削弱了电磁耦合并使 η_{el} 降低，如图 2-37 所示。

一方面，隔热材料改善了热效率；另一方面，隔热材料降低了电效率。不用隔热材料使线圈-工件间隙尽可能小，可使 η_{el} 最大化。

有时，采用隔热材料可明显降低表面热损耗。在实际应用中，是否使用隔热材料，有时需要借助数值模拟来做出决定。

2.5.2 感应加热动力学的复杂性

感应加热动力学受几个非线性因素影响，包括但不限于加热工件的电磁性质和热性质、电源工作性质、控制模式和系统布局。为进行感应加热动力学分析，可简化位于长螺旋电磁线圈内的圆柱体工件加热问题。要注意可能有 3 种经典的过程模式，即在整个加热过程中线圈电压恒定、线圈电流恒定和线圈功率恒定。图 2-38 显示了将碳钢圆柱体从环境温度加热到锻造温度时功率随时间的变化。

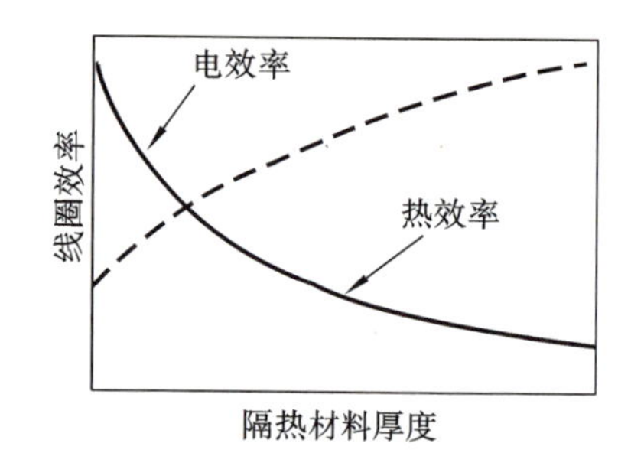

图2-37 线圈电效率和热效率与隔热材料厚度的关系

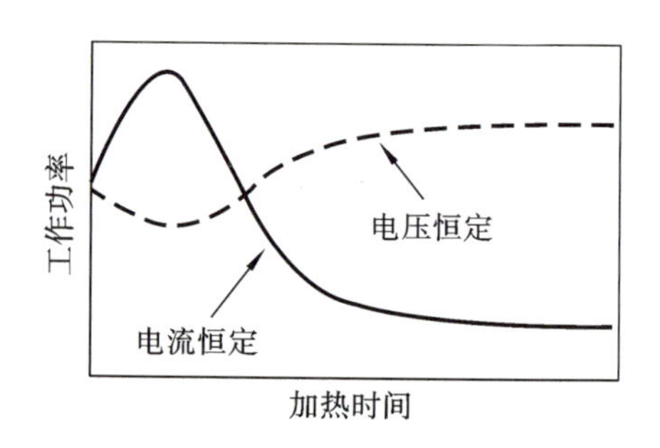

图 2-38 工件内感应的功率与加热时间的关系

图 2-39 显示了沿感应线长度的临界温度分布的计算机模拟结果。

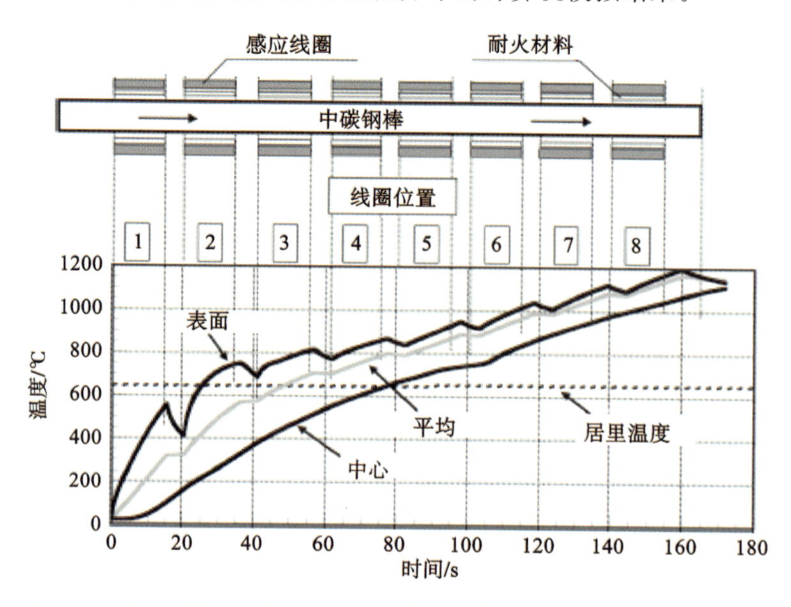

图 2-39 中碳钢棒(直径为 76 mm)感应加热的热动力学(频率为 1 kHz)

在加热开始阶段，整个工件是磁性的，μ_r很大，δ_2很小，因此，趋肤效应明显。同时由于相对低的温度，该阶段圆柱体表面的热损耗很低。感应功率出现在工件的细表面层，导致表面温度快速升高而内核实际没变化。

图 2-40(a)显示了图 2-39 所示的案例研究的初始阶段沿工件半径的温度和功率密度(热源)分布。表面温度最高，该阶段典型的性质是集中加热和工件内存在大的温差。如图 2-40(a)所示，温度曲线与功率密度曲线不匹配——因为热从表面向内核传递。

在该阶段，η_{el}增加——因为金属的 ρ 随温度升高而增加(见图 2-2)。同时，μ_r维持在较高水平，μ_r的略微下降不会影响 η_{el}的增加。经过短时间后，线圈电效率达到最大值，然后开始降低。表面温度达到居里温度，表面的热强度明显降低。发生该现象的原因如下。

(1)在居里点附近，比热有最大值(峰值)。由于比热表示金属达到所需热时必须吸收的能量，比热的峰值引起了表面热强度的降低。

(2)材料(如碳钢)在工件表层失去磁性，μ_r降至 1，表面功率密度(热源)也急剧下降。

(3)表面-内核温度梯度增加，导致向冷却内核热传导的热流增加。

图 2-40(b)表示表面温度超过居里温度后的温度曲线和沿圆柱体半径的热源分布(第二加热阶段，也称为瞬时或间歇阶段)。在该阶段，碳钢的 ρ 比初始值增大 2～3 倍。μ_r 的减小和 ρ 的增大导致 δ 相比初始值增大 6～10 倍。多数功率是在工件的表面和内层感应产生的。该加热阶段是双重性质阶段(dual-property stage)，加热碳钢或其他磁性材料至超过居里点。

工件表面变为非磁性，但内层仍保持磁性。在该阶段，非磁性层的厚度小于热钢中的趋肤深度。功率密度有独特的波状形状，不同于经典指数分布。功率密度向内核减小。然而，在离表面约 1.4 mm 的距离(该特例中)，功率密度又开始增大。这是因为碳钢在该距离下保持其铁磁性。有必要注意，在某些情况下，热源的最大值位于工件的表面下层而不是表面。

图 2-40(c)所示为最后阶段(非磁性阶段)。热钢中非磁性表面层厚度超过 2δ，双重性质现象不再明显，将最终消失。功率密度呈经典指数分布。

感应加热的 3 个阶段导致加热过程中工件功率 P_w和线圈功率 P_c的变化。在评估过程参数时，3 个阶段均要考虑。

为了大致正确地估计表面功率密度，可以得出在无限长的螺旋感应器内加热磁体的功率密度与磁场强度、频率、电阻率和相对磁导率的关系：

$$p_0 = 2.72 \times 10^{-3}\ H_{surf}^2\ \sqrt{\rho \mu_{surf} F} \tag{2-25}$$

式中：p_0是表面功率密度，$W \cdot m^{-2}$；H_{surf}是工件表面的磁场强度；ρ 是电阻率；μ_{surf}工件表面的相对磁导率；F 是频率。只有通过计算机数值模拟才能精确计算包括加热条件在内的所有主要工艺参数。

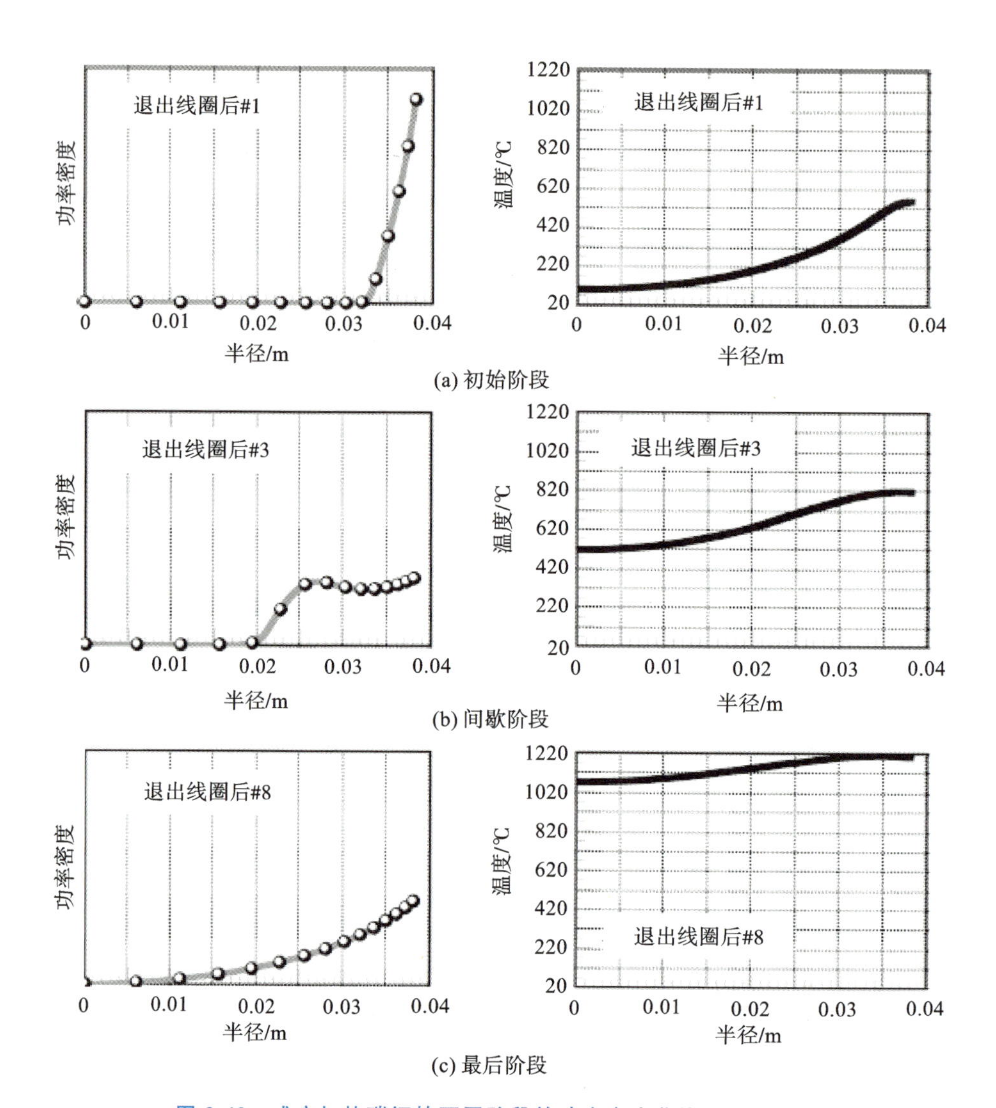

图 2-40 感应加热碳钢棒不同阶段的功率密度曲线和温度曲线

2.6 感应加热电源

感应加热电源是一种频率变换器，它将可用的公用线频的功率变换为适合特定感应加热应用频率的单相功率。感应加热电源包括变换器(converter)、逆变器(inverter)或振荡器(oscillator)，通常是这些器件的组合。电源的变换器部分将线频交流(AC)输入转换为直流(DC)，逆变器或振荡器部分将直流转换为所需加热频率的单相交流。

2.6.1　功率-频率组合

频率、功率和其他感应器参数(如线圈电压、电流和功率因数等)是由具体应用决定的。

频率是一个非常重要的参数——因为它主要控制电流趋肤深度。频率在电源设计中也很重要——因为功率元件必须在规定的频率下工作。电源电路必须确保这些元件有足够的余量在选定的频率下有高可靠性。

2.6.2　电力电子元件

为了对各种感应加热电源电路有一个基本的了解,我们有必要了解常用的基本电力电子元件的功能。这些元件包括电阻、电感、电容、变压器和功率半导体。

如图 2-41 所示,将电感、电容和电阻连接在一起,形成谐振电路,该电路倾向于在由元件决定的单一频率下振荡。

如图 2-42 所示,在电气系统中,变压器用来使电路两部分的阻抗相匹配。这意味着变压器可以降低电压和增加电流,或者交替增加电压和减小电流,同时在变压器的输入和输出端保持相同的伏安积(功率)。

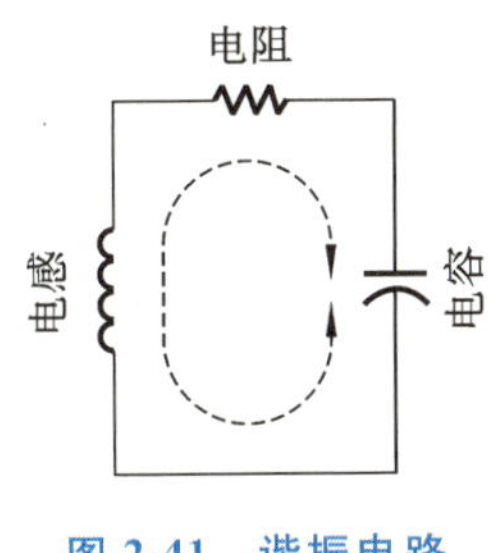

图 2-41　谐振电路

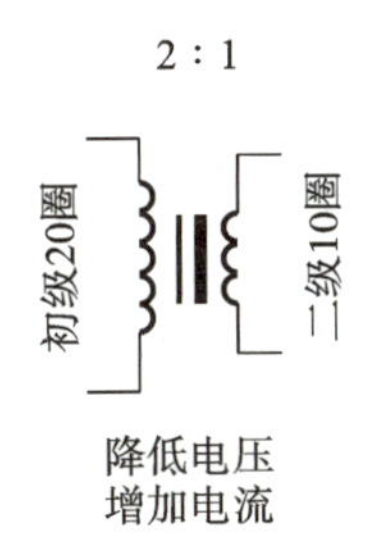

图 2-42　变压器示意图

2.6.2.1　电感

大多数现代感应加热电源是“负载谐振”(load resonant)型的。这意味着电源电路的电感和电阻部分实际上是由加热线圈和被感应加热的工件的电阻提供的。线圈的几何形状通常由应用的细节决定,它决定了电路电感和电阻的值。

2.6.2.2　电容

用于感应加热设备的功率电容器必须能够承受高电压,同时在感应加热频率下承载大电流。重要的是,这些电容器被设计成具有非常低的内阻和电感值,以尽量减少电容器内的功率损耗和电压降。

2.6.2.3　利兹线

使用利兹(Litz)线,可以最大限度地减少电源内部和互连中高频趋肤效应和电磁邻近效应造成的损耗。利兹线由单独的几股绝缘铜线构成,在额定频率下,相对于铜的趋肤深度而言,这些铜线股的趋肤深度较小。捆绑和扭曲这些线股可以进一步减少电磁邻近效应和趋肤效应造成的损耗。这种结构的目标是使每一条单独的线股在总线中占据与所有其他线股相等的位置。通过这种方式,电流在每股内均匀分布,因此每股具有相同的电流。

2.6.2.4 真空管和功率半导体

非常早期的电源使用振荡器电路(oscillator circuit)中的高功率真空管来产生用于感应加热的射频。现代电源利用功率半导体(power semiconductor),如可控硅(SCR)、二极管和晶体管来切换直流电源的电流方向,以产生适合特定应用频率的交流电。这些装置(通常用它们的首字母缩写来指代)是开关,可以通过打开和关闭来控制电流,就像用门控制从一个区域到另一个区域的通道一样。

(1)可控硅或晶闸管。

可控硅(可控硅整流器)或晶闸管(thyristor)就像一个门,有一个简单的锁存器/门闩(latch),只会以一种方式摆动打开。如果门被推向开启方向,而门闩没有松开,则门保持关闭状态,不允许通过。晶闸管也一样,这时它是关闭的,或用电子术语称为正向阻断(forward blocking)。当晶闸管从控制电路接收到一个触发脉冲时,将打开并传导电流;当电压在晶闸管上反转时,它关闭并阻断正向和反向的电流。晶闸管的符号和波形如图 2-43 所示。

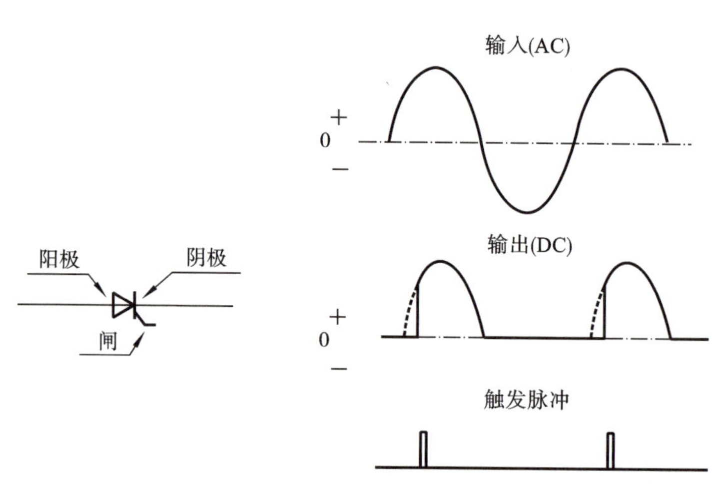

图 2-43 晶闸管的符号和波形

(2)二极管或整流器。

二极管是最简单的功率半导体。它就像一扇没有门闩的门,只向这个方向摆动。如果向这个方向推,它就会打开,允许从这个方向通过。如果向相反方向推,它就会关闭,防止反向通过。当正向电压加到二极管上时,二极管就会传导电流。当电压反转时,二极管开始阻挡电流的流动。二极管的符号和波形如图 2-44 所示。

(3)晶体管。

晶体管有些复杂,就像一个单向的门,门的开口的大小限制了人们通过门的速率。晶体管的大小限制了它能传导的最大电流。

为了使晶体管在感应加热应用中发挥作用,它必须阻挡高压、携带大电流、非常快速地接通和关闭。根据上面的类比,就像一扇门必须坚固、开口大、能够非常快速地打开和关闭。在设计中同时满足这三个条件是相当困难的。晶体管的符号和波形如图 2-45 所示。

金属-氧化物-半导体场效应晶体管(MOSFET)技术为这个问题提供了一个解决方案:

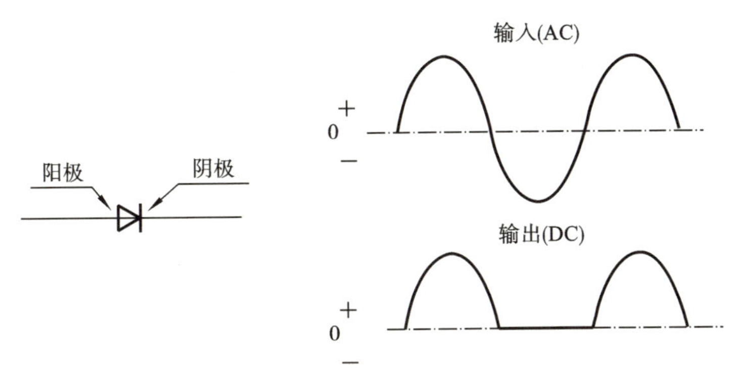

图 2-44　二极管的符号和波形

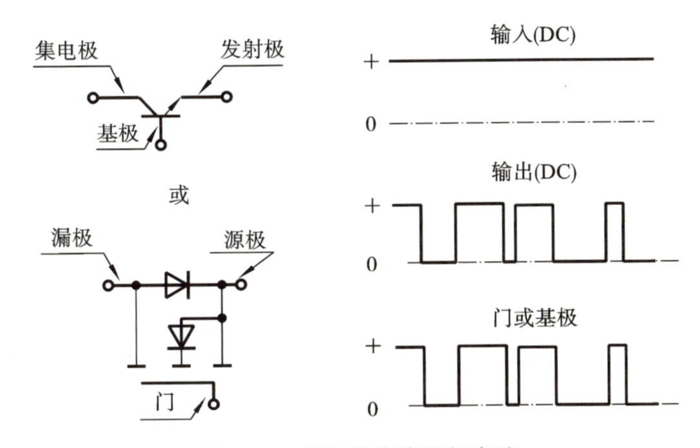

图 2-45　晶体管的符号和波形

一种具有相对高电压、大电流和非常快开关速度的功率晶体管。这是通过将数千个非常小的、快速的晶体管并联在一个单侧约 6 毫米的硅芯片上来实现的。就像类比中，有许多小的、坚固的、快速的门并排放置，以提供一个可以快速打开和关闭的宽区域。较大的 MOSFET 模块将许多这样的芯片并联在一个共同的安装底座上。

在绝缘栅双极型晶体管(IGBT)中，两种晶体管技术相结合，以获得高电压、大电流和快速开关速度。能够处理相对高电压和大电流的双极型晶体管自 1970 年以来虽有应用，但它们的开关速度很慢，并且需要相对高功率的控制信号。具有非常快的开关速度、满足低功耗控制要求的小型低功率 MOSFET 也已存在多年。将这两种技术与控制端的 MOSFET (绝缘栅极技术)和功率处理端的双极结合在一起，可以在 IGBT 中获得两者的最佳效果。

将直流电转换为交流电的逆变电路使用固态开关器件，如晶闸管和晶体管。对于高功率和低频率，通常使用大晶闸管。对于频率高于 10 kHz 或低功率，使用晶体管是因为它们能够以低开关损耗快速打开和关闭。

(4)真空管振荡器。

真空管振荡器在高于 300 kHz 频率下使用，其转换效率很低，通常为 50%～60%，而使用晶体管的逆变器的转换效率为 83%～95%。功率真空管的使用寿命为 2000～4000 h，因此功率真空管是一项昂贵的维护项目。真空管操作所需的高电压(超过 10000 V)比

典型的晶体管逆变器中存在的1000 V或更低的电压更危险。真空管振荡器的这些负面特性导致大多数热处理应用中使用晶体管电源,这些热处理应用需要的频率小于1 MHz。

(5)半导体的功率-频率应用。

图2-46以图形形式显示了使用不同半导体技术的电源所涵盖的各种功率和频率组合。显然,有很大的重叠区域,因此可以使用多种类型的电源。

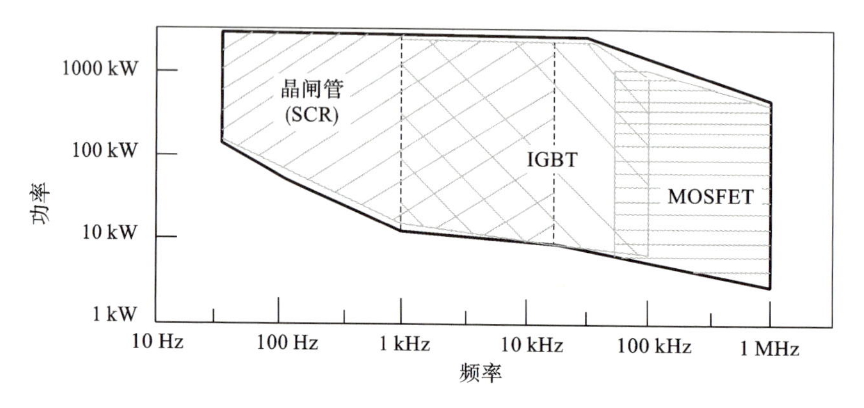

图2-46 感应加热用功率半导体

2.6.3 感应加热电源类型

对于特定应用,所需的功率取决于被加热材料的体积和种类、加热速率和加热过程的效率。工件和线圈的几何形状以及被加热材料的电磁特性和生产率决定了线圈的具体电压、电流和功率因数。定义这些参数是必要的,可以确保电源的输出能够匹配线圈的要求。大多数电源系统都有能力匹配合理范围内的加热线圈参数。

图2-47所示为非常基本的框图,适用于几乎所有的感应加热电源。输入一般为三相50 Hz或60 Hz,电压为220~575 V。第一个模块表示AC-DC变换器或整流器,可提供固定直流电压、可变直流电压或可变直流。第二个模块表示逆变器或振荡器,可将直流转换为单相交流输出。第三个模块表示负载匹配组件,可使逆变器的输出与感应线圈所需的水平适配。控制部分将系统的输出与命令信号进行比较,并调整变换器的直流输出、逆变器的相位或频率,或两者兼调,以提供所需的热。

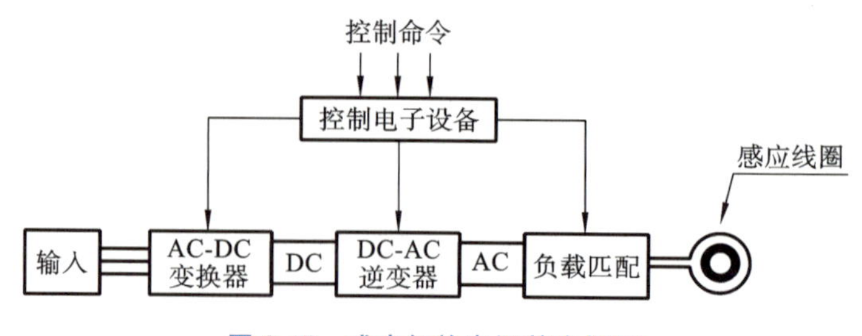

图2-47 感应加热电源基本框图

感应加热电源中最常用的两种逆变器是电压馈电(voltage-fed)逆变器和电流馈电(current-fed)逆变器。

2.6.3.1　整流器或变换器模块

整流器或变换器包括全桥无控整流器、相控整流器、无控整流器后接调节器、有源三相整流器等类型。其中，全桥无控整流器必须与能够调节电源输出的逆变器一起使用；相控整流器可以通过控制直流电源电压来调节逆变器的输出功率；无控整流器后接调节器输出端的直流电压或电流是通过快速接通和关闭传输晶体管（pass transistor）来调节的；有源三相整流器实际上是一组利用晶体管（通常是 IGBT）来降低线电流谐波含量、提高输入功率因数和控制输出直流电压的变换器电路，通过脉冲宽度调制（PWM）开关晶体管来实现，以控制何时以及有多少电流从输入线传递到变换器输出。

2.6.3.2　逆变器模块

电源的逆变器部分切换直流以产生单相交流输出。两种最常见的配置是全桥和半桥，用于电压馈电逆变器和电流馈电逆变器。

（1）全桥逆变器。

最常见的逆变器配置是如图 2-48 所示的全桥。它通常被称为 H 桥，有四条腿，每条腿包含一个开关。输出端位于 H 的中心，因此当开关 S_3 和 S_4 断开，开关 S_1 和 S_2 闭合时，直流电源的电流从左向右流过输出电路。当开关 S_1 和 S_2 断开，开关 S_3 和 S_4 闭合时，电流方向相反，从右向左流动。当这个过程重复时，是否产生交流电由开关打开和关闭的速率决定的频率决定。

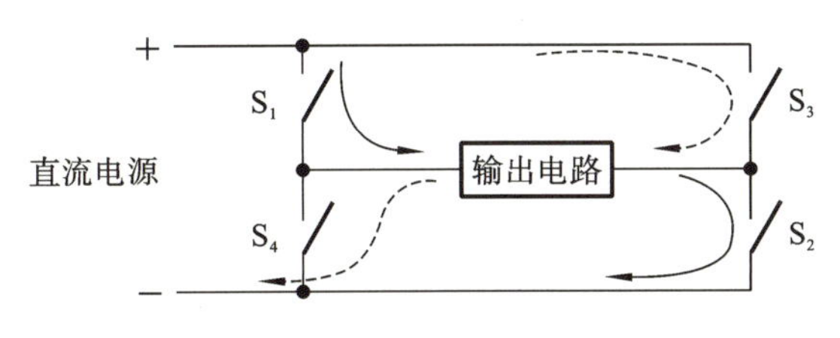

图 2-48　基础全桥逆变器

（2）半桥逆变器。

半桥逆变器只需要两个开关和两个电容就可以为输出电路的一侧提供中性连接，如图 2-49 所示。输出电路的另一端在 S_1 的正直流电源和 S_2 的负直流电源之间切换，从而在输出端产生交流电压。这种配置用于取代倾向于较低输出电压或输出功率的全桥。

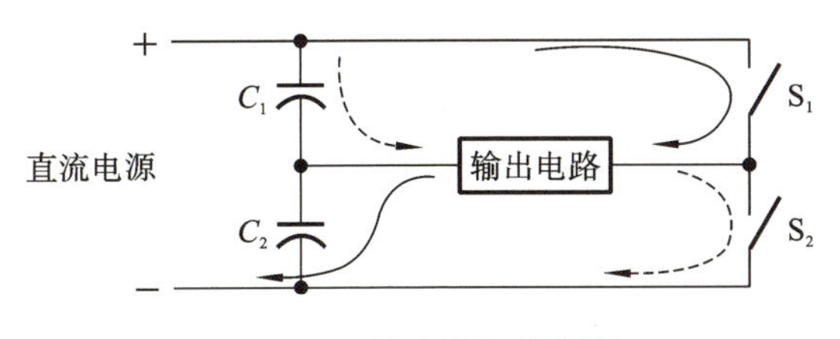

图 2-49　基础半桥逆变器

（3）具有简单串联负载的电压馈电逆变器。

电压馈电逆变器的特点在于在逆变器的输入端使用滤波电容，在输出端使用串联电路，如图 2-50 所示。电压馈电逆变器用于感应加热产生从 90 Hz 到高达 1 MHz 的频率。

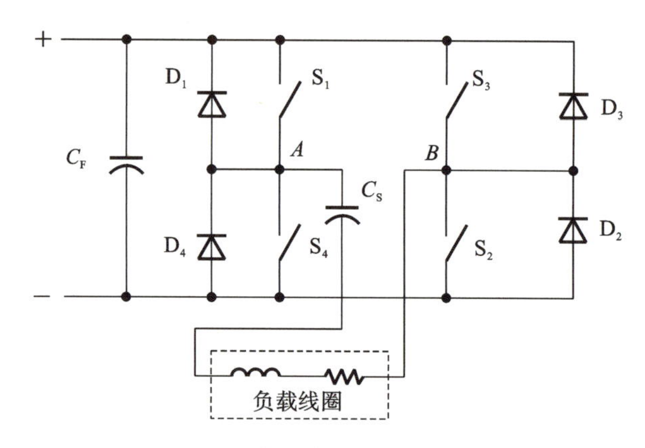

图 2-50　电压馈电串联连接输出

晶闸管可用来开关频率低于 10 kHz 的电流。在 70 kHz 以下，通常使用绝缘栅双极型晶体管；在 70 kHz 以上，MOSFET 通常因其开关速度非常快而被选择。

(4)与并联负载串联的电压馈电逆变器。

此逆变器是一种流行的电压馈电逆变器，包含内部串联的电感和电容，将电源与并联谐振输出或谐振电路耦合在一起，通常称为 *LC-LC*，如图 2-51 所示。这种逆变器的一个非常重要的特点是内部串联电路将桥与负载隔离开，可以保护逆变器免受短路或电弧以及调谐不良的负载引起的负载故障，使其成为可用于热处理的最强大的晶闸管感应电源。

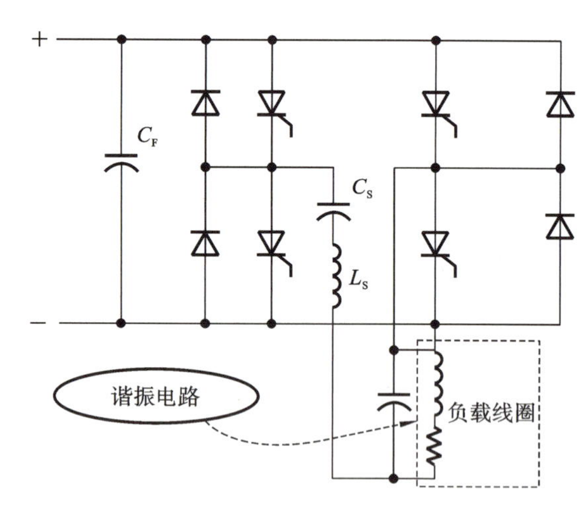

图 2-51　与并联负载串联的电压馈电逆变器

(5)与并联负载串联电感的电压馈电逆变器。

此逆变器是将电压源逆变器连接到并联谐振负载的逆变器，通常称为 *L-LC*。晶体管(IGBT 或 MOSFET)是这类逆变器中最常用的功率开关元件。输出功率的控制是通过低于或高于负载谐振频率的扫频操作来实现的。除了扫描频率控制，还可以利用电桥开关导通时间的 PWM 来控制输出功率和限制峰值电流。这种 PWM 控制逆变器允许在短路负载下运行，也允许在输出短路的情况下测试电源。

(6)全桥电流馈电逆变器。

电流馈电逆变器的特点是使用可变电压直流电源，在逆变器桥的输入端使用大型电感，在输出端使用并联谐振负载电路。全桥电流馈电逆变器如图 2-52 所示。电流馈电逆变器涵盖了用于感应热处理的整个 90 Hz 至 1 MHz 频率范围。晶闸管通常用于低于 10 kHz 的频率场合，而晶体管则用于更高的频率场合。

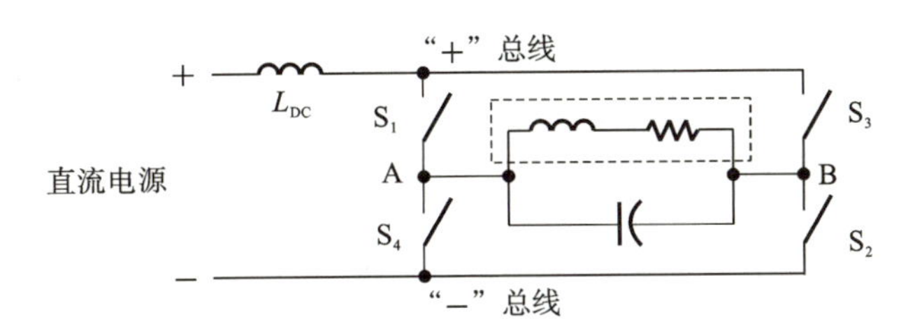

图 2-52 全桥电流馈电逆变器

(7)E 桥电流馈电逆变器。

E 桥电流馈电逆变器如图 2-53 所示。开关通常是 IGBT 或 MOSFET，在负载电压的谐振过零点处开关，以最小化开关损耗。使用给定额定电压的晶体管，与传统的全桥结构相比，E 桥结构允许使用两倍的输入电压和两倍的输出电压。这使 E 桥在为高压负载线圈提供相对高功率的应用中特别有吸引力。

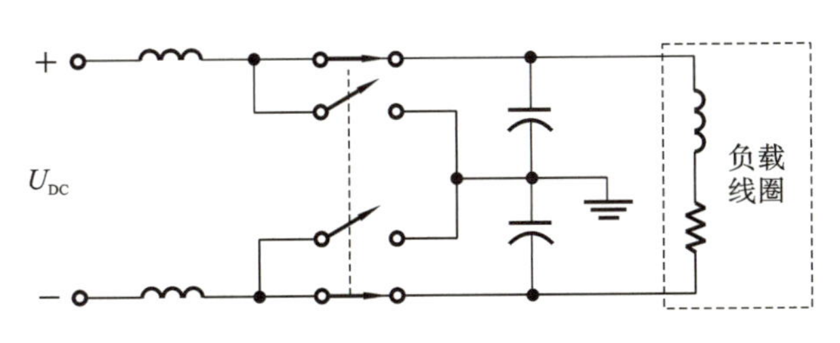

图 2-53 E 桥电流馈电逆变器

(8)单刀开关逆变器。

单刀开关逆变器已广泛用于 10～30 kHz 热处理场合，只使用一个晶闸管，被称为斩波器(chopper)或四分之一桥。单刀开关逆变器如图 2-54 所示。它被归类为电流馈电逆变器——因为它有一个大的电感与直流电源串联。

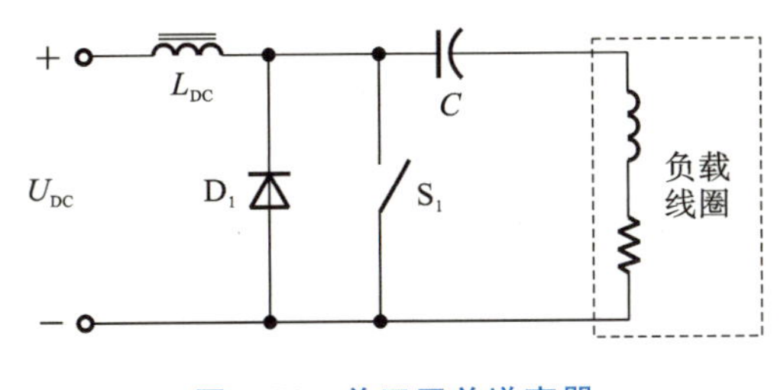

图 2-54 单刀开关逆变器

2.6.3.3 单线圈系统

图 2-55 为感应加热系统中的典型功率变换流程。

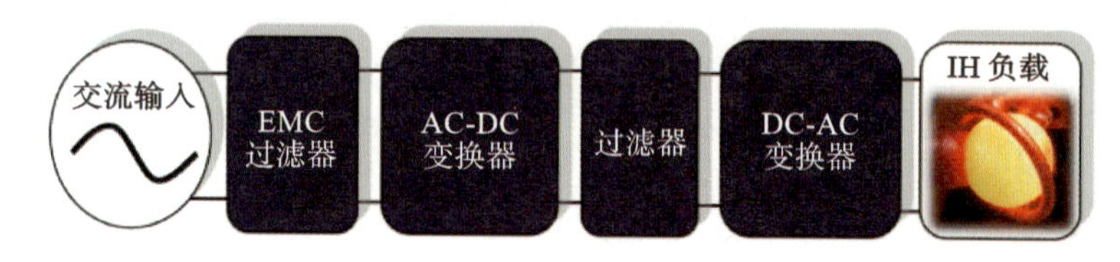

图 2-55 感应加热系统中的典型功率变换流程

电磁兼容性(electromagnetic compatibility,EMC)滤波器确保功率变换器符合电磁标准。AC-DC 变换器(AC-DC converter)提供一个直流总线(DC bus)供应逆变器模块(inverter block)。整流阶段可以是采用二极管整流器(diode rectifier)的非受控阶段或受控阶段。受控阶段的实施是为控制系统提供额外的自由度(degree of freedom),具体方案是采用可控整流器或二极管整流器加上 DC-DC 变换器。根据应用情况,一些感应加热系统还包括功率因数校正模块,目的是增大电压和确保正弦输入电流。

DC-AC 变换器(DC-AC converter)也称为逆变器,可为感应器提供中等频率的电流。为避免产生可闻噪声,工作频率通常高于 20 kHz,根据应用场景可高至 1 MHz。目前,多数感应加热系统采用电压源或电流源谐振逆变器来获得高效率和高功率密度。感应加热负载通常模型化为一个等效电阻(equivalent resistor)R_{eq}和一个等效电感 L_{eq},如图 2-56 所示,它们可以串联或并联,根据模型可增加其他外部电感和/或电容以形成谐振回路(resonant tank)。所使用的谐振逆变器拓扑结构可以根据类型或所使用的谐振或开关器件的数量进行分类。

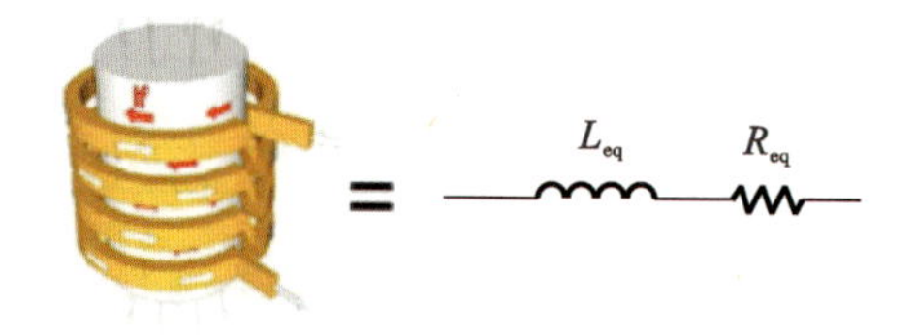

图 2-56 感应加热负载的电子等效模型及基本谐振构件

考虑谐振回路,最常用的构型为二阶串联谐振、二阶并联谐振和三阶串联-并联谐振,如图 2-57 所示。串联谐振电路通常用于电压源逆变器,由于采用串联电容,可确保通过电感的平均电流为零,并且在谐振频率以上实现零电压开关(ZVS)条件,即在开关过程中器件两端电压为零,从而实现了理想的零开关损耗。相比之下,并联谐振电路用于电流源逆变器,通过开关器件实现电流减小和零电流开关(ZCS),即通过器件以零电流进行开关,从而实现了理想的零开关损耗。因此,当需要高的感应器电流来减轻功率装置的压力时,可选择以上拓扑结构。串联-并联谐振电路结合了并联谐振电路和额外的负载短路保护电路,成为大功率工业应用中最常用的拓扑结构。这三种谐振结构都可包含一个变压器,以提供隔离和额外的电压增益。

根据开关装置的数量,感应加热中常用的逆变器拓扑结构有全桥、半桥和单开关谐振结构。图 2-58 为串联谐振形式的电压源全桥和半桥,以及 ZVS 单开关逆变器。全桥拓扑

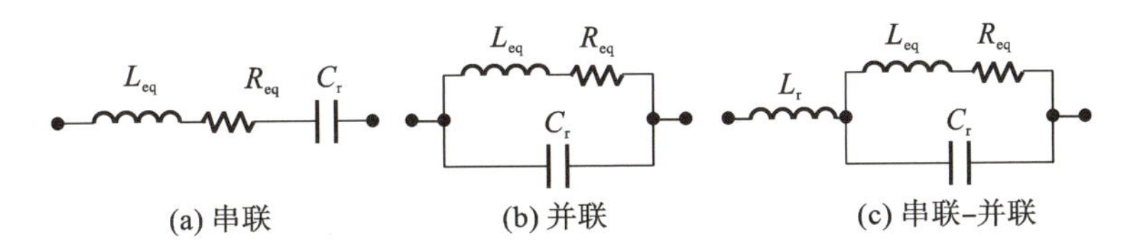

图 2-57　谐振逆变器拓扑结构

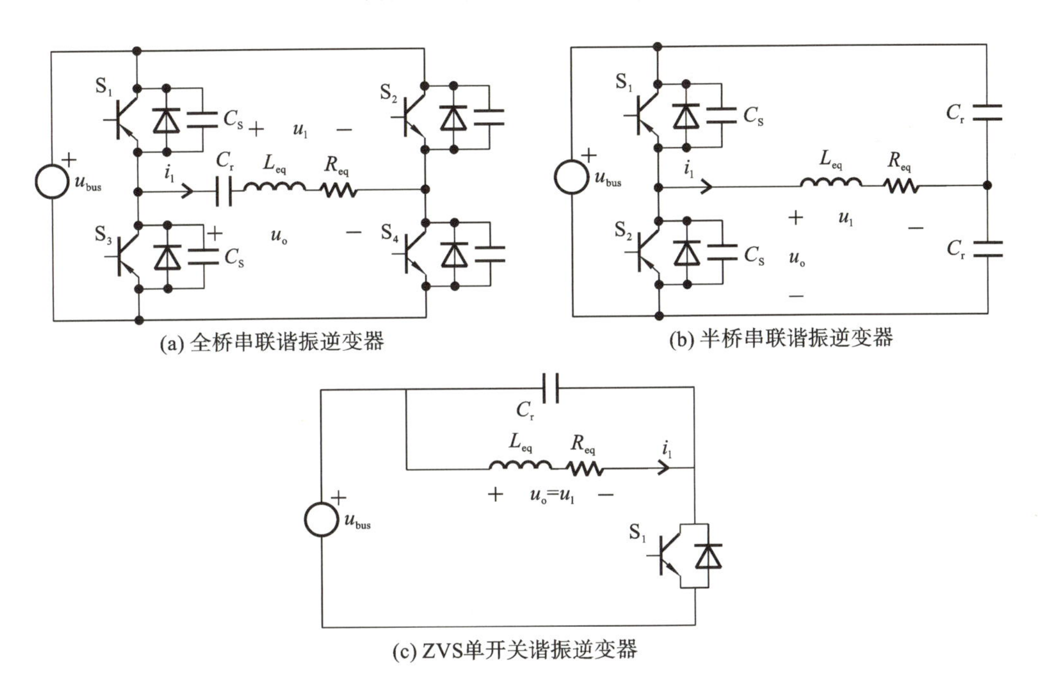

图 2-58　用于感应加热的基本电压源逆变器拓扑结构

结构常用于输出功率高于 5 kW 的情况，是工业系统的标准选择。相比而言，半桥拓扑结构适用于最高 5 kW 的家用感应加热系统。单开关逆变器适用于最高 2 kW 的小型感应加热发生器和家用系统。

2.6.3.4　多线圈系统

除了上述单输出拓扑结构，当代设计还包括多线圈系统，目的是改善热分布。多线圈系统已经应用于工业和家用设备，并且需要开发多输出逆变器以获得经济实惠的解决方案。图 2-59 总结了一些常用的方式。图 2-59(a)和图 2-59(b)分别是双全桥逆变器和双半桥逆变器，与单输出拓扑结构有相似操作，但是额外的 ZVS 限制使输出功率控制有限。图 2-59(c)所示为多路频率半桥逆变器，特点是频率可选的谐振负载。每个谐振回路在不同的谐振频率调谐，允许依据逆变器工作频率选择。图 2-59(d)是串联谐振多逆变器拓扑结构，旨在为感应加热系统提供大量线圈和少量开关器件，在每个负载中提供独立的输出功率控制。此外，还有感应加热系统替代变换方案，如直接的 AC-AC 变换可减少元件数量和电磁发射(electromagnetic emissions，EMI)，并在提高效率方面具有优势。

图 2-60 总结了其他一些方案。如图 2-60(a)所示，将多个开关器件组合成双向开关，得到全桥直接 AC-AC 变换器，主要缺陷是增加了开关数量，因此增加了变换器的成本和复

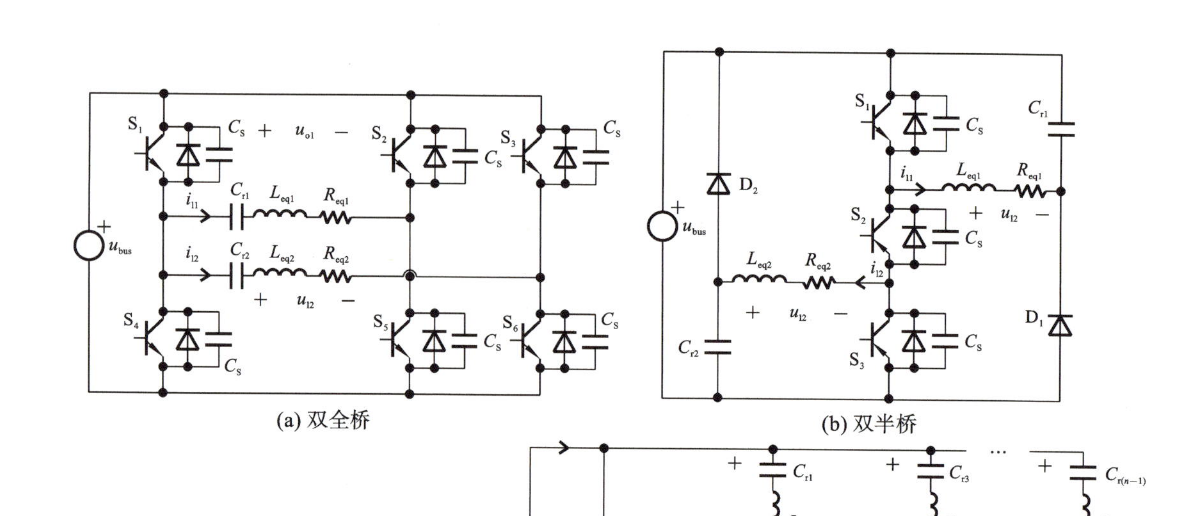

(a) 双全桥

(b) 双半桥

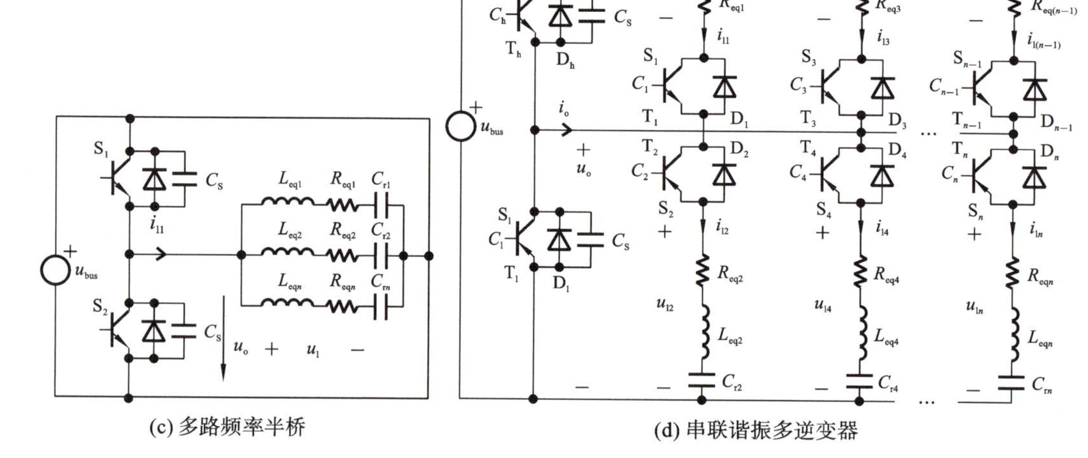

(c) 多路频率半桥

(d) 串联谐振多逆变器

图 2-59　多线圈感应加热系统的多输出逆变器

杂性。图 2-60(b)所示的变换器遵循相同的程序，但使用近年研发的反向阻断(reverse-blocking，RB)IGBT 来构建半桥直接 AC-AC 变换器，具有与前述相似的优点和缺点。为克服上述局限，图 2-60(c)和图 2-60(d)提出了新的方案。图 2-60(c)所示的直接 AC-AC 半桥变换器的特点是采用高频整流二极管，避免采用其他开关器件，增大了施加到负载的电压，进一步提高了效率。图 2-60(d)所示为多输出方案，采用常见的 AC-AC 变换器模块(该模块包含开关器件 S_{mh} 和 S_{ml})，用于适配大量负载，从而降低了 AC-AC 变换器模块的成本和复杂性的相对影响。

2.6.4　负载匹配

在初始设计阶段，感应加热的一个非常重要的方面经常被忽视，那就是以最小的成本从给定的电源成功地向工件提供最大可用功率的能力。通常，感应线圈的设计是为了达到工件所需的热条件，而不考虑将要使用的电源。在这种情况下，需要一个灵活的接口来匹配电源的输出特性与感应线圈和工件组合的输入特性。如果不提供此匹配，电源可能无法

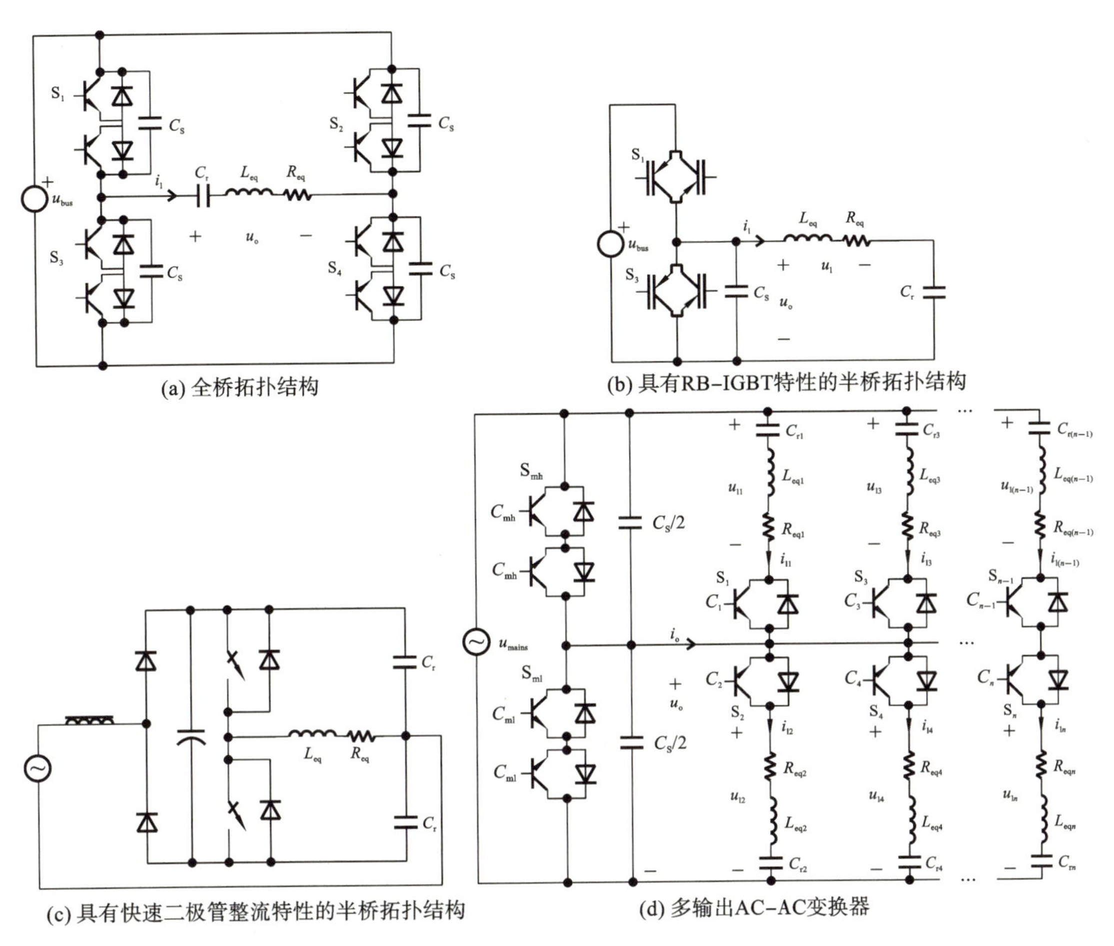

图 2-60　感应加热系统用直接 AC-AC 谐振变换器

提供其额定功率，因为线圈需要比电源所能提供的更多的电压或电流。

为了方便匹配过程，在电源输出和感应线圈之间连接可变比变压器、电容器，有时还连接电感器。这些组件的调整通常被称为负载匹配（load matching）或负载调优（load tuning）。

2.6.4.1　基本概念

匹配电源和负载的一个常见例子是一个简单的照明电路应用，其中一个 6 V 的灯泡要用 120 V 的电源线（见图 2-61）。显然，需要某种类型的接口硬件来防止 120 V 电压损坏灯泡。第一种解决方案是在灯泡和电源线之间插入一个合适额定功率的变压器。第二种解决方案是根据应用，将 20 个灯泡串联在 120 V 线路上。任何一种解决方案都可满足要求了，并且都需要了解源和负载的工作特性，以实现成功的匹配。

如图 2-62 所示，感应线圈和工件组合的广义模型由电阻和电感两个电气元件组成。电阻 R（单位：Ω）产生热量。电感 L（单位：H），是由交流电流过加热线圈产生的磁场产生的。由电感 L 引起的电流的对立称为感抗 X_L，它与频率有关（$X_L=2\pi fL$）。

R_p 为工作线圈铜的电阻；R_s 为工件内次级涡流路径对初级电路的反射电阻；X_{L_p} 为工

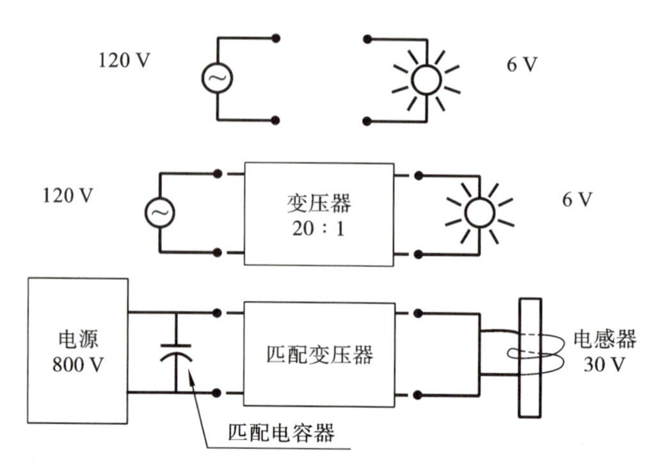

图 2-61 负载调谐：阻抗匹配

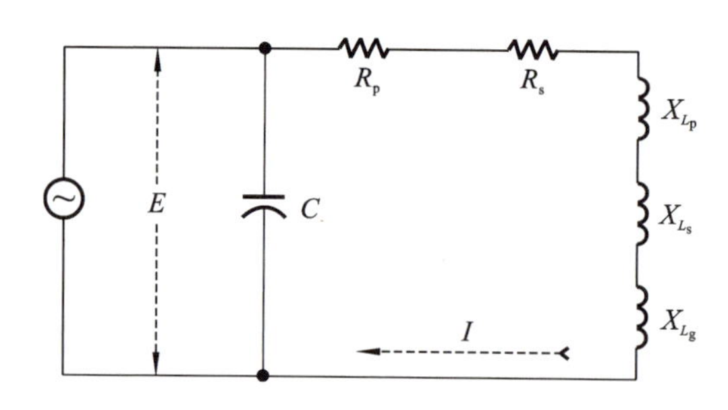

图 2-62 感应加热负载的典型等效电路

作线圈的初级电抗；X_{L_s} 为次级涡流路径反射到初级电路的电抗；X_{L_g} 为线圈与工件间次级气隙的反射电抗。最大的活性分量是 X_{L_g}。在如图 2-62 所示的并联电路中，负载功耗由以下公式给出：

$$P = I^2 \cdot (R_p + R_s) \tag{2-26}$$

负载电流为变换器的输出电压除以电路阻抗 E/Z，其中 $Z=(R_p+R_s)+j(X_{L_p}+X_{L_s}+X_{L_g})$。

该电路的电阻和电抗是几个参数（如线圈-工件几何形状、材料特性和频率）的非线性函数，因此该电路容易分析。此外，金属的电阻率和磁导率是温度的非线性函数。同时，磁导率也是磁场强度的非线性函数。电阻率和磁导率在加热循环中变化。

一般来说，线圈电阻和电抗的变化会导致给定电路中线圈电压和线圈电流之间相角的变化。这种变化可以用线圈功率因数来表征，它指的是相角的余弦（$\cos\theta$）。

不同类型电感器的功率因数受各种参数的影响不同。同时，对于不同的频率和不同的线圈-工件间隔，功率因数可以有显著的不同，即 $\cos\theta=0.02\sim0.6$，这使得 Q 因子 $(X_{L_p}+X_{L_s}+X_{L_g})/(R_p+R_s)$ 的范围为 1.7～50。

成功加热工件需要相对较大的电流，因此有必要构建具有足够高输出电流能力的电源或使用简单的谐振电路来最小化变频器的实际电流或电压。

2.6.4.2 并联和串联负载电路

谐振频率变换器使用两种类型的负载配置之一，即要么并联，要么串联。图 2-63 显示了串联和并联谐振电路的特性。对于并联谐振电路，很容易看出，如果电容等于零，以固定频率施加给电路给定电压，将得到与电路阻抗相关的特定功率。当电路中加入足够的电容以将负载电路调谐到谐振附近时，电路阻抗上升，从电源吸取的电流量急剧下降。实现特定功率水平所需的电路电压与零电容的初始情况相同，但现在负载所需的大部分较高电流由电容器而不是电源提供。

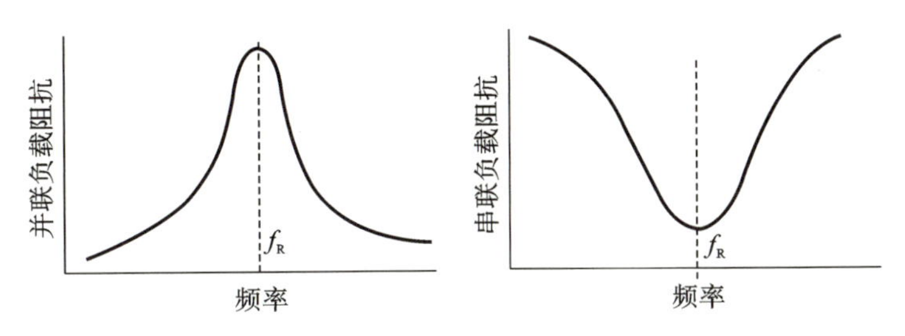

图 2-63　并联和串联电路的谐振

在并联调谐负载电路中，与电源输入线路相比，谐振电路中的电流的 Q 上升（见图 2-64）。在串联负载电路中，阻抗在谐振时达到最小值。因此，为了获得所需的线圈电流，驱动电压将为线圈电压的 $1/Q$。因此，相对于电源输入线，并联电路的电流上升 Q，串联电路的电压上升 Q（见图 2-63 和图 2-64）。因此，必须了解存在哪种类型的电路连接，以便了解调谐组件的值变化对电源和工作站组件的影响。

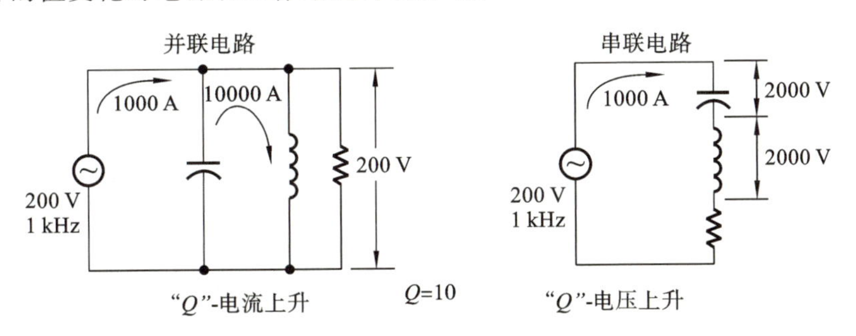

图 2-64　并联和串联电路

2.6.4.3　负载匹配过程

在将电源与感应加热负载匹配时，通常需要采取九个步骤。

（1）确定电源的输出额定值和匹配器件的最大额定值。

（2）估计获得所需加热结果所需的负载线圈输入。

（3）估算工作线圈的 Q。

（4）确定匹配电容器和变压器上的电压。

（5）计算匹配电容。

（6）计算匹配变压器的比例。

（7）试运行并记录指示的功率、电压和频率。

（8）如有必要，根据试运行重新计算匹配电路值。

（9）试着运行，必要时重复步骤（8）。

综上所述，虽然感应加热过程是一个复杂的动态过程，但负载匹配过程却不必如此。如果在此过程中应用上述信息并仔细收集数据，则可以在相对较短的时间内完成正确的设置。

(1)估计所需的功率、电压和线圈的 Q。

(2)正确确定谐振频率。

(3)计算或估计变压器比率和电容器值。

(4)运行一个测试周期，并在周期中的指定时间收集数据。

(5)根据现有的读数推断出期望的读数。

(6)重置组件值。

(7)运行另一个循环来评估结果。

2.6.5 电源的特殊考虑

2.6.5.1 占空比

在大多数情况下，感应热处理周期包括加载单个零件或工件并移动到加热位置、加热、淬火(或冷却)和卸载零件的时间。该循环的加热部分的时间通常小于总循环的 50%。这意味着电源的某些部分可以设计成安全地利用非连续工作造成的较低的平均损耗。影响占空比(duty cycle)的最重要因素是电源所需的冷却系统的尺寸。有一些电源组件的加热和冷却相对缓慢，包括负载匹配变压器，内部互连电缆或母线和直流扼流圈，也可以调整它们的尺寸以利用有限的占空比操作。由于占空比低，一些元件(如功率半导体、熔断器和断路器)不能降额(derated)。

2.6.5.2 加热启动和停止的快速循环

在许多现代感应加热电源中使用的晶体管和二极管的半导体模块容易发生功率循环故障。在每个循环过程中，半导体芯片会发热和冷却，由于热循环而产生应力：半导体中的功耗越高，温度变化越大，热应力也越大。半导体制造商提供曲线，将温度偏移与故障前预期的循环次数联系起来。这意味着对于循环操作，功率半导体模块的电源输出功率额定值必须小于连续工作时的值。

2.6.5.3 功率和时间的精确控制

在许多应用中，加热时间非常短。这意味着加热时间的控制必须具有高分辨力(通常为 0.001 s)，并且可重复和准确。电源在加热时上升到设置功率和在加热关闭时下降至设置功率时，所需的时间必须短且可重复。

2.6.5.4 具有独立频率和功率控制的逆变器

具有独立频率和功率控制的最通用的感应加热电源不具有谐振或功率因数校正输出负载电路。这意味着可以简化负载匹配，因为它只需要选择一个输出变压器比，就能将加热线圈的阻抗匹配到逆变器。这也意味着，如果没有谐振电容，逆变器必须提供加热线圈的全功率，这使这种设计特别适合低 Q 值的应用。

2.7 感应线圈

2.7.1 感应线圈基础

2.7.1.1 基本原理

感应线圈决定了工件加热的有效性和效率。感应线圈主要由铜管制成。工作线圈多种多样——从简单的螺旋(helical)线圈或螺线管(solenoid)线圈(由绕着芯轴缠绕的铜管的若干匝组成)到由实心铜和铜焊精密加工而成的线圈。

由于线圈中交流电的流动,线圈通过产生交变电磁场而将来自电源的能量传输给工件。线圈的交变电磁场(electromagnetic field,EMF)在工件中产生感应电流(涡流),由于磁芯损耗产生热。

工件中的电流与线圈的 EMF 强度成正比。能量的传输称为变压器效应(transformer effect)或涡流效应(eddy current effect),如图 2-65 所示。

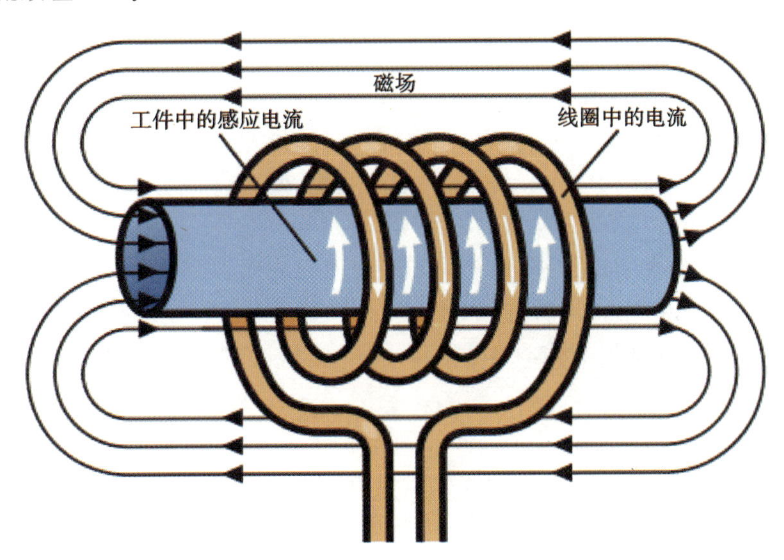

图 2-65 感应线圈交变磁场及工件涡流产生示意图

2.7.1.2 感应线圈的变压器效应

因为线圈采用了变压器效应,了解变压器的特征有助于了解线圈设计。感应器类似初级变压器,工件类似次级变压器(假设为单匝)。

影响线圈设计的两个重要的变压器特征:变压器绕组间的耦合效率与绕组间距离的平方成反比;初级变压器的电流/匝数=次级变压器电流/匝数。

因为上述关系，在设计感应加热线圈时要考虑5个条件。

2.7.1.3 感应线圈设计的5个条件

(1)加热区域附近的磁通密度越高，意味着工件中产生的电流越大。线圈应与工件尽量靠近，加热时，最大数量的磁力线才会贯穿工件，因此能产生最大的能量传输。

(2)螺旋线圈中最大数量的磁力线应指向线圈中心。磁力线集中在线圈内部，提供了该位置最大的加热速率。

(3)线圈的几何中心是弱的磁通路径。磁通主要集中在线圈匝自身附近，并随离匝距离的增加而减小。如果工件偏离线圈中心，接近线圈匝的区域会贯穿更多的磁力线，就会以更高的速率加热。远离铜线圈的工件区域耦合较少而会以较慢的速率加热。在高频感应加热中，该效应更为显著。

(4)感应器的磁中心不一定是几何中心。在引线与线圈结合的位置，磁场较弱。单匝线圈中，该效应最明显。随着线圈匝数的增加，每匝的磁通又加到前一匝上，引线与线圈结合位置的影响变得不重要。由于工件总是置于工作线圈中心是不实际的，静态加热应用时，工件应稍微偏离中心区域。如果可能，应旋转工件以使在磁场中的暴露程度一致。

(5)设计线圈时必须防止磁场抵消。如果感应器的相对两侧太接近，线圈就没有充分加热所需的足够的电感。放置一个环在位于中心的线圈中将抵消该效应。线圈将能加热插入其开口处的导电材料。

2.7.2 感应线圈的类型及选择

2.7.2.1 感应线圈的类型

有多种不同的线圈可用于感应加热。螺旋线圈提供宽泛的加热行为，因为工件或加热区域位于线圈内，有最大的磁通。以下仅对螺旋线圈做简单介绍。

(1)多匝螺旋线圈。

螺旋线圈(螺线管线圈)是目前最常见和最有效的线圈。匝数界定了加热区域的长度。工件可以静态置于线圈中，在单次加热(single shot heating)中有界定的加热带。工件也可以在线圈中移动，以加热更长的工件，这有高度一致的加热模式，称为扫描加热(scan heating)。

(2)单匝线圈。

单匝线圈适用于加热工件的窄条带或工件的尖端。该类线圈也可扫描工件的长度且常用于热处理(heat treating)。该类线圈经常紧靠工件以提供精确的加热模式。

(3)多档位螺旋线圈。

多档位螺旋线圈常用于在一定时间制造多个工件，具有完整加热过程。多档位螺旋线圈常用8个档位。工件可同时加热或根据所需的加热过程在不同位置插入或取出。

(4)通道线圈。

当功率密度低，加热周期不是非常短时，工件可以通过使用转盘或传送带在连续或间歇模式下加工。因此，线圈必须设计成工件容易进入和退出的形式。

通道线圈(channel coil)可使工件通过线性传输机构在电磁场中移动时被加热。该线圈可以设计为加热全部工件或只加热工件的单一的窄带。

只要转盘或传送带材料不导电，磁场就会穿过转盘或传送带，并加热通过该磁场的工件。

(5)扁平线圈。

当需要只从一侧加热工件时，或者当不可能环绕工件加热时，可使用扁平线圈(pancake coil)。扁平线圈也可以用来加热中心的小窄带。

扁平线圈提供了广泛的加热行为——因为只有一个表面的磁通与工件相交。

(6)分离螺旋线圈。

当不可能使用螺旋线圈进入目标加热区域时，使用单匝或多匝分离螺旋线圈(split helical coil)。分离螺旋线圈通常需要一种方法来定位线圈中的工件，以保持适当的耦合距离。

(7)内部线圈。

内部线圈(internal coil)为内腔加热(bore heating)提供了广泛的加热行为，其中只使用线圈外部的磁通。内腔可以使用单匝或多匝内部线圈加热。内部线圈的管材应尽可能薄，内腔应尽可能靠近线圈的表面。

线圈中的电流在电感器内部流动，最大通量的真正耦合是从线圈的内径到工件的内腔。因此，导体的横截面应该最小。我们可用压扁的线圈管材来减小耦合距离、增大线圈外径，以减小线圈与工件的间距。

(8)集中器平板线圈。

集中器平板(concentrator plates)用于单匝或多匝线圈中，以集中电流并在工件中产生确定的加热效果。集中器平板线圈可以有一个主线圈与插入设计，以加热不同形状的工件。

(9)发夹线圈。

发夹线圈(长而薄的单匝或多匝线圈)可以用于加热工件上长而薄的区域，也可以用来加热薄钢或铝的移动网络。

(10)封装线圈。

一旦设计了线圈并证明了加热模式，一般需要封装线圈。封装线圈提供了过程中的隔热，使线圈组件能耐受恶劣环境。典型的封装材料有混凝土、陶瓷、环氧树脂或热塑性塑料。

(11)横向磁场线圈。

横向磁场线圈用于具有长纵轴和薄横截面的工件。线圈被设计成建立一个垂直于工件的磁场。涡流的路径被改变为平行于工作的长轴。

(12)柔性感应线圈。

柔性感应线圈用于加热大型钢模具或有复杂几何形状的工件。由于加载和卸载的限制，传统的刚性线圈不实用。线圈设计为柔性铜导体，位于柔性非导电管内，并在现场缠绕。感应功率高达 200～250 kW 时可以使用柔性感应线圈。

(13)空气冷却感应线圈。

在某些特殊情况下，感应线圈内的水冷却并不实际或不需要。在这些情况下，可采用空气冷却铜线圈加热。铜导体可以由实心铜棒、柔性铜辫或利兹线构成。航空航天和医疗领域已成功地应用了空气冷却感应线圈进行加热。

(14)具有磁通控制器的线圈。

线圈辐射的磁场有时会加热邻近的金属部件或支撑件。这种现象可以通过用铁氧体材料包裹感应线圈来避免。铁氧体材料通过提供一个低电阻通道来捕获所有的杂散磁场。磁场流经铁氧体,对周围金属件的加热倾向较小。

2.7.2.2 感应线圈的典型耦合效率

线圈效率(coil efficiency)是指输送给线圈的能量转移至工件的效率,不同于总系统效率。

一般来说,用于加热圆柱形工件的螺旋线圈有最高的线圈效率。内部线圈的线圈效率最低。

重要的是,除了扁平线圈和内部线圈,被加热的工件总是处于磁场的中心。无论工件轮廓如何,最有效的线圈基本上都是标准圆形线圈的变形。线圈效率与线圈类型、频率和工件材料等有关,如表 2-4 所示。

表 2-4 不同类型感应线圈耦合效率

线圈类型	效率			
	10 Hz		450 kHz	
	磁钢	其他金属	磁钢	其他金属
螺旋线圈	0.75	0.50	0.80	0.60
扁平线圈	0.35	0.25	0.50	0.30
发夹线圈	0.45	0.30	0.60	0.40
单匝线圈	0.60	0.40	0.70	0.50
通道线圈	0.65	0.45	0.70	0.50
内部线圈	0.40	0.20	0.50	0.25

2.7.3 感应线圈设计

2.7.3.1 线圈设计考虑因素

线圈设计对感应加热过程的有效性和效率至关重要。线圈设计需要考虑的基本因素如下。

(1)线圈效率。

如上所述,线圈效率用于衡量在线圈的能量中传递给工件的能量占比,不同于总系统效率。

(2)加热模式要求。

加热模式(heating pattern)是线圈形状的镜面反射。线圈设计是决定加热模式的最重要因素。

(3)工件相对线圈的运动。

一些应用依赖于在传送带、转盘或机器人的帮助下移动工件。恰当设计的感应线圈结合了这些单独的处理要求,而不会损失加热效率。

(4)生产速率。

如果需要每 30 秒生产一个工件,但所需加热时间却是 50 秒,就需要多次加热工件以适应生产速率(production rate)。

(5)电源类型。

相对于真空管元件,在感应加热电源中首选固态元件。线圈设计应灵活、通用和有效,将来自电网的能量转换为加热过程所需的能量。

(6)频率。

高频用于焊接、退火或热处理等需要表面加热的应用。对于需要通过将工件穿透加热到内核的应用,如锻造和模具加热,低频是首选。

(7)功率密度要求。

需要高温的短周期加热应用,可能需要更高的功率密度来将受热区限制在一个小的区域,减小热影响范围。

(8)含铁或不含铁。

由于涡流和磁滞加热的结合,含铁材料比不含铁材料的加热效率高得多。因此,含铁材料是感应加热的首选材料。然而,在工件的夹持机构设计中应避免使用含铁材料——因为含铁材料可能会因磁场加热而耗能。

将线圈与感应电源匹配也是提高过程效率的关键。此外,材料加工技术决定了需要什么类型的线圈。如果工件需要插入线圈,在传输带上移动,从一端推到另一端,或者如果线圈将移动到工件上,所选择的线圈设计必须适应这些动作。

2.7.3.2　线圈管材的选择

由于低电阻率、完全退火和高电导率,铜是最常用的感应加热线圈材料。

铜线圈一般是管状,最小外径可为 0.32 cm;大功率应用中的铜管直径可为 5.1 cm。铜线圈可有各种横截面(如圆形、方形、矩形)和尺寸。

除了自身电阻率引起的磁芯损耗外,围绕工件的线圈可以吸收来自辐射和/或对流的额外热。因此,选择管材做工作线圈时,须有足够的冷却能力除去热。否则,温度升高将使铜的电阻率增大,造成线圈损耗增加。

在某些情况下(如大型线圈),可能有必要对线圈中的每个水路分流,以避免过热和可能的线圈故障。

选择感应线圈管材的另一个因素是工作线圈中的电流具有特定的趋肤深度,这与电源频率和铜的电阻率有关。因此,选择线圈管材的壁厚时要考虑趋肤深度限值,就像研究铜的感应加热时考虑的那样。然而,我们必须考虑铜的可用性。经常采用的壁厚不超过趋肤深度的 2 倍(见表 2-5)。

表 2-5　感应线圈铜管材的壁厚

频率	理论壁厚(2 倍趋肤深度)/mm	典型实际壁厚/mm	最小管径/mm
60 Hz	16.80	14.00	42.00
180 Hz	9.700	8.130	24.30
540 Hz	5.590	4.670	14.00
1 kHz	4.110	3.430	10.30
3 kHz	2.390	1.980	5.970
10 kHz	1.320	1.070	3.300
450 kHz	0.150	0.890	0.380
1 MHz	0.080	0.890	0.190

方形铜管也有市售产品,经常用于线圈制造。方形铜管的优势:对于紧密耦合线圈,方形截面管材相比圆形截面管材,每匝能与工件耦合更多的磁通(见图 2-66);更容易制造,容易弯曲而不会损坏;容易根据需要斜接形成闭合的弯曲。

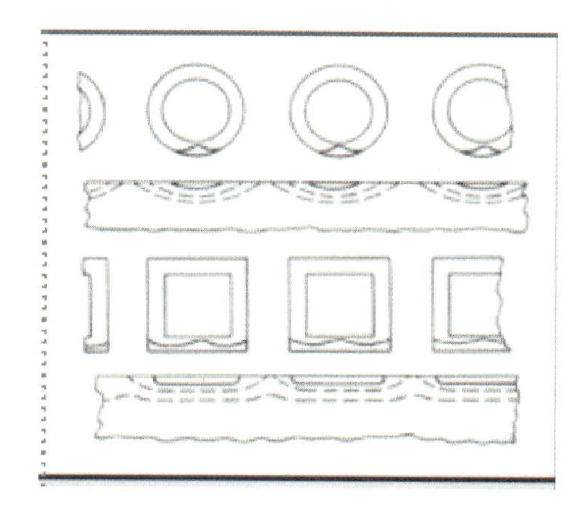

图 2-66　用圆形截面和方形截面螺旋形感应线圈在工件上形成的加热图形比较

如果只能采用圆形截面管材,可以压扁以调节最终的厚度。

2.7.3.3　线圈匝数

(1)多匝线圈。

在多匝线圈中,当加热长度增加时,通常应成比例增加匝数。多匝线圈常用于大直径、单次加热场合。

当线圈长度为其直径的 4～8 倍时,高功率密度下的一致加热变得困难。这时,常用单匝线圈或可扫描工件长度的多匝线圈。

当采用额定电源时,多匝线圈可改善效率和扫描速率。

(2)单匝线圈。

单匝线圈相对于零件直径较窄的加热带也是有效的。单匝线圈的直径和最佳长度的关系随着尺寸的不同而有所不同。电流集中在一个相对较小的区域内,因此可以制成长度与其直径相等的小线圈。对于大线圈,长度不宜超过直径的一半。

2.7.3.4　引线设计

对于振荡电路，线圈均表示电感。实际上，线圈的工作部分仅提供振荡电路小部分的电感。电源输出端和工作线圈的加热部分之间可能需要相当长的输出引线。这些工作线圈引线的设计和构造是决定工作可行性的主要因素。引线结构对系统性能的影响用振荡电路来理解更容易，如图 2-67 所示。L_1、L_3 表示引线电感；L_2 表示感应线圈电感；C_1 表示振荡电容；E_1 表示振荡电压。

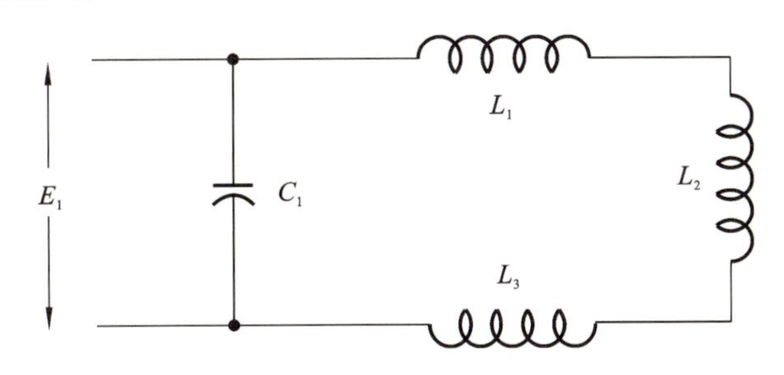

图 2-67　表示线圈引线和感应线圈本身电感的电路示意图

(1)连接振荡电容和线圈的每根引线均有自身的电感。

(2)工作线圈中不会出现全电压(full voltage)。如果在电感上施加电压，则在每个电感上都会出现一些电压降。如果线圈的电感是引线总电感的 10 倍或更大，则引线中总电压的最大损失为 10%。任何低于这一数值的损失都被认为是微不足道的。

(3)线圈加热区域较高的电感抵消引线的电感效应。匝数较多、截面积较大的线圈有较高的电感。因此，引线电感相对较小。

(4)加热位置与线圈距离增加时，引线电感变得更明显。当频率增加时，线圈尺寸通常变小，其电感和感抗降低。当引线离得较远时，引线之间所产生的电感可能等于或大于线圈的电感。这样，电压的主要部分将不会出现在线圈中。为改善加热效率，需要通过设计来减小加热位置与线圈之间的距离。

(5)引线会与邻近的金属结构相互作用。所有的引线均有电感，它们会起到工作线圈的作用。这样，置于引线场中的导体就会被加热。引线与金属结构相邻就会加热金属结构。除了不想要的热外，这种损耗还降低了负载(工件)可用的功率。重要的是要尽量减小引线与引线的分离，并考虑与金属结构构件的接近。尽可能采用低电阻率材料(如铝)或绝缘材料(如塑料)制成外壳、线架或管线。

2.7.3.5　耦合距离

影响耦合距离的主要因素有 3 个：加热类型、材料类型(含铁或不含铁)、频率和加工类型。

(1)加热类型。

静态表面加热中，工件可以旋转但不会在线圈中移动，建议工件与线圈的耦合距离为 0.15 cm。对于渐进加热或扫描加热，通常需要 0.19 cm 的耦合距离，以允许工件直线度的变化。用小匝间距多匝线圈与工件紧密耦合可以得到很均匀的加热图案。类似的均匀性可以通过敞开工件和线圈之间的耦合来实现，从而使与加热区域相交的磁通量图案更加均匀。然而，这也减少了能量传递。对于低加热速率(如穿透性加热)，这可以接受。对于高加热速率，最好维持紧密耦合。

(2)材料类型。

对于磁性材料的穿透加热，可采用多匝感应器和慢的能量传递。耦合距离可以更大，如为 0.64～0.95 mm。

(3)频率和加工类型。

过程条件和加工决定了耦合。如果工件不直，必须减少耦合。高频时，线圈电流较低，需增加耦合。低频或中频时，线圈电流明显更高，需要减少耦合。总体而言，采用自动化系统时，应减小线圈耦合。

2.7.3.6 线圈成型

在铜线圈的制造过程中，必须注意到铜工件随着变形的增加而变硬。因此，大多数制造商每弯曲几次就对管材进行一次退火，通过加热管材直到它变成鲜红色，然后在水中迅速冷却来缓解上述情况。这种中途退火可防止管材在制造过程中断裂。

在一些成型操作中，可能需要用砂或盐填充线圈，以防止管材坍塌。此外，还可用几种低温合金(熔点低于 100 ℃)来实现相同的功能。线圈完成制作后，将其浸入沸水中，合金可以自由地流出，并可以在下一次重复使用。

2.7.4 线圈设计的定制

磁通趋向于向螺线管工作线圈长度方向的中心集中。这意味着这个区域的升温速率通常大于端部的升温速率。此外，如果被加热的部分很长，通过传导和辐射，热量将以更大的速率从端部排出。可以改进线圈，以提供沿工件长度方向更好的加热均匀性。

2.7.4.1 线圈的特征化

调整线圈匝数、与工件的距离或耦合，以实现均匀加热图案的技术被称为特征化(characterizing)线圈。对于所有线圈，磁通图案都受到工件截面或质量变化的影响。有几种方法可以改变磁场。

(1)线圈可以在其中心解耦，增加与工件的距离并减少该区域的磁通。

(2)中心的匝数(匝密度)可以减少。

(3)增加其中心的内径，对实心单匝电感器做出改变。

2.7.4.2 改善加热均匀性的常见方式

(1)工件旋转。

当与线圈匝相邻的高磁场在工件上产生螺旋图案时，就会发生类似理发店旋转灯的旋转现象。在加热过程中旋转工件，可以消除上述现象。对于大多数短时间的硬化操作，理想情况是在一个加热周期中至少产生 10 转的转速。

(2)锥形线圈。

当线圈延伸到杆状工件的端部时，在端部会产生更深的图案。为了减少这种影响，线圈必须置于一个与杆的端部齐平甚至略低于杆端部的位置。

(3)缩短线圈。

在加热圆盘状或轮状工件时也存在同样的情况。如果线圈与工件重叠,加热的深度将是两端大于中间。缩短线圈或使线圈两端的直径大于中间的直径可以减少原位置的耦合。

(4)线圈内衬。

线圈内衬是将一层铜焊接到线圈的内表面。线圈内衬扩大了电流流过的区域。因此,每匝线圈可以产生一个更宽的区域。通过控制内衬的尺寸,我们可以修改该区域的高度以适合应用。

当使用内衬时,来自电源的电流流经连接管材。在两个连接处之间,管材仅用于对内衬进行传导冷却。在制造带内衬的线圈时,只需要在第一个和最后一个连接点将管材与内衬进行焊接,进一步的焊接仅用于提高机械强度。

(5)扁平管材。

布置扁平管材时,应使其较大的面积与工件相邻。线圈匝提供了一个均匀的水平加热图案。

2.7.5　线圈环横截面形状与加热效率的关系

通常,加热工件中电磁场的分布和加热图案与线圈环横截面的几何构型有关。因为加热图案反映出感应器几何构型,线圈环的形状有重要影响,如图 2-68 所示。线圈应与工件尽可能紧密耦合以实现能量传输最大化。感应加热希望的是最大数量的磁通线贯穿工件的加热区域。该点的磁通密度越大,产生的电流越高。设计线圈时要考虑良好的线圈效率和恰当的加热图案。

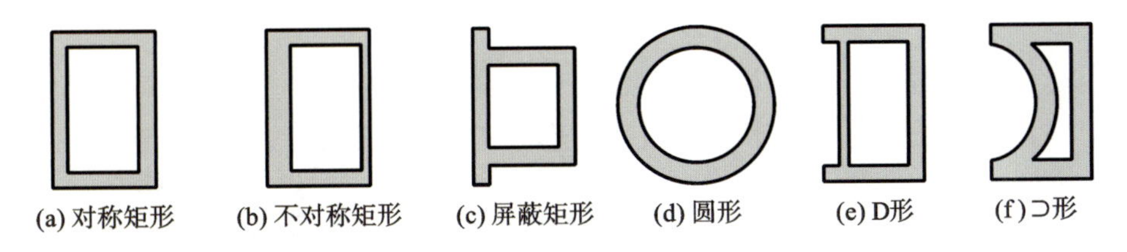

图 2-68　线圈匝的截面形状

图 2-69 是工件中体积热的生成速率(volumetric heat generation rate,q)分布。能量在工件负载中的最大能量沉积值位于面向线圈的外表面中心部分,朝着内核的方向呈指数级降低(趋肤效应)。涡流分量的分布和强度影响工件加热图案的构型。负载工件的中心部分比端部有更大的加热深度。工件侧壁表面的加热图案基本一致并为最大值,然后往端部快速减小(见图 2-70)。线圈横截面形状的变化对工件产生热量的空间分布没有明显影响。注意:工件表面加热图案有重要的实践意义,与输入电流的频率、工件物理性质和线圈-工件几何构型及定位有关。加热图案直接影响了工件的热流和温度场。

另一个感应加热的重要参数是加热效率(heating efficiency),它是指线圈中通过感应传输给工件的输入功率的百分比。换言之,加热效率代表了线圈向工件提供能量感应的能力(见表 2-6)。

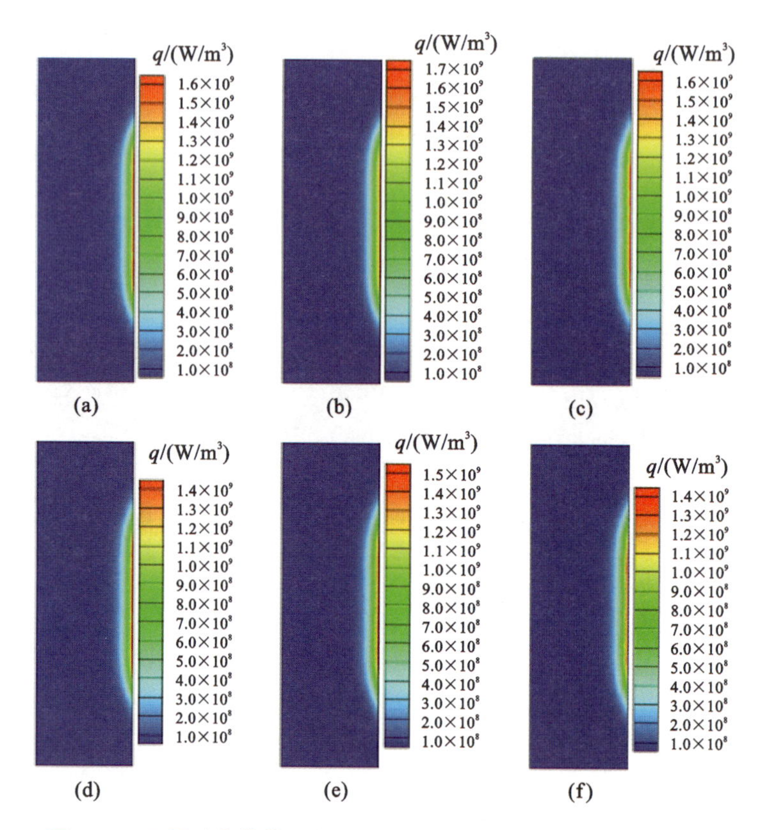

图 2-69　不同形状横截面线圈匝计算得到的工件中体积功率分布

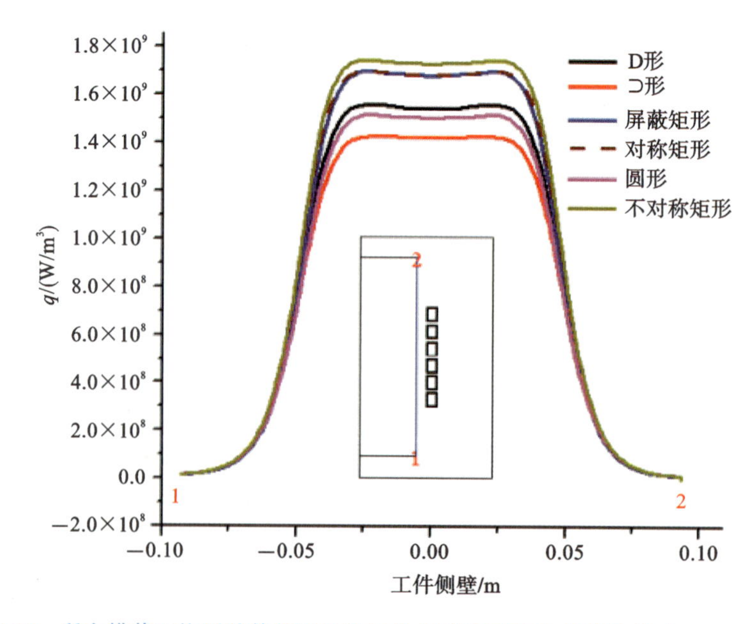

图 2-70　所有横截面构型计算得到的沿工件侧壁表面产生的热的模式

表 2-6　不同形状横截面线圈匝计算得到的生热详细信息

横截面形状	$Q_{总}^{工件}$ /kW	$Q_{总}^{线圈}$ /kW	加热效率/(%)
圆形	210.2	196.5	51.7
对称矩形	237.1	190.4	55.5
不对称矩形	243.7	186.9	56.6
屏蔽矩形	234.5	187.5	55.6
D 形	218.1	211.9	50.1
⊃形	199.9	184.1	52.1

根据计算机模拟的结果，具有不对称矩形横截面的线圈匝最适合工件感应生热并具有最佳的加热效率。

2.7.6　感应器-负载系统设计

感应加热系统中最重要的磁性元件是感应器-负载系统。目前，系统设计使用分析或有限元分析(FEA)进行建模、设计和优化。从应用角度看，最重要的方面是电学等效参数提取(electrical equivalent parameters extraction)、效率优化和热分布优化。

在感应加热的工业应用中，根据线圈和负载的布置以及磁通方向的不同，存在两种不同类型的磁通感应器，即横向磁通、纵向磁通，如图 2-71 所示。

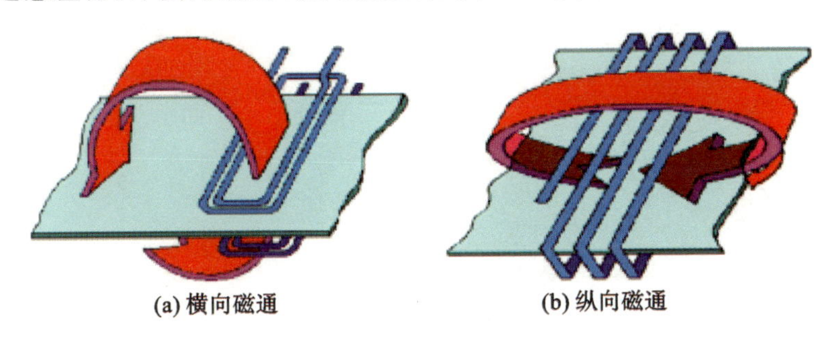

图 2-71　不同的感应器磁通方法

采用多相感应器(multiphase inductors)可以改善经典感应加热系统。事实上，用单个感应器实现金属温度的大规模均匀性是不可能的，特别是在横向磁通加热中。克服这一限制的解决方案包括使用多线圈系统，但增加了复杂性。

工业多感应器系统的常规控制方式是采用具有可移动磁屏(magnetic screens)和可移动磁通集中器(flux concentrators)的几个感应器(见图 2-72)。这些额外的装置调节产生的磁场，使系统适应不同形式的材料和位置的变化，以达到所需的温度梯度，然后根据需要，对加工线进行机械调整和/或维护，以改变要加热的材料。需要注意的是，在没有任何模型的情况下，所需的功率分布是通过连续的试错测试获得的，这是非常耗时的。

静态多感应器系统，没有任何可移动的装置，如磁轭或磁屏。然而，这些多线圈系统涉及电感器自身之间以及电感器与负载之间的耦合，这在控制方案中必须考虑到。相应的架构通常呈现出相当复杂的解决方案，即每个相位有一个 DC-DC 变换器(或一个整流器)加

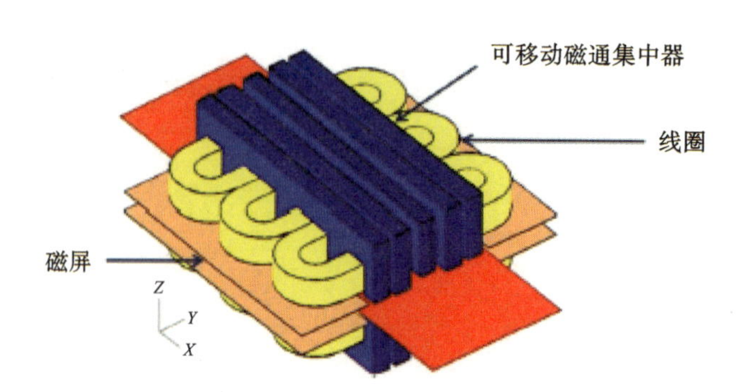

图 2-72　具有移动部件的横向磁通感应加热

上一个谐振逆变器。有人建议手动改变线圈连接以满足负载-感应器适配。有人建议在不同的相位之间增加一些解耦变压器，这当然既笨重又昂贵。在预先确定受热材料内部感应电流分布图案的基础上，通过约束优化，可以利用更简单的结构，这时需要进行全局功率密度计算，通过在三个阶段设置电流实现正确的温度分布。在这种情况下，必须确定和控制感应器电流的振幅和相位。

图 2-73 所示为工业应用的几种水冷式感应器。图 2-74 所示为家用感应加热的几种不同形状和尺寸的扁平感应器。

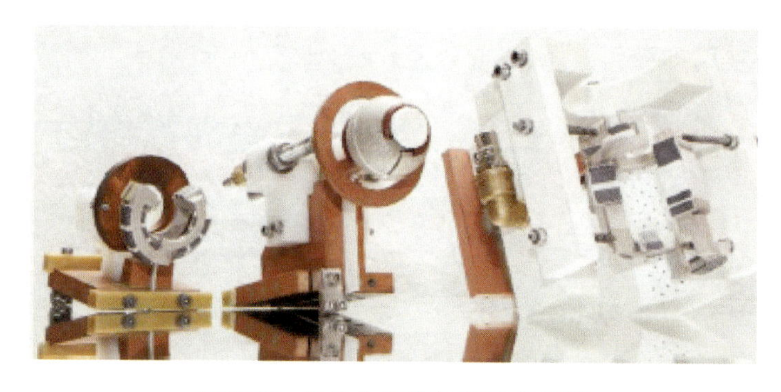

图 2-73　工业水冷横向磁通感应器

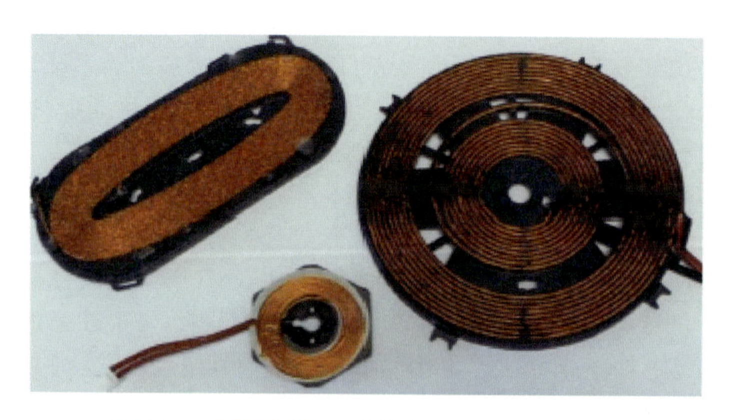

图 2-74　不同形状和尺寸的家用感应加热感应器

2.8　过程控制

现代感应加热设备最重要的特征之一是能够有效地控制和监测重要的过程变量。控制系统应允许预先设定(presetting)一些系统输入参数(system input parameters),期望通过指定的控制算法(control algorithm)将过程变量(process variables)控制在一定的值内,最终结果是形成所需的系统输出,得到经恰当加热处理的工件。监测系统必须独立于控制系统,并应表明测量的参数值是否与已知经过恰当加热处理的测试件所使用和记录的值基本相同。如果数值相同,或在可接受的范围内,则可以推断工件的加热处理已成功完成,工件的正确加热处理可以复制。

2.8.1　反馈和控制算法的基本原理

现代控制、监测系统采用最先进的通信技术,以确保感应设备的可靠运行。为了适当地控制电源或感应加热系统的输出,可以使用多种控制算法。这些可以由开环和闭环控制系统组成,以完成对物料输送、输出功率和温度的控制。

基本反馈控制系统如图 2-75 所示。系统中应用一个设定值(set point)作为累加点(summing point)或反馈比较器(feedback comparator)的输入。在闭环系统中,测量最终的控制变量,并将与其值成比例的信号返回给比较器。如果该值低于期望的输出值,则将输入信号与控制信号之间的差值或系统误差信号送入最终控制元件并增加被控变量的值,直到误差信号接近零并且被控变量的值接近理想值或期望值。

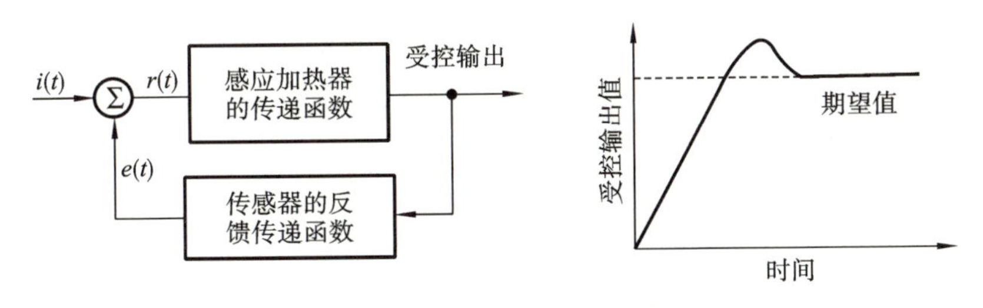

图 2-75　基本反馈控制系统

2.8.2　控制器类型及参数整定

2.8.2.1　开环系统(前馈控制系统)

一个真正的开环系统将在没有反馈的情况下运行,只需设置一个输入变量,并允许输出变量在一个可接受的范围内波动,而不反馈任何幅度、相位、频率、温度等的指示。以一个简单的水阀可能是一个完全开环系统为例,如果阀门打开,流体可以在系统中从一点流向另一点。如果系统压力由于某种原因发生变化，管路中的水流可能会发生变化——因为没有反馈来自动调整系统输入以补偿输出变量的变化。

许多开环系统是闭环组件的组合，这些组件可以为系统提供一个可调节的输入变量，但不提供最终关键系统输出变量的测量或反馈。例如，感应加热电源可以使用调节电路为加热线圈提供非常稳定的输入功率，而不测量部件的最终出口温度。假设稳定的输入将提供稳定的输出，系统基本上是开环运行。

2.8.2.2 闭环系统（反馈控制系统）

如果更加关注的是得到受控输出变量的正确值，那么就需要测量它并将其用作稳定控制响应的信号以确保测量值是期望值。这可以在感应加热系统中通过测量工件温度并根据实际测量温度和期望温度的差异调整控制器响应来完成。一旦进行了这种测量，就有几种常用的方法，通过使用误差信号来改变受控输出变量的值。

2.8.2.3 开-关控制算法

开-关控制有两种状态，要么完全打开（ON），要么完全关闭（OFF），没有中间状态。如果被控输出变量的值低于下限设定点（lower set point），误差信号将驱动控制器完全打开，为系统提供最大功率，直到被控输出变量的值超过上限设定点（upper set point）（见图2-76）。使用这种类型的控制，输出变量的值将围绕期望值振荡，振荡速率取决于系统时间响应和上下限设定点水平。

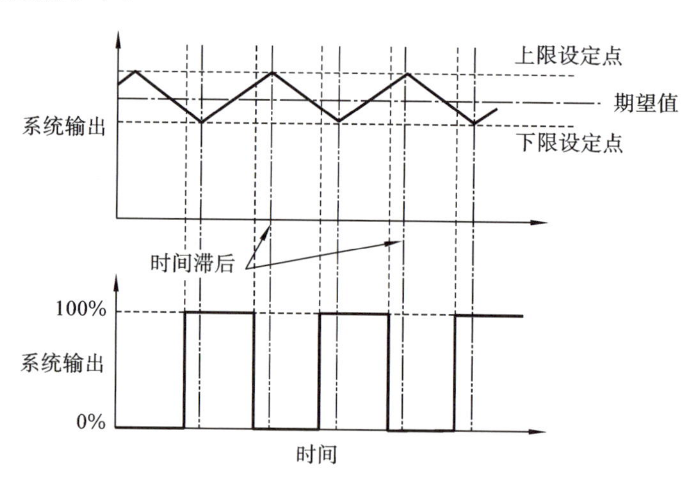

图 2-76 简单的 ON/OFF 控制

这听起来很简单，但在尝试进行小的修正时可能会出现问题。除非在电路中加入适量的延迟（控制响应延迟），否则可能会发生频繁的开-关循环和所谓的受控输出变量的摆动或振荡。当系统响应有较长的延迟时，该类系统的效果最好。

2.8.2.4 P、I、D、PI 和 PID 控制算法

对系统进行控制更复杂的方法是实现比例（P）、积分（I）和微分（D）类型的控制。这些控制可以单独实现，也可以组合实现，这取决于具体的应用程序需求。

（1）比例控制。

比例控制(proportional control)是一个术语,用来描述一个控制电路,提供低于规定水平的完整的控制器输出。超过此水平,控制器对误差信号的响应随着被控输出变量接近期望值而减小。我们在控制输出变量的最终期望值上下指定一个比例带(proportional band)。当被控制的输出变量在该频带内工作时,对误差信号的响应比例较小。比例型控制器所需的正常设置将是手动复位和增益(或带宽)设置。

当被控输出变量的值接近设定点时,手动复位将改变比例带相对于设定点的位置,以响应误差信号施加的输出校正。此设置的不正确值将导致受控输出变量的实际值大于或小于期望值。

当被控输出变量的值达到设定值的指定百分比时,增益(或带宽)设置与控制器对误差信号的响应水平或量有关。过低的增益设置值将导致误差下降,或者控制输出变量的实际值小于期望值。过高的增益设置值将导致控制输出变量的振荡。

比例控制器在过程相对稳定且设定值不经常改变的情况下最有用。

(2)积分控制。

在比例模式下,控制器根据特定时间的误差值提供响应。将积分特征与比例模式一起使用,可以提供与误差信号的先前历史成比例的响应信号。响应基于误差曲线下的净面积,响应信号可以通过积分增益设置为等于误差曲线下面积的比例。净效果是允许被控制的输出变量的值随着时间的推移在设定点水平上“归位”。

(3)微分控制。

在微分控制模式下,响应基于误差信号的“时间变化率”。如果误差小到可以忽略不计,但此时变化很快,则系统的微分控制部分将施加较大的修正。微分控制本身具有固有的不稳定性,通常与其他类型的控制结合使用。

这些控制模式最常见的组合是比例-积分(PI)、比例-微分(PD)和比例-积分-微分(PID)。

这些控制模式的响应可以设置为直接或反向作用。这意味着当误差增加时,直接作用系统对误差信号的响应将是增加系统输出。在大多数情况下,对于温度控制,需要一个反向作用系统,如果温度太高,输出到负载电路的功率就会减少。

2.8.2.5　PLC 控制器

随着 PLC 的出现,我们可以在热处理周期中实时监控大量的点。PLC 通过梯形逻辑(ladder logic)、各种模拟和数字输出模块以及伺服电机驱动器来控制设备功能。通常在感应加热系统内,一个单独的控制器将用于特定的 PID 回路功能。PLC 通常以开环方式用于系统的加热部分。模拟输入信号由 PLC 提供给电源。电源的受控输出变量是千瓦级。这通常是在 PLC 上测量的,并且可以设置报警电路来指示实际值和预设值是否不对应,但没有尝试根据测量的功率重置模拟输入到电源。

大多数 PLC 系统利用 PLC 进行控制,采用故障和诊断消息传递,并采用一个单独的计算机系统,该系统可用于实时过程的签名式监控(signature-type monitoring)。

2.8.2.6　控制器调优

在理想情况下,期望使工件尽可能快地达到所需的温度,并且很少超调(过冲)

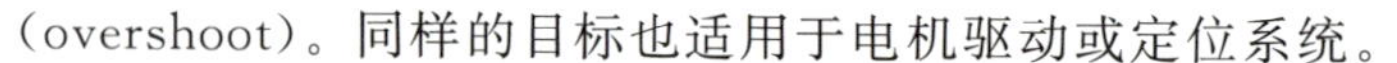

(overshoot)。同样的目标也适用于电机驱动或定位系统。

在感应加热系统中,从输入信号施加到工件上至工件的温度稳定有相当大的滞后。在尝试对系统的输入参数进行更改之前,有必要测量对给定更改的响应。许多感应加热采用PID系统来控制工件温度,实际上是通过增益、复位和比例带设置来运行的,这些设置可调整到一种慢响应,以至于系统被视作开环系统。对于循环周期更短的感应加热过程,更有可能实现闭环控制。

2.8.3 现代调制与控制算法

调制和控制算法用于精确控制功率变换器以获得所需性能。具体而言,需要精确的输出功率(以及相应的温度)和电流控制,并具有恰当的动态特征。需要解决的主要问题几乎是所有感应加热应用的共性问题,包括对高度可变的输出功率和感应加热负载的管理,以及多线圈系统的运行。

为了从静态角度获得适当的输出功率控制,我们已经成功地为单相系统赋予了不同的调制类型:方波(square wave)、不对称控制和脉冲密度调制(pulse density modulation, PDM)。方波和不对称控制允许通过控制开关频率或控制信号的占空比来改变整个操作范围内的输出功率。PDM也称为突发模式(burst mode),优势是通过控制逆变器的导通时间(on-time),将逆变器控制在固定的开关频率。在感应加热逆变器中常用的控制策略还有锁相环路(phase locked loop, PLL)。作为一种替代思路,可将控制分为两部分:通过锁相环路的直接相位控制和通过比例积分(PI)控制器的间接均方根功率(RMS)振幅控制,如图2-77所示。在每个相位都有一个DC-DC变换器的情况下,这种解决方案是可行的,但RMS计算会减慢动态响应。

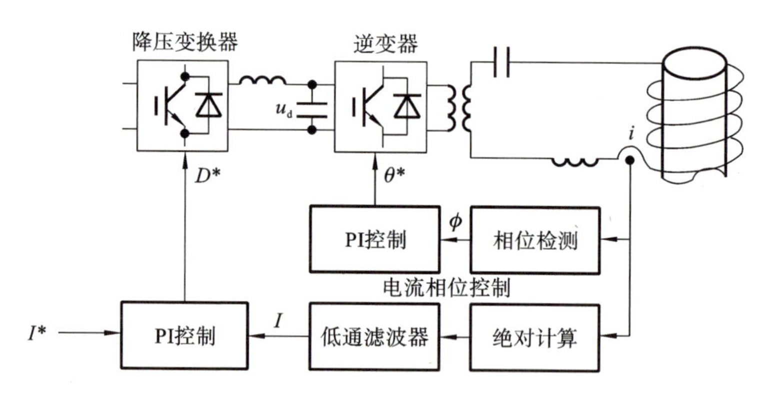

图2-77 感应器电流控制电路

负载自适应能力是感应加热未来面临的问题之一,目前已经提出了一些解决方案,如家用电磁炉温度的自适应慢煮控制方法。该方法中,参数在线更新取决于多模型重置观测器(multiple-model reset observer, MMReO)提供的估计。多模型重置观测器由一个重新初始化的重置观测器和多个固定的识别模型组成(见图2-78)。此外,设计师还设计了一种基于固定鲁棒定量反馈理论的控制器,实现了快速加热和精确温度控制。

除了所有的单相架构,多相或多线圈的结构可能有助于增加灵活性或功率,甚至同时

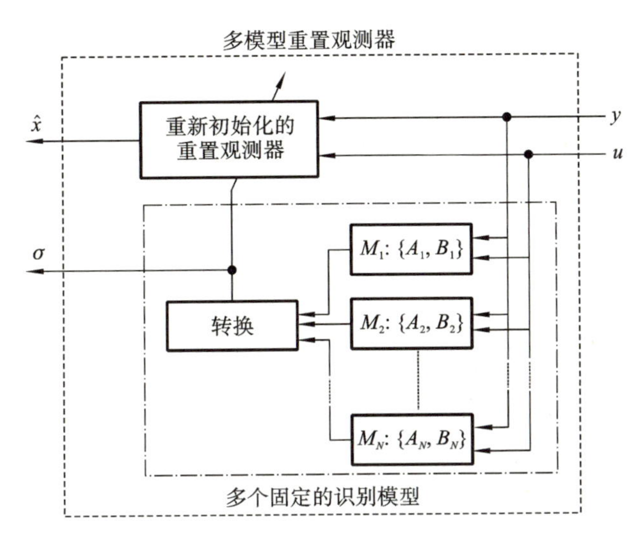

图 2-78　多模型重置观测器

增加两者。此时控制变得更加重要，这是由于线圈之间及线圈与负载之间存在耦合效应，无论构型如何，无论是横向磁通还是纵向磁通，电流必须在形式、振幅和相位上得到完美控制。此外，由于负载特性随温度的变化而变化，控制器的任务变得繁重。因此，有学者提出了区域控制感应加热(ZCIH)多线圈系统，该系统实际上采用的是一种基于电路模型的电流控制方法，采用实部和虚部电流/电压分量来代替传统方法中的电流振幅和相位角控制。状态反馈解耦在每个相位上提供了高动态的单独电流控制，但由于大量的高秩矩阵变换，计算量较大。在这种不需要 DC-DC 变换器的应用中，多个电流保持同相。

为获得恰当的动态特征，我们可对感应器电流进行谐振控制。由于高度精简了电力电子结构，在具有横向磁通结构的多线圈感应加热系统中，必须精确控制信道状态信息(CSI)馈入电流的振幅和相位。创新之处在于控制电流相位以适应金属加热处理所需的温度曲线。在多线圈感应加热系统的每个相位上都采用了谐振控制器，以实现非常快速和精确的控制。其他相位的电流被认为是由每个谐振控制器补偿的扰动。

所有这些调制和控制算法均采用模拟或数字技术。目前，由于存在可配置性与性能方面的优势，数字技术常用数字信号处理器(digital signal processors，DSP)或现场可编程门阵列(field-programmable gate arrays，FPGA)。

2.9　感应加热的应用和挑战

在感应加热的众多应用中，工业、家庭和医疗领域最为重要。

2.9.1 工业领域

感应加热的工业应用始于 20 世纪初的金属熔融，后来扩展到汽车和飞机工业。目前的应用已经扩展到许多制造过程，包括预加热和后加热、熔融、锻造、表面处理、密封、黏合、退火和焊接等。

感应加热的使用提高了过程的速度、精度、效率和可重复性，这些都是工业过程自动化所需的关键特性。图 2-79 显示了用于接头硬化的完整感应加热装置。其他工业应用可分为高功率水平[见图 2-80(a)和图 2-80(b)]和低功率水平[见图 2-80(c)和图 2-80(d)]。图 2-80(c)所示为通过感应加热待黏合的金属工件来加速黏合剂的聚合，温度要求一般较低(150～300 ℃)。图 2-80(d)所示为一种密封食品罐铝盖的方法。铝膜的感应加热提高了与罐体接触的盖一侧的产品密封温度。

图 2-79　感应加热的工业应用：汽车工业中的感应加热接头硬化设备

根据最终应用和加热材料的不同，功率变换器的工作频率有很大不同，从用于高功率系统的几赫兹(如典型的金属熔融)到用于表面热处理的数百千赫甚至更高。工业加热转换器中使用的半导体是可控硅，工作频率可达 3 kHz，额定功率为数兆瓦；通常使用的 IGBT 的工作频率可达 150 kHz，额定功率高达 3 MW。MOSFET 用于更高频率，可达数百千赫，输出功率低于 500 kW。图 2-81 总结了根据开关频率、功率水平和谐振电路类型(串联或并联)划分的半导体器件使用区间。

某些应用需要更先进的拓扑结构，旨在改善加热特性或扩展到新的应用领域。以双频发生器为例，其可以依次或同时为电感器提供两个不同的频率(见图 2-82)，以实现不同的趋肤深度。一个频率通常设置在中频范围(3～10 kHz)，另一个频率设置在高频范围(200～400 kHz)。这些类型的发生器用于硬化具有不规则表面几何形状的工件，如齿轮。

值得注意的是，工业感应加热系统的控制和互用性极其重要。一方面，必须精确控制功率变换器的运行，以得到所期望的结果。另一方面，感应加热系统必须使用工业协议(如 PROFINET、INTERBUS、PROFIBUS 等)连接到完整的装配线。

2.9.2 家用领域

感应加热在家用领域的应用主要是感应加热电器。感应加热炊具不仅可以缩短加热

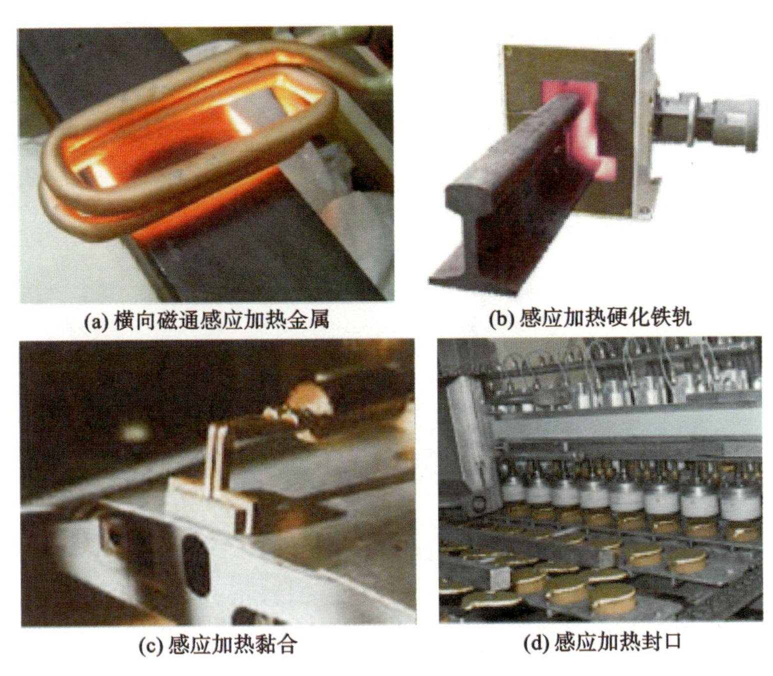

图 2-80　感应加热应用举例

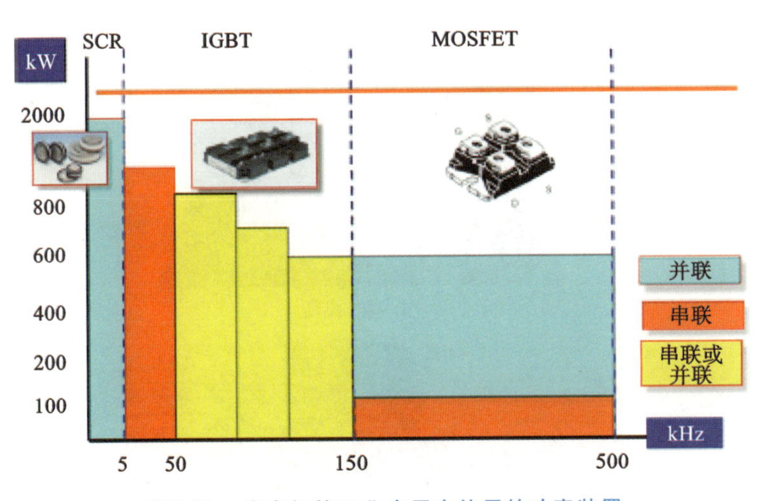

图 2-81　感应加热工业应用中使用的功率装置

时间和提高效率，而且表面温度更低，这意味着更加安全和清洁——因为食物不会被烧焦。

图 2-83 显示了感应加热电器的主要结构和电感器系统的细节。该应用的主要特点是扁平紧凑设计和高度可变的感应加热目标，形状、材料和位置可以很容易改变。由于冷却能力有限，效率也是一个关键的设计参数。出于这个原因，人们付出了很大的努力来提高功率变换器和电感器的效率。

目前，在感应加热家用电器中存在两种技术趋势。两者都遵循图 2-84 所示的功率变换图，但逆变器拓扑结构不同。欧美国家的设计通常规定输出功率不超过 4 kW，功率变换器拓扑结构通常选择串联谐振半桥逆变器。相比较而言，亚洲国家的家电通常设计为 2

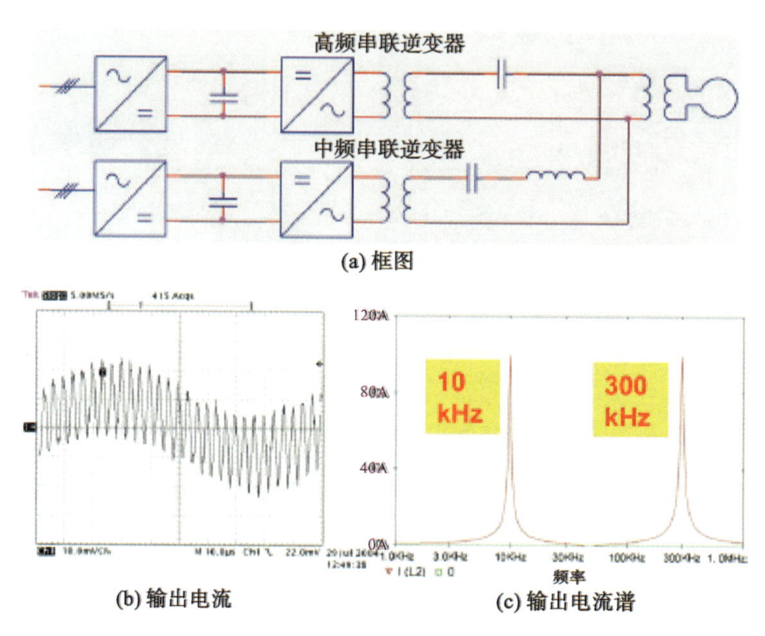

(a) 框图

(b) 输出电流　　(c) 输出电流谱

图 2-82　双频感应加热发生器

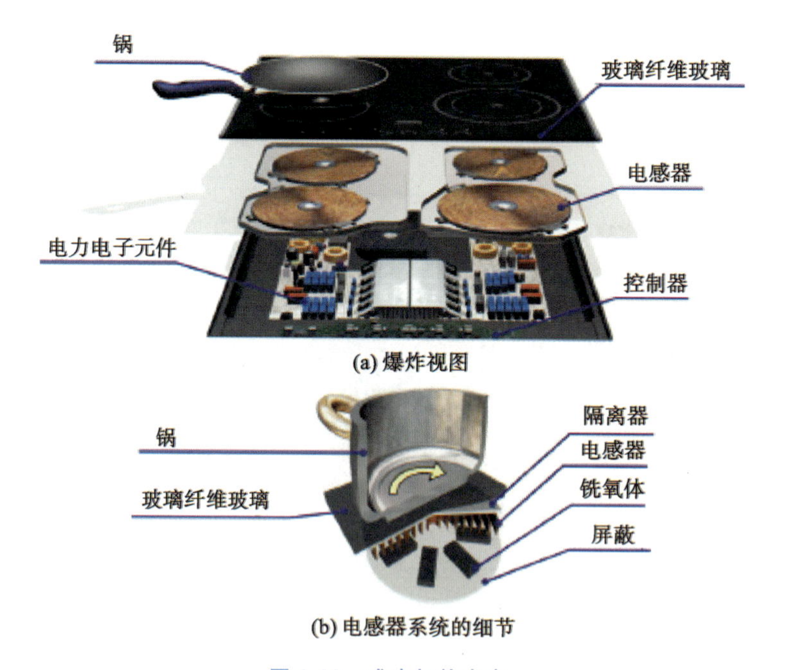

(a) 爆炸视图

(b) 电感器系统的细节

图 2-83　感应加热家电

kW 输出功率，首选拓扑结构是 ZVS 单开关谐振逆变器。考虑到输出功率和成本限制，开关频率通常为 20～100 kHz。设置下限是为了避免在家用中产生噪声，设置上限是由功率器件的开关损耗决定的。

这些家电还采用了先进的控制技术，包括智能锅识别和自适应控制策略，不仅可以控制输出功率，还可以控制锅的温度。它为用户提供了传统炊具无法实现的高级功能，显著

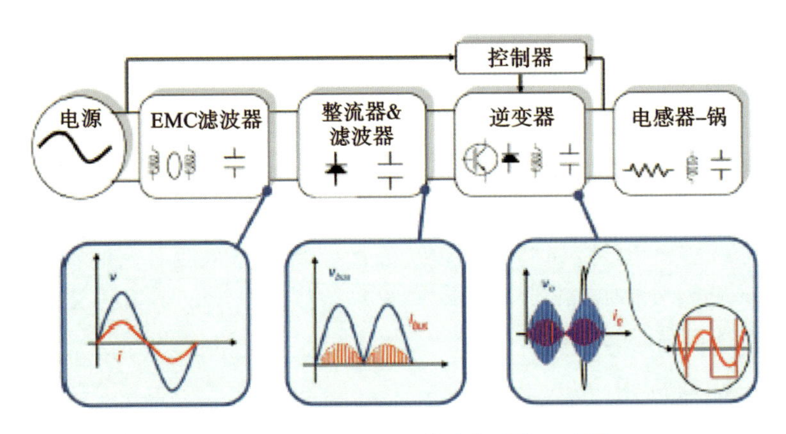

图 2-84　感应加热家电的功率变换示意图

提高了用户体验。

2.9.3　医疗领域

如今,感应加热技术的第三大应用领域与医疗有关。最初,感应加热被应用于许多手术器械的制造和灭菌——因为它能提供清洁、快速和便携的热源。近年,感应加热也被引入一些微创治疗中。

热疗是一种基于目标肿瘤加热温度超过 50 ℃的癌症疗法。这种局部治疗可以去除癌组织,同时最大限度地减少对周围健康细胞的损害。因此,感应加热是热疗治疗的一个很好的替代方案——因为它是一种非接触式加热技术(侵入性较小)并能实现准确的功率控制。为了精确地将能量传递到肿瘤,通常在待治疗的区域放置铁磁性材料。现代研究的趋势是研究使用带有铁磁性纳米颗粒的流体来获得精确的热分布。这些技术需要设计精确的功率变换器和控制,并设计特殊的电感器。由于医疗应用中的感应加热负载具有典型的低电阻率特性,因此采用并联谐振逆变器来最小化通过逆变器的电流。此外,将工作频率设置为 300 kHz 至数兆赫可以获得适当的等效电气参数,通常可采用 MOSFET 功率器件。

未来的研究包括更精确和均匀地加热、癌细胞和周围组织的温度监测,以及将这项技术与其他治疗方法结合起来以改善效果。

2.9.4　感应加热未来的挑战

虽然感应加热系统已经达到一定的成熟度,但仍有一些问题需要解决,以进一步提高其性能。此外,技术和应用的进步不断开辟新的研究趋势和工业兴趣点。在许多感兴趣的主题中,预计未来将在以下方面做出尝试。

2.9.4.1　高效率感应加热系统

半导体技术的改进和宽带隙器件的发展,以及先进的拓扑结构,使设计更高效率的系统成为可能。这样的系统不仅具有更高的效率,而且性能和可靠性也得到了改善。

2.9.4.2　多线圈感应加热系统

多线圈感应加热系统提供更高的灵活性、更优的性能和热分布,对于一些高精度、具有灵活性的工业和家用设备是必不可少的。这些系统代表了感应加热技术的重大突破，需要开发多输出功率变换器、先进的控制技术以及具有高度耦合效应的特殊电感。

2.9.4.3 先进控制系统

感应加热系统需要稳固的控制算法来适应功率变换器对不同感应加热负载和工作点的操作。目前的研究方向是利用自适应算法和实时识别系统来提高系统性能。这是多线圈系统的关键问题之一，也是实时温度测量、最优控制和稳定性研究的关键问题之一。广义平均方法(generalized averaging methods)和包络模型(envelope models)将有助于确定这些系统的电流暂态特征。

2.9.4.4 特殊应用

虽然许多工业和家用中的工艺参数已经众所周知，但仍有一些应用需要进一步研究和优化以找到可行的解决方案。在这些特殊应用中，以下方面值得重视：低电阻率材料的加热、用于医疗应用的生物组织的精确加热、针对复杂感应加热负载几何形状的感应加热系统的更快设计，以及完整感应加热系统的精确三维有限元模拟。

参考文献

[1] RUDNEV V, LOVELESS D, COOK R L. Handbook of induction heating[M]. 2nd ed. CRC Press, Taylor & Francis Group, 2017.

[2] LUCÍA O, MAUSSION P, DEDE E J, et al. Induction heating technology and its applications: Past developments, current technology, and future challenges [J]. IEEE TRANSACTIONS ON INDUSTRIAL ELECTRONICS, 2014, 61: 2509-2520.

[3] HAIMBAUGH R E. Practical induction heat treating [M]. 2nd ed. ASM International, 2015.

[4] Guide to induction coil design [J/OL]. Ambrell Corporation, 2019. www.ambrell.com/learn/induction-coil-design.

[5] ZINN S, SEMIATIN S L. Elements of induction heating-design, control, and applications[M]. ASM International, 1988.

[6] DAVIES E J. Conduction and induction heating [M]. Peter Peregrinus Ltd, 1990.

[7] RAPOPORT E, PLESHIVTSEVA Y. Optimal control of induction heating processes[M]. Taylor & Francis Group, LLC, 2007.

第三章

电磁感应加热卷烟技术

3.1　加热卷烟发展概述

3.1.1　加热卷烟产品概述

近年，随着全球控烟形势的日趋严峻和消费者健康意识的逐步提升，传统卷烟的发展受到了越来越多的制约，低危害新型烟草制品的研发已逐渐成为中国烟草行业顺应发展新潮流、开创发展新机遇、谋求发展新动力、拓展发展新空间的必然选择。目前，市面上最具有代表性的新型烟草制品主要包括电子烟、加热不燃烧卷烟和无烟气烟草制品三大类。其中，加热不燃烧卷烟也称为加热卷烟，作为传统卷烟的有益补充和战略性储备，凭借自身非燃烧、低危害，以及在生理感受、心理感知和吸食方式等方面与传统卷烟比较接近等特性，在世界范围内掀起了消费热潮，并已成为世界烟草市场的重要组成部分和各国烟草公司的战略发展重点。

3.1.1.1　加热卷烟发展简史

加热卷烟利用外部热源加热特制烟草，以产生烟草风味气溶胶，加热温度远低于传统卷烟的燃烧温度（600～900 ℃），有效减少了因烟草高温燃烧热裂解和热合成产生的有害成分，同时使侧流烟气和环境烟气释放量也大幅降低。加热卷烟发展历程简史见图 3-1。最早的加热卷烟产品可追溯到 1988 年美国雷诺烟草（RJ Reynolds Tobacco，RJR）推出的碳加热卷烟产品 Premier，其采用常规“三段式结构”，包括燃料段、发烟段和滤嘴段。燃料段内含高纯碳质热源，并使用玻璃纤维作为隔热层；发烟段为二元复合烟草段，前半段受热提供烟气，后半段冷却降低烟气温度。整支烟通过燃料段中的一根用玻璃纤维绝缘的炭质热源棒加热。Premier 上市后举步维艰，由于操作不便、口感不佳等问题，上市不到一年就退出了市场。在雷诺烟草研究碳加热卷烟的同时，菲莫国际(Philip Morris International，PMI)探索出了一条不同的发展路径。1998 年，菲莫国际采用电加热技术路线，发布了世界上第一款分片式周向电加热卷烟 Accord。菲莫国际在蓄势多年后，在 2014 年正式推出了可量产的片式中心电加热卷烟产品 IQOS，产品体验实现了质的提升，市场渗透率迅速增长。随后，国际烟草巨头纷纷开始入局，助力电加热卷烟产品的迭代与成熟。2015 年和 2016 年，英美烟草相继首发了“电子烟＋烟草薄片丝”混合型电加热卷烟产品 iFuse 和上下分段式周向电加热卷烟产品 Glo。2017 年，韩国烟草(Korea Tobacco and Ginseng Corporation，KT&G)推出了全球首款基于棒式加热元件的中心加热卷烟产品 Lil。菲莫国际、英美烟草和韩国烟草等的电加热卷烟产品都以电阻加热方式为开端，为了实现更高效地加热和更精准地控温，以进一步提升热能利用效率、烟气稳定性、温度控制与烟气释放匹配度以及用户体验感，跨国烟草公司的核心产品逐渐从电阻加热向电磁感应加热迭代，并陆续推出了 Glo Hyper、Lil Solid 和 IQOS Iluma 等电磁感应加热卷烟产品。近年，加热卷烟在全球范围内快速成为非烟草企业竞相涌入的新领域，而各大烟草企业也通过收购或自主研发方式纷纷加大对加热卷烟的投入力度，国内外加热卷烟发展迅速、市场持续增长，加热卷烟行业进入加速快跑阶段。

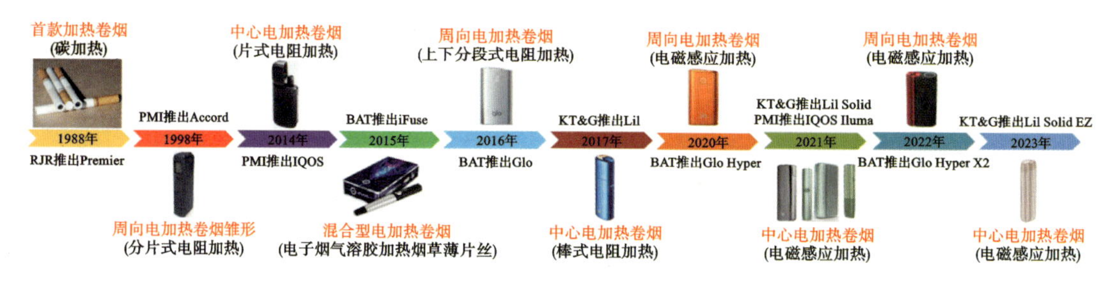

图 3-1　加热卷烟发展历程简史

3.1.1.2　加热卷烟产品分类

加热卷烟自问世至今，经过 30 多年的发展。随着新技术、新材料和新工艺的不断应用，各式各样的加热卷烟产品如雨后春笋般层出不穷，且形态各异、设计多样。但总体来说，模仿吸烟方式、释放汽化烟雾、维持吸烟感觉是各类型加热卷烟的共同特征，外观造型、内部结构及性能优化是产品更新换代的主要关注点。通过前期技术调研和产品剖析发现，加热卷烟按照加热原理的不同，大致可分为电加热卷烟、燃料加热卷烟和理化反应加热卷烟三种类型。

1. 电加热卷烟

电加热卷烟，主要包括中心电加热卷烟、周向电加热卷烟和混合型电加热卷烟三种。中心电加热卷烟和周向电加热卷烟通常由烟具和烟支两部分组成，烟具采用以电阻、电磁、红外、微波和激光等为热源的加热方式，其中应用最为广泛的是电阻加热，其次为电磁感应加热，红外加热、微波加热和激光加热等的应用尚处于发展阶段。混合型电加热卷烟是电子烟与烟草薄片丝、加热卷烟烟支或烟草粉末等的组合式产品。

(1)中心电加热卷烟。

国际烟草公司中心电加热卷烟产品总览见图 3-2。菲莫国际是最早进行中心电加热卷烟研发的公司，传统的 IQOS 机型（IQOS 2.2、IQOS 2.4、IQOS 3.0、IQOS 3.0 Multi 和 IQOS 3.0 Duo）将 HEETS、Marlborn 或 Parliament 烟支嵌入烟具主体之后由主体内的加热片将烟支加热到最高 350 ℃以释放烟草蒸汽；全新的 IQOS Iluma 机型将加热片从烟具上去除，使用烟具内置电磁感应加热系统和 TEREA 烟支内置金属片的协同作用来产生烟雾。韩国烟草主打基于棒式加热元件的电加热卷烟，旗下产品包括采用电阻加热技术的 Lil、Lil Plus 和 Lil Mini，以及采用电磁感应加热技术的 Lil Solid。帝国烟草的电加热卷烟产品 Pulze 通过棒式电阻加热元件实现 iD 烟支的加热，具有高温（345 ℃）和低温（315 ℃）两种模式。

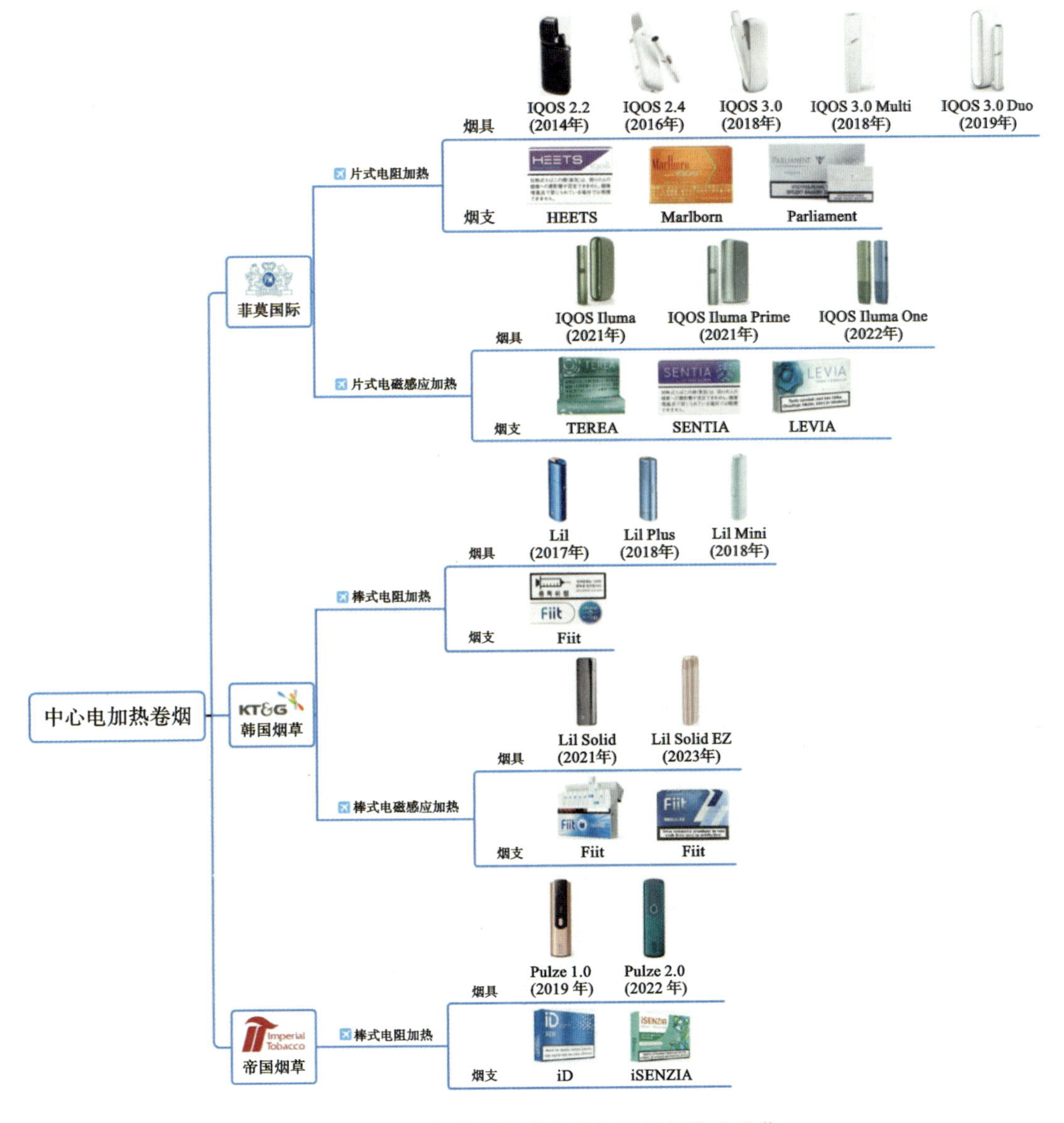

图 3-2　国际烟草公司中心电加热卷烟产品总览

(2)周向电加热卷烟。

周向电加热卷烟以菲莫国际、英美烟草、日本烟草和韩国烟草的产品为主要代表,如图3-3所示。周向电加热卷烟产品的雏形采用多个铁铝合金分片进行加热,由菲莫国际率先推出,包括1998年的初代款Accord和2006年的升级款Heatbar。2022年,菲莫国际从全球排名第一的加热烟草系统IQOS中解锁了经济实惠的无刀片电阻式周向加热技术,在菲律宾推出了新的周向电加热卷烟烟具Bonds by IQOS和配套烟支Blends。周向电加热卷烟可以说起源于菲莫国际,但真正意义上推动其快速发展的是英美烟草。2016年,英美烟草推出了支持纵向分段式电阻加热技术的周向电加热卷烟产品Glo,并陆续发售了Glo Series、Glo Series Mini和Glo Nano等迭代产品。2019年,英美烟草对周向电加热卷烟烟具加热技术进行了优化升级,并相继推出了基于电磁感应加热技术的周向电加热卷烟产品Glo Pro、Glo Hyper、Glo Pro Slim、Glo Hyper Plus和Glo Hyper X2等。除了菲莫国际和英美烟草,日本烟草在周向电加热卷烟产品方面也进行了深度布局,于2018年和2021年

图3-3 国际烟草公司周向电加热卷烟产品总览

分别推出了 Ploom S 和 Ploom X。Ploom X 采用全新 “HeatFlow”技术，最高加热温度可达约 295 ℃，相较于 Ploom S 缩短了等待时间，同时提升了加热效果和续航能力。2022 年，韩国烟草也推出了电磁感应周向电加热卷烟产品 Lil Aible 和匹配烟支 AIIM，Lil Aible 的最大亮点在于搭载了人工智能技术，可以自动检测周围的温度和湿度，并将自身加热到最佳温度。

(3)混合型电加热卷烟。

混合型电加热卷烟基于香味协同原理，将电子烟与烟草薄片丝、加热卷烟烟支或烟草粉末有机结合，实现多维气溶胶互融，以达到在线增香混香的目的，如图 3-4 所示。英美烟草的 Glo iFuse 和 Glo Sense 产品，以及日本烟草的 Ploom Tech 和 Ploom Tech⁺ 产品的加热机理类似，即通过电子烟雾化产生的气溶胶实现增香烟草薄片丝或粉末的低温加热。韩国烟草在混合型电加热卷烟领域另辟蹊径，推出的 Lil Hybrid 和 Lil Hybrid 2.0 是电子烟与加热卷烟的结合体，其电子烟雾化和加热卷烟烟支加热采用双路独立控制。

图 3-4　国际烟草公司混合型电加热卷烟产品总览

2. 燃料加热卷烟

燃料加热卷烟主要包含燃料加热段和烟草段两部分，是通过燃料燃烧的加热方式对烟草段进行加热，使其中的物质挥发产生烟气来满足吸烟者需求的一种加热卷烟产品，使用方式更接近传统卷烟。其中加热段主要使用的燃料有固态碳质、液态碳氢化合物、气态丙烷等材料，以固体碳质燃料应用最为广泛。雷诺烟草 1988 年上市的世界首款加热烟草制品 Premier(见图 3-5)和 1995 年上市的 Eclipse 均属于燃料加热型烟草制品。为了迎合大众对传统吸烟替代方法日益增加的需求，应对菲莫推出的 IQOS 电加热卷烟，雷诺烟草对 Eclipse 进行了重新定位，并先后推出了 REVO 和 CORE 两款产品。菲莫国际和日本烟草也推出过类似的碳加热卷烟产品(TEEPS 和 AIRS)，但产品竞争力不足，市场反响平平。国际烟草公司燃料加热卷烟产品总览见图 3-6。

3.1.1.3　加热卷烟市场态势及监管情况

1. 全球新型烟草市场规模

2020 年，全球新型烟草制品的总零售额达到 567.7 亿美元，年增长率为 14.2%，连续

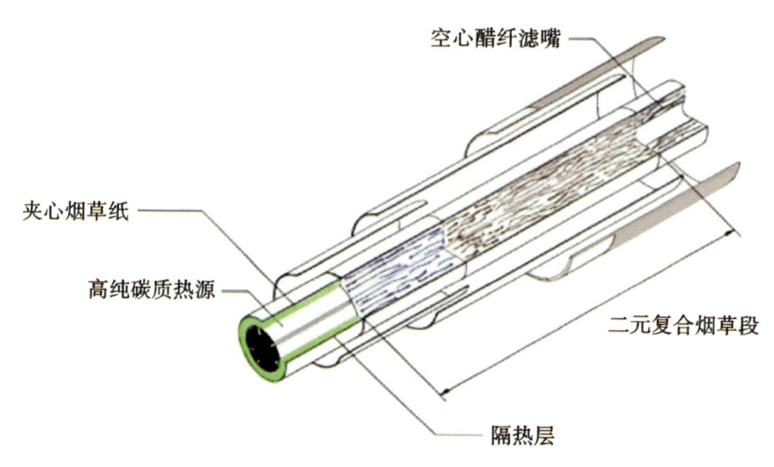

图 3-5　碳加热卷烟产品基本结构图

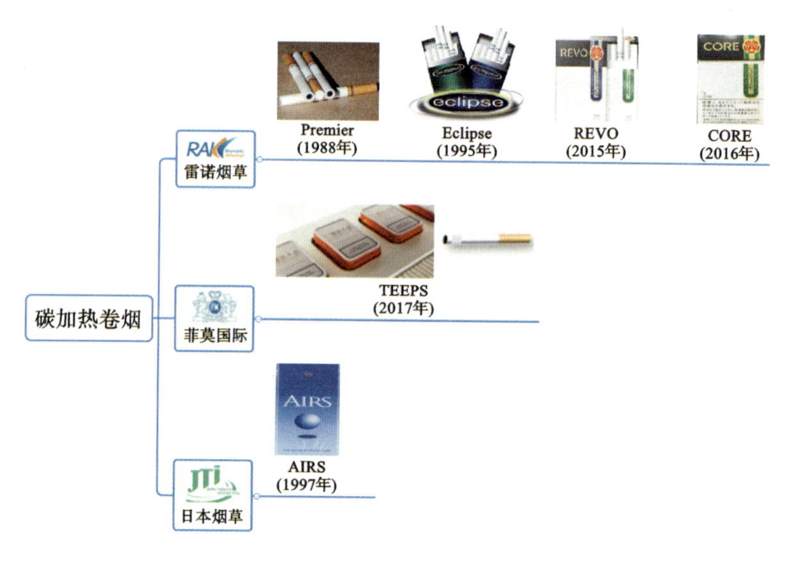

图 3-6　国际烟草公司燃料加热卷烟产品总览

第二年增速放缓。但在 2016 年到 2020 年间，新型烟草制品零售额的复合年增长率约为 25.4%，仍远高于卷烟、烟丝和雪茄等传统烟草制品。随着市场的发展，各国对新型烟草制品的监管也随之加强，税收标准逐渐提高，预计在 2021 年到 2025 年间，新型烟草制品市场将维持相对平稳的增速，不考虑通胀和汇率变化的影响，预计复合年增长率将在 15.2%左右，并将在 2024 年突破 1000 亿美元，于 2025 年达到 1179.9 亿美元的市场规模，如图 3-7 所示。

2. 加热卷烟市场规模、占比和增速

加热卷烟是过去几年里新型烟草各细分品类中增长最为迅猛的品类，2016 年至 2020 年间年复合增长率为 100.1%，在 2020 达到了约 207.8 亿美元的零售额，并将在未来几年取代电子烟成为新型烟草制品的最大品类。目前，加热卷烟已进入相对平缓的增长期，

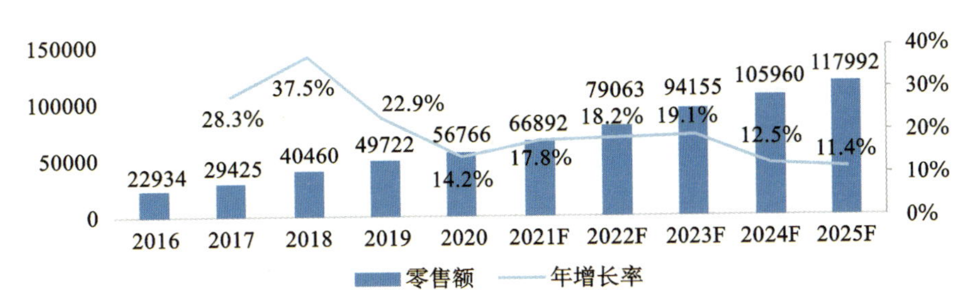

图 3-7　全球新型烟草制品零售额(单位:百万美元)与年增长率

2020 年增速为 30.2%。预计 2021 年至 2025 年间加热卷烟市场的年复合增长率将在 20.3%左右,并于 2025 年达到约 552.9 亿美元的年零售额,如图 3-8 所示。

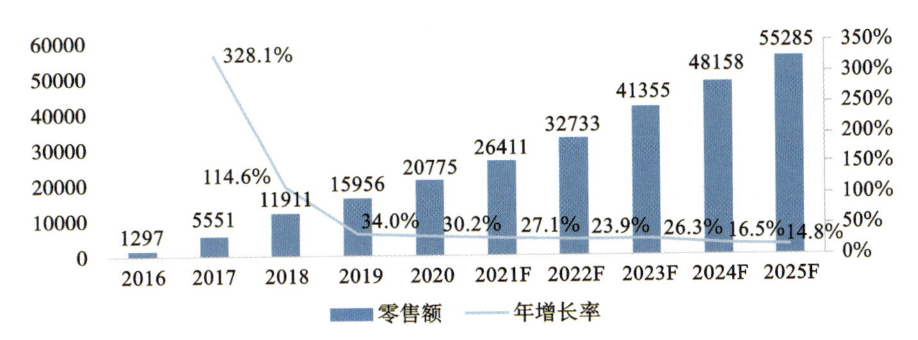

图 3-8　全球加热卷烟产品零售额(单位:百万美元)与年增长率

3. 加热卷烟主要消费区域

加热卷烟产品是亚太市场上零售额最大的新型烟草制品。2020 年,亚太地区的加热卷烟产品市场零售额达到 115.5 亿美元,占据亚太新型烟草市场 78.7%左右的市场份额。西欧在品类上以电子烟为主,但由于受到加热卷烟产品迅猛发展的影响,2020 年,电子烟占西欧新型烟草市场的比例同比下降了约 10 个百分点。预计未来,加热卷烟产品的发展将持续影响电子烟的市场占有率。东欧在全球新型烟草消费市场中占的比重正逐步升高,三类新型烟草制品总零售额占全球市场比例约 10.5%。东欧将成为全球新型烟草市场增长最迅速的地区,2021 年至 2025 年间将迎来约 30%的年平均增长,到 2025 年将达到约 165.7 亿美元的零售额,在全球市场的占比也将提升到 14%。加热卷烟是东欧市场上零售额最大的品类,2020 年零售额达 44.2 亿美元,占东欧总市场比重高达 74.3%。东欧也是加热卷烟全球市场中仅次于亚太的第二大地区。值得注意的是,随着加热卷烟在各国市场的逐步盛行,预计到 2025 年,加热卷烟全球市场将迎来亚太、西欧、东欧三足鼎立的格局,如图 3-9 所示。

4. 加热卷烟监管

相较于电子烟,加热卷烟产品起步较晚,进入市场的品牌较少,各国监管法规有待完善。加热卷烟在烟草成分、抽吸方式、口感体验等方面接近传统卷烟,因此各国将加热卷烟作为烟草制品监管,部分国家禁止销售,见表 3-1。

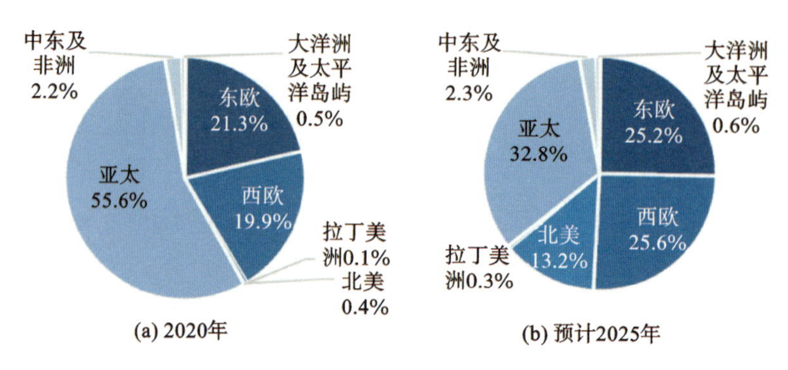

图 3-9　全球加热卷烟产品零售额

表 3-1　各国对加热卷烟的管控情况(截至 2021 年 11 月)

监管措施	国家或地区
视为烟草制品	奥地利、比利时、加拿大、哥伦比亚、捷克、芬兰、法国、爱尔兰、德国、意大利、日本、美国、波兰、西班牙、荷兰、以色列、哈萨克斯坦、韩国、塞尔维亚、摩纳哥、罗马尼亚、葡萄牙、瑞士、瑞典、英国等
禁止销售	澳大利亚、中国等

日韩市场是加热卷烟的先发市场，政府政策相对宽容。英美市场尚处于起步阶段，政府态度相对开放，只要产品确定减害且影响小即可通过，后期推行具体看产品是否符合用户消费习惯。2019 年 FDA 授权菲莫国际在美国市场销售 IQOS，2020 年 7 月，IQOS 通过了 MRTP 审核，成为第一个在美国市场上市的加热卷烟产品。英国已将加热卷烟作为一个新的分类纳入烟草税收体系。2020 年 5 月，英国上调加热卷烟产品税费，提升至 243.95 英镑/公斤。2017 年，国家烟草专卖局制定下发了《关于开展新型卷烟产品鉴别检验工作的通知》，因加热卷烟全部或部分以烟丝为原料，并且以包裹烟丝的形式制成，将 IQOS、Glo、Ploom 和 REVO 等四种类型的新型卷烟产品纳入卷烟鉴别检验名录。2017 年，国家烟草质量监督检验中心对相关单位送检的 IQOS 适配烟支样品成分进行了鉴别检验，判定烟支样品含有烟草特征成分，填充物由烟叶制成。因此，IQOS 加热卷烟产品属于烟草制品，属于《中华人民共和国烟草专卖法》的监管对象。2021 年，为加强电子烟等新型烟草制品监管，国务院决定对《中华人民共和国烟草专卖法实施条例》做如下修改：增加一条，作为第六十五条——“电子烟等新型烟草制品参照本条例卷烟的有关规定执行”。因此，中国暂时没有允许任何企业生产、销售和进口加热卷烟。值得一提的是，随着符合各国国情的新型烟草制品监管措施的制定与推行，国内外市场势必会朝着法治化、规范化、科学化发展轨道迈进，加热卷烟未来将拥有广阔的发展空间和市场前景。

3.1.2　加热卷烟加热技术概述

3.1.2.1　加热技术现状分析

根据前文所述，加热卷烟按照加热原理的不同大致可分为电加热型(如电阻加热、电磁感应加热和红外加热等）、燃料加热型（如固态、液态和气态燃料加热等）和理化反应加热型（如化学反应和物理结晶加热等）3 种。其中电加热卷烟，尤其是中心和周向电加热卷烟作为新近崛起的产品极具发展潜力，并已逐渐发展成为全球市场的主流。下面主要围绕中心和周向电加热卷烟的加热技术现状进行分析。

加热技术是电加热卷烟的核心，其加热性能的优劣直接影响用户的抽吸体验和安全健康状况。一款品质卓越的电加热卷烟，需要性能出众的加热技术作为保障。自 1998 年菲莫国际的电加热卷烟产品 Accord 面市至今，电加热卷烟得到了迅速发展。目前市场上的竞争性产品主要包括菲莫国际的 IQOS 系列、英美烟草的 Glo 系列、韩国烟草的 Lil 系列、日本烟草的 Ploom 系列和帝国烟草的 Pulze 系列。通过产品剖析发现，国际烟草巨头旗下的电加热卷烟产品以电阻加热和电磁感应加热为主。

中心电加热卷烟的主流加热技术如图 3-10 所示。片式和棒式电阻加热通常以陶瓷厚膜片[见图 3-11(a)]或圆柱状加热棒[见图 3-11(b)]作为加热元件，并对插入的加热卷烟烟支进行中心加热。加热元件通过在氧化锆陶瓷基片或基棒上印制银浆、银钯浆、铂金浆或合金浆料等金属电阻浆料形成发热电路，并经高温烘烧而得。片式电磁感应加热以菲莫国际的 IQOS Iluma 产品为代表，将铁磁性金属感应芯[见图 3-11(c)]内置于烟支，并基于电磁能量耦合作用实现烟支加热。棒式电磁感应加热的铁磁性金属棒[见图 3-11(d)]与烟支采用分离式设计。

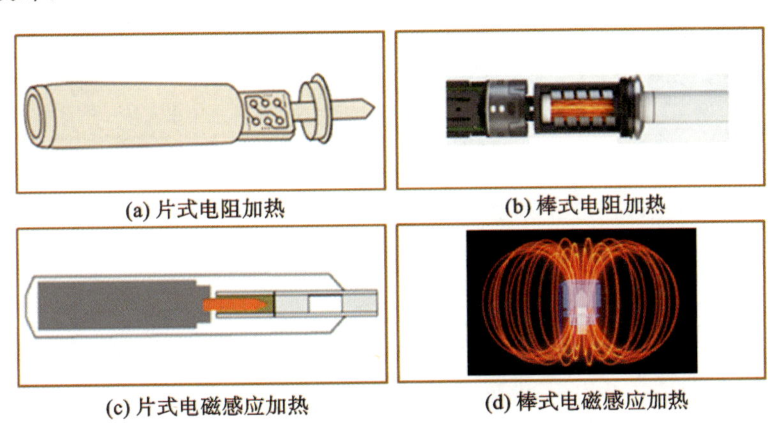

(a) 片式电阻加热　(b) 棒式电阻加热　(c) 片式电磁感应加热　(d) 棒式电磁感应加热

图 3-10　中心电加热卷烟的主流加热技术

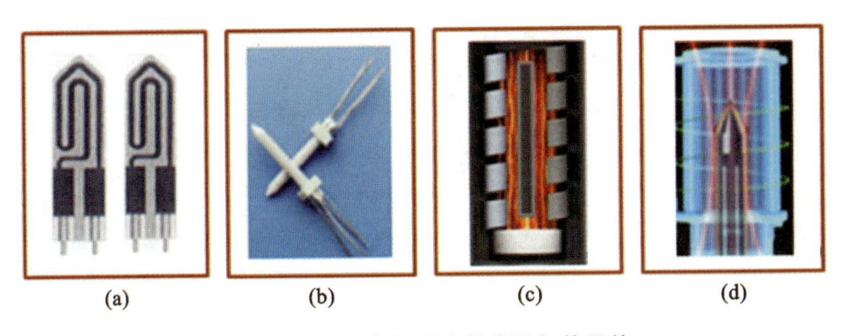

(a)　(b)　(c)　(d)

图 3-11　中心电加热卷烟常见加热元件

周向电加热卷烟的加热技术见图 3-12。周向电加热卷烟起初采用分片式电阻加热元件，多个片式加热元件围绕烟支进行外部加热，且每个加热片可独立控制，以菲莫国际的 Accord 产品为代表。纵向分段式电阻加热技术由英美烟草提出，是目前市售周向电加热卷烟产品主要采用的电阻加热技术，加热元件包括金属管外包柔性电路膜的加热元件[见图 3-13(a)]、陶瓷管表面印制发热电路的加热元件[见图 3-13(b)]和金属管表面印制发热电路的加热元件[见图 3-13(c)]。电磁感应加热技术通过电磁线圈产生交变磁场，并基于电磁线圈与铁磁性管状加热元件[见图 3-13(d)]的涡流效应实现烟支周向加热。

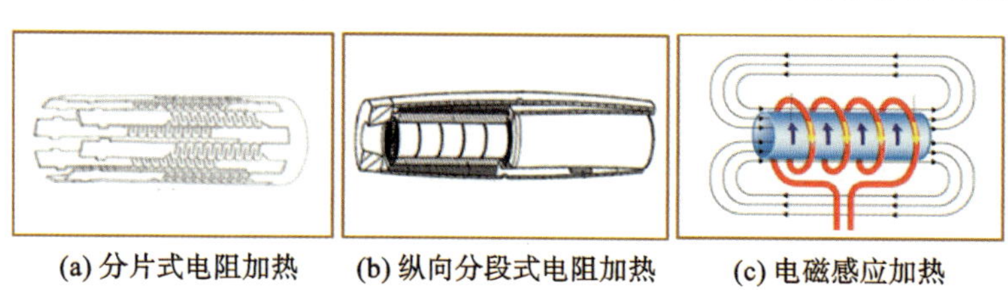

(a) 分片式电阻加热　(b) 纵向分段式电阻加热　(c) 电磁感应加热

图 3-12　周向电加热卷烟的加热技术

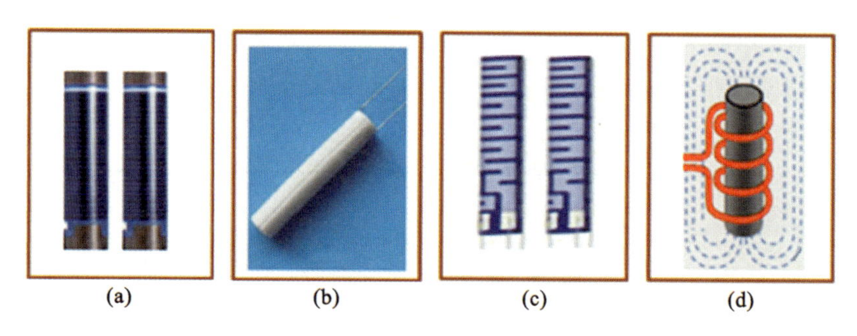

(a)　(b)　(c)　(d)

图 3-13　周向电加热卷烟常见加热元件

总体来说，无论是电阻加热还是电磁感应加热，中心电加热卷烟的加热技术将热量从加热卷烟烟支内部向外周传导[见图 3-14(a)和图 3-14(b)]，烟具热利用效率高且加热速率快，但普遍存在如下缺点：靠近热源部分的烟芯由于受热过度极易出现碳化的现象，远离热源部分的烟芯因为加热不充分易导致香气及有效成分释放量不足，如图 3-15 所示。周向电加热卷烟的加热技术将热量从加热卷烟烟支外周向内部传导[见图 3-14(c)]，不可避免地存在热量向外侧扩散的问题，导致烟具热利用效率低、加热速率慢。与此同时，周向电加热卷烟也存在与中心电加热卷烟类似的技术缺陷。此外，两种电加热卷烟所依托的加热技术还存在如下共性问题：核心专利均由国外烟草公司掌控，具有较大的知识产权侵权风险。

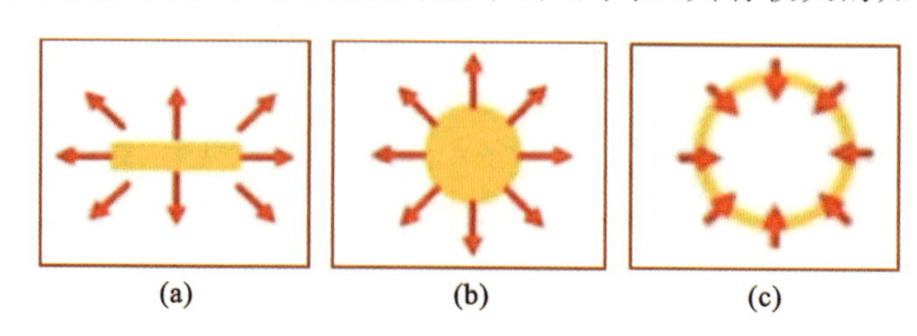

(a)　(b)　(c)

图 3-14　电加热卷烟热量传播方式

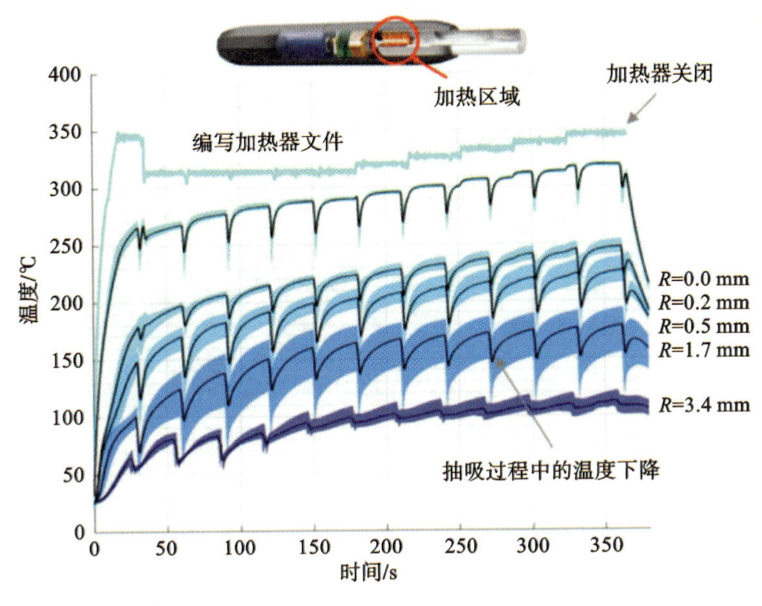

图 3-15　菲莫国际 IQOS 系列产品热场分布图

为了掌握新兴产业发展主动权，应对日趋激烈的国际市场竞争，助推中国烟草行业的持续健康发展，国内以上海院、云南中烟、湖北中烟、四川中烟、湖南中烟、广东中烟、贵州中烟、安徽中烟、浙江中烟等为首的多家中烟公司积极通过自主创新、引进吸收和整合集成，紧密围绕电加热卷烟的产业前瞻与共性关键技术进行研发攻关，并以国际市场为突破口，逐步打造了一条从基础技术研发到成果转化应用、产品集成定型，再到规模化生产、品牌化经营的闭环链条。然而，值得一提的是，与菲莫国际、英美烟草、韩国烟草、日本烟草、帝国烟草等国际烟草巨头相比，由于我国烟草行业在电加热卷烟领域的研究起步较晚、发展时间不长、研究深度不够，核心加热技术仍以电阻加热和电磁感应加热为主，且基本处于模仿和跟随阶段，原创加热技术储备相对薄弱。因此，探索可突破常规电加热卷烟加热方式专利壁垒并能有效解决其技术缺陷的新型加热技术具有重要性和紧迫性。

3.1.2.2　电磁感应加热技术原理

电磁感应加热是利用电磁感应的技术原理进行加热的一项技术方法。电磁感应(electromagnetic induction)是指放在变化磁通量中的导体，会产生电动势，称为感应电动势或感生电动势。若将此导体闭合成一回路，则该电动势会驱使电子流动，形成感应电流。迈克尔·法拉第是被认定于 1831 年发现了电磁感应的人。法拉第根据大量实验事实总结出了如下定律：电路中感应电动势的大小，跟穿过这一电路的磁通变化率成正比，若感应电动势用 ε 表示，则 $\varepsilon = \frac{\Delta\Phi}{\Delta t}$，这就是法拉第电磁感应定律。

若闭合电路为一个 n 匝的线圈，则又可表示为 $\varepsilon = n\frac{\Delta\Phi}{\Delta t}$。式中：$n$ 为线圈匝数；$\Delta\Phi$ 为磁通量变化量，单位为 Wb；Δt 为发生变化所用时间，单位为 s；ε 为产生的感应电动势，单位为 V。

根据电磁感应定律，在外部磁场发生变化时，磁场中的导电材料会发生电势差变化，进而产生电流。在一个封闭回路中，往复变化磁场方向，磁场中的导电材料也会产生往复的电流，在变化的频率达到一定的水平后，这些电流会形成涡流并相互摩擦产生热量，这就是电磁感应加热。电磁感应加热设备原理图与能量转化示意图如图 3-16 和图 3-17 所示。

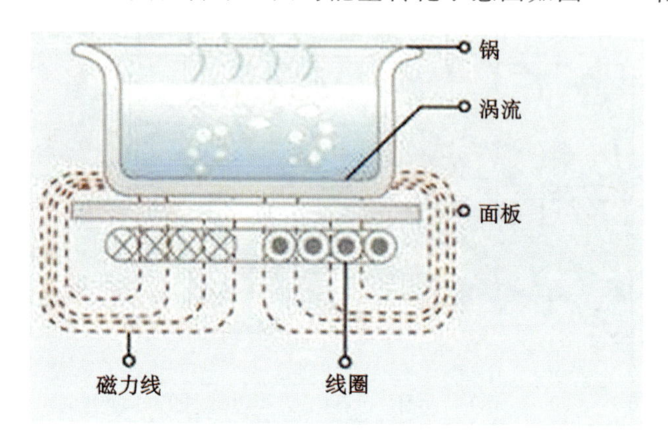

图 3-16　电磁感应加热设备原理图

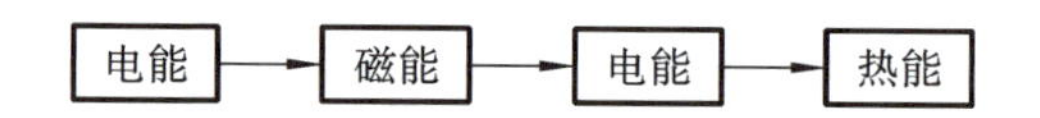

图 3-17　电磁感应加热的能量转化示意图

相对于其他加热技术，电磁感应加热具有以下优势。

(1)功率密度高，加热速度快，在加热过程中达到目标温度时间短。

(2)非接触式加热方式，操作方便、使用安全，并且被加热物体的表面氧化程度小。

(3)能量利用效率高，热转化效率可以达到 95%以上，资源浪费少，节能降耗。

(4)可以精确地控制加热区域位置。

(5)可以通过设定系统工作频率、电压、占空比等参数控制系统工作的功率，便于精确控制系统工作温度。

(6)设备结构简单、小巧、可靠性高，设备工作不会产生对人体有害、污染环境的气体，噪声污染小。

由于这些技术特点与优势，电磁感应加热技术已经在多个行业与领域使用，应用比较广泛与成熟的有以下几个领域。

(1)家用电器。电磁炉等日常加热设备由于加热效率高、使用方便已经获得了消费者的广泛认可。

(2)冶金领域。电磁加热技术用于金属的冶炼、热处理、挤压、锻造、轧制等环节，成为现代金属加工中广泛应用的技术。

(3)机械制造领域。电磁加热技术广泛用于金属的淬火、回火处理。

(4)轻工领域，如烟草原料的加工、罐头的加工、利乐枕包装的接口密封。

(5)特殊领域，如等离子发生、堆焊等。

在具体电磁感应加热装置的设计中，加热装置的效率受到多个因素的影响。当线圈流过高频交变电流时，其周围会产生交变磁场，如果该磁场靠近金属表面，则在金属中能感应出漩涡状的电流，简称涡流。涡流的大小与金属材料的导电性、导磁性、几何尺寸有关。涡流本身也会产生磁场，其强度取决于涡流的大小，其方向与线圈电流磁场相反，可以抵消部分原磁场，它与线圈磁场叠加后形成线圈的交流阻抗，导致线圈的电感量发生变化（减小）。这些涡流消耗电能，在电磁感应加热装置中，利用涡流可对金属进行加热。涡流的大小与金属的电阻率、磁导率、厚度，金属与线圈的距离，激励电流角频率等参数有关。

高频电磁感应加热方法利用电磁感应在被加热体内产生的涡流，对被加热体进行加热。将被加热体看成无数个同心圆状的电流环网路，当通过被加热体线圈的磁通增加时，就产生使它减小的方向的感生电流；当通过线圈的磁通减小时，就产生使它增加的方向的感生电流。涡流的计算公式为

$$J=\frac{\sigma}{2\pi r}\frac{\mathrm{d}\Phi_{\mathrm{m}}}{\mathrm{d}t} \tag{3-1}$$

式中：J 为以 r 为半径的圆内交变磁通在加热体表面形成的涡流；σ 为加热体金属的电导率；Φ_{m} 为半径为 r 圆内的磁通。

电磁感应加热涡流示意图如图 3-18 所示。

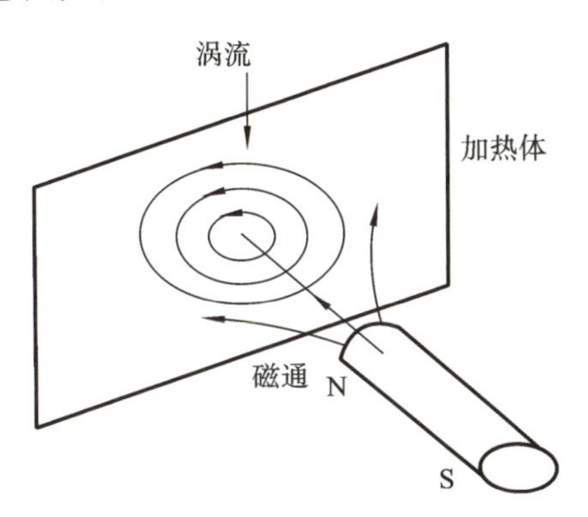

图 3-18　电磁感应加热涡流示意图

将被加热体和电磁感应加热线圈结合在一起，电磁感应加热线圈通过高频交变电流，便相当于在电磁感应加热线圈和被加热体之间形成无数个小交变磁场，这些小磁场的磁通变化，在被加热体表面产生涡流，涡流的能量转化为热能，达到加热的目的。电磁感应加热是利用电流通过线圈产生交变磁场，当磁场内磁力线通过材料局部时，磁力线被切割而产生无数小涡流，使被加热的材料局部瞬间迅速发热。由于趋肤效应，涡流分布高度集中于被加热的材料表面，而且随距表面的距离增大而急剧下降。设被加热的材料表面的感应电流强度为 I_0，沿感应透入深度方向，距离表面 x 处的感应电流强度为 $I(x)=I_0\,\mathrm{e}^{-x/\delta}$，涡流的理论透入深度为 δ，则

$$\delta=\frac{1}{2\pi}\sqrt{\frac{\rho}{\mu f}} \tag{3-2}$$

式中：ρ 为电阻率，f 为频率，μ 为磁导率。实际应用中一般认为 $I(x)$ 降至表面涡流强度的 1/e 处的深度为电流渗入深度，经过计算证明 86.5%左右的热量是发生在深度为 δ 的薄层内。磁性金属材料在感应加热过程中，ρ 随温度的上升而增大；μ 的大小在材料失去磁性前

基本不变，达到居里温度（铁为 770 ℃，中碳钢为 724 ℃）时钢材就失去磁性，μ 急剧下降为真空磁导率。随着材料温度的上升，ρ 增大，μ 下降，使涡流分布平缓，透入深度增大，并导致功率的降低。

考虑一块厚为 h、电阻率为 ρ、半径为 a 的金属圆板，置于磁感应强度为 B、随时间交变的磁场中，为了计算热功率，沿着电流方向将金属圆板分割成若干个宽度为 dr、周长为 $2\pi r$、厚度为 h 的金属薄筒，任意一个薄筒的感生电动势为

$$\varepsilon = -\frac{\mathrm{d}\Phi}{\mathrm{d}t} = -\pi r^2 \frac{\mathrm{d}B}{\mathrm{d}t} \tag{3-3}$$

薄筒的电阻为

$$R = \rho \frac{2\pi r}{h \cdot \mathrm{d}r} \tag{3-4}$$

所以薄筒的瞬时功率为

$$\mathrm{d}p = \frac{\varepsilon^2}{R} = \frac{\pi h r^3 \cdot \mathrm{d}r}{2\rho}\left(\frac{\mathrm{d}B}{\mathrm{d}t}\right)^2 \tag{3-5}$$

整块金属圆板的瞬时功率为

$$p = \int_0^a \mathrm{d}p = \frac{\pi h a^4}{8\rho}\left(\frac{\mathrm{d}B}{\mathrm{d}t}\right)^2 \tag{3-6}$$

设 $B = B_0 \sin\omega t$，则 $\frac{\mathrm{d}B}{\mathrm{d}t} = B_0 \cos\omega t$，涡流在一个周期内的平均热功率为

$$\overline{p} = \frac{1}{T}\int_0^a p\mathrm{d}t = \frac{\pi h a^4}{8\rho} B_0^2 \omega^2 \frac{1}{T}\int_0^r \cos^2 \omega t \mathrm{d}t = \frac{\pi h}{16\rho} B_0^2 \omega^2 a^4 \tag{3-7}$$

由上式可见，若要得到较大的热功率输出，必须选择高频交变的电磁场，产生较大的磁感应强度，且金属的电阻率要较小。

电磁感应加热频率的选择：根据热处理及加热深度的要求选择频率，频率越高，加热的深度越浅。高频（10 kHz 以上）加热的深度为 0.5～2.5 mm，一般用于中小型零件的加热，如小模数齿轮及中小轴类零件等。中频（1～10 kHz）加热的深度为 2～10 mm，一般用于直径大的轴类和大中模数的齿轮加热。工频（50 Hz）加热的深度为 10～20 mm，一般用于较大尺寸零件的透热、大直径零件（直径为 300 mm 以上，如轧辊等）的表面淬火。

目前，电磁感应加热系统的发展与开关电源芯片技术的发展紧密相关，现代的电磁感应加热装置的谐振电流主要依靠这些开关电源芯片来产生与控制。以 MOSFET 和 IGBT 为代表的这些电源芯片受到驱动信号的控制而导通或关断，在与电磁感应线圈连接后，就可以尝试高频的磁场，当电磁感应加热材料处于感应范围时，就可以感应能量产生涡流并产生热能，成为加热的热源。

在振荡电源控制方式方面，目前采用硬开关与软开关两种方式进行控制。硬开关技术是指通过外部电源的开启与切断强行获得一定工作频率的谐振电流。随着电子技术的发展，高压大电流的开关元器件不断涌现，变流器的功率等级不断提升，随之而来的是电路元件的散热问题与电磁干扰问题，导致设备的功率与热效率受到影响。因此，软开关电源技术得以发展。软开关与硬开关的示意图如图 3-19 所示。

硬开关技术是指开关元件在导通和关断过程中，流过器件的电流和元件两端的电压在同时变化。由图 3-19 可以看出，由于硬开关功率器件在导通或者关断期间电压与电流的

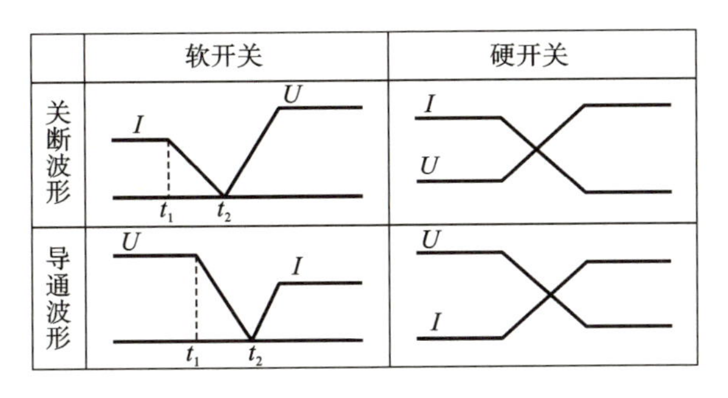

图 3-19　软开关与硬开关的示意图

交叠，在电路中存在开关损耗，并且开关频率越高，开关耗损就越大，阻碍了频率的提升，降低了整个系统的效率。

相对于硬开关技术，软开关技术是指开关元件在导通和关断过程中，电压或电流其中之一先保持为零，一个量变化到正常值后，另一个量才开始变化直至导通或关断过程结束。软开关技术可以得到高频状态下的更高的能量转换效率，还可以更有效地防止电磁干扰。

软开关技术是靠谐振变换器来实现的，其对象是谐振电路。如果含有电感和电容的电路的无功功率得到完全补偿，使电路的功率因数等于 1(电压、电流同相)，便称此电路处于谐振状态，处于谐振状态的电路称为谐振电路。按电感和电容的连接方式分类，谐振电路又分为串联谐振电路和并联谐振电路，如图 3-20 所示。

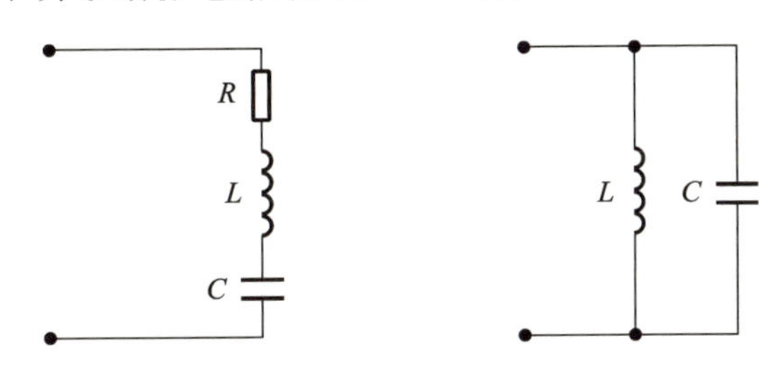

图 3-20　串联谐振电路与并联谐振电路结构示意图

电路的谐振频率与电路中的电感和电容存在关系，具体的谐振频率计算公式为

$$f_0 = \frac{1}{2\pi \sqrt{LC}} \tag{3-8}$$

结合上述原理，一个电磁感应加热装置应该包括振荡电源的发生系统、电磁感应线圈、感应加热元件三个子系统，上述子系统通过控制系统进行控制。通过各系统的设计优化最终达到匹配设计用途的目标。

受限于烟支的尺寸，适合的感应加热元件的直径为 1～4 mm，而这一范围适合 100～1000 kHz 的振荡电路工作频率。为了保证设备的预热时间达到可接受的范围，设备的工作功率应该为 5～25 W。

3.1.2.3　电磁感应加热技术优势

加热卷烟既能够保持良好的烟草吸味，又能够显著降低危害性，受到市场的认可。在加热卷烟加热技术中，加热热源是加热不燃烧烟草的核心技术与知识产权竞争的关键领域。

目前已经应用于加热卷烟产品的热源包括化学热源与电热源。化学热源产品以雷诺烟草的 Eclipse 为代表，产品使用被铝管包裹的炭棒燃烧产生的热源烘烤生产烟气；以菲莫烟草的 IQOS、英美烟草的 Glo、韩国烟草的 Lil 为代表的产品使用电阻式加热元件进行加热。目前还有大量研究团队在开发新的加热热源，目前在开发的适用于加热卷烟产品的新型热源有化学热源、红外线热源、微波热源、电磁感应热源等。电磁感应加热是可行性相对较高的方案之一，相对于其他技术有如下的适用性优势。

（1）电磁感应加热的设备结构相对简单，随着 MOSFET、IGBT 电源芯片的技术发展，小型化振荡电路及电磁感应加热装置的开发具备了基本的硬件条件，当前的技术条件可以使电磁感应加热装置的体积与电阻式的加热装置达到同等水平。

（2）电磁感应加热使用可导电的磁性材料作为感应加热介质，可以直接与烟草物料接触进行能量传递，加热效率较高；也适用于更多不同形态的烟草物料，技术的适用范围更广。

（3）电磁感应加热的控制技术成熟，可以通过多个参数的调整进行设备输出功率的调整，可以结合温度传感器与空气流量传感器实现对系统工作状态的有效控制。

（4）电磁感应加热装置具有较好的安全性。通常而言，电磁感应加热装置的工作频率为 20～1000 kHz。根据 IEEE（电气与电子工程师协会）所定的范围：0.1～300 MHz 的磁场强度超过 3 毫高斯，即对人体有害；90～300 MHz 的磁场伤害最大；越接近 0.1 MHz，磁场伤害越小，0.1 MHz 以下磁场的伤害就更加微不足道了。强度在 3 毫高斯以下，一般而言被视为安全范围。1.4～300 MHz 的频率范围内产生的电场的强度超过 1 $mV \cdot m^{-1}$，即对人体有害，强度愈强伤害愈大；若强度一样，27～300 MHz 的电场伤害最大；1.4 MHz 以下电场的伤害也一样微不足道。电场与磁场单独存在时，不会像电磁波有向外放射行进的现象，只在其强度范围内有波动。90～300 MHz 的电磁波的伤害最大；300 MHz 以上，越靠近 12000 MHz，伤害越小，因此，电磁波频率为 20～1000 kHz 时，对人体基本无害，设备的安全性有保障。

（5）技术拓展性高。电磁感应加热属于无线感应加热，加热元件无须线路连接，因此可以将感应加热元件灵活地安装在烟支的内部，或者固定在加热器具中，能够灵活方便地控制加热的位置，实现更加灵活的加热控制。同时，不同的热源方法引入为新型烟草制品的创新提供了新的空间，为产品的创新创造了更多的条件。

3.2 电磁感应加热卷烟烟支技术

加热卷烟作为新型卷烟的重要品类之一，因其低危害、低风险，抽吸感受接近传统卷烟的特点，在海外上市后迅速成为最具市场潜力的烟草制品。目前市场主流加热卷烟配套使用的烟具采用电阻加热的方式，存在发热丝、发热片过热导致的异味、碳化、热解等问题，且功耗较大。相比电阻式加热方式，电磁加热具有能量转化效率高、加热升温快、加热元件布局方式更灵活、物料加热位置均匀性与准确性较高等技术优势。

菲莫国际于 2021 年 8 月 17 日在日本推出全新内置式电磁加热型产品 Iluma（见图 3-21）。菲莫国际绕开传统外置式电磁加热式产品，颠覆消费者的传统观念，推出全新内置式电磁加热型产品 Iluma，开辟了电磁加热式加热卷烟新赛道。Iluma 在日本市场取得较好销售成绩，并分阶段扩张至全球其他市场。同时，菲莫国际继续推进 Iluma 的迭代升级产品研发。

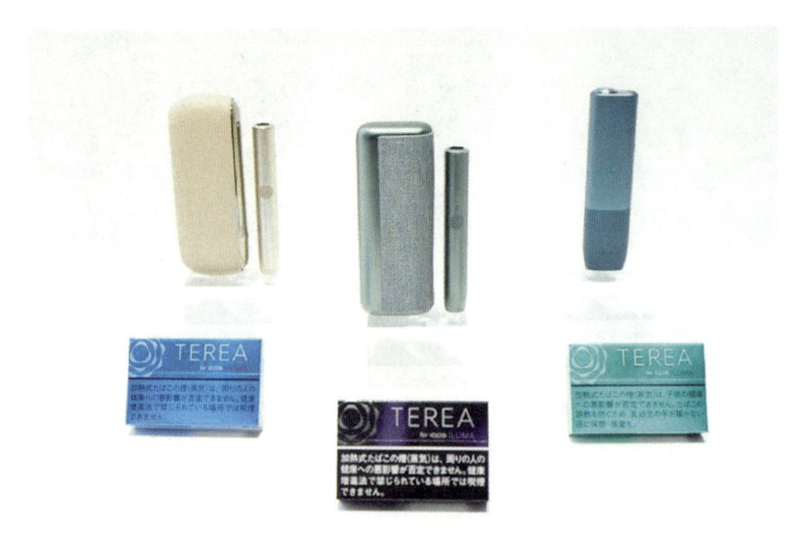

图 3-21　Iluma 感应加热器具及配套烟支 TEREA

英美烟草将重点由周向电阻加热型产品转到周向电磁加热型产品。英美烟草于 2019 年在日本推出了两款新的加热烟草产品——Glo Pro 和 Glo Nano。其中 Glo Pro 采用感应加热技术。据介绍，Glo Pro 具有明显的微型化技术、更好的口味和更快的口味释放，如图 3-22 所示。

图 3-22　Glo Pro 感应加热器具

其他国际烟草巨头也纷纷推出了电磁加热的加热器具。2020年2月，韩国烟草推出了Lil Hybrid 2.0，通过在现有的Lil Hybrid 2.0中应用高端技术，使用户的便利性最大化。Lil Hybrid 2.0是第一个去掉所有按钮的加热卷烟产品，具有智能开启功能，插入加热卷烟烟支时会自动开始预热，如图3-23所示。

图3-23　Lil Hybrid 2.0感应加热器具

3.2.1　菲莫国际电磁感应产品介绍

国际知名烟草公司菲莫国际于2021年推出了拥有全新内部加热技术的新一代IQOS系列产品IQOS Iluma，一同推出的还有IQOS Iluma专属新型烟支TEREA。该系列产品已于2021年8月17日在日本上市，共推出2款设备(IQOS Iluma Prime和IQOS Iluma)以及11种口味的TEREA智能芯烟支。IQOS Iluma Prime和IQOS Iluma在创新技术运用及功能上基本保持一致，全新内部电磁加热技术应用解决了消费者痛点。

为解决原有产品加热薄片易出现断片，以及烟草残留需要经常清洁等痛点，新系列IQOS产品使用了智能核心感应系统，配合新型烟支通过无需加热薄片的电磁感应加热技术实现内部加热烟草，达到不产生烟雾且不存在烟草残留的目的，从而为用户提供更加愉悦的使用体验。此外，与之前IQOS系列产品相同，与传统卷烟相比，其所排放的有害化学物质的水平平均降低约95%。

2021年8月17日，菲莫国际在日本发布了全新一代的IQOS产品。IQOS Iluma系列一经发布便引发热议，其独特的加热技术及结构设计、前所未有的体验感受，彻底颠覆了我们认知里的IQOS，惊艳了整个加热不燃烧行业及广大消费者。

全新登场的IQOS Iluma系列，可以说是IQOS诞生以来最大的一次革新。IQOS Iluma系列取消了加热片，推出了独有的智能核心感应系统，就是利用磁力加热内部的系统。全新的无加热片结构，让消费者获得更简单、更舒适的吸烟体验。作为一款革新自己的产品，其特点就是解决了IQOS的三大缺点：加热片易损坏、清洁与维护难、加热式烟草的异味。TEREA的底部发烟体处有很大的改变，全新的烟支结构可以防止烟叶薄片脱落、减少气味扩散，抽完烟不会产生烟渣碎片，解决了积碳及异味问题，也不需要频繁地清洁设备。

TEREA 在烟支内置中心感应加热片，来实现中心感应加热。正是因为发热片存在于每一根烟支中，而不是设置在烟具中，可以直接随烟支整体插拔，才避免了 IQOS 烟具插拔烟支时电阻加热片易折断、清洁维护烦琐、使用方式复杂、消费者教育成本高的痛点。插入烟支后，加热棒会自动开启并出现第一次振动，第二次振动后就可以开始抽吸。抽完烟取出烟支，加热过后的烟支外纸管很干净，没有碳化，没有焦油渗漏，也没有异味，如图 3-24 所示。

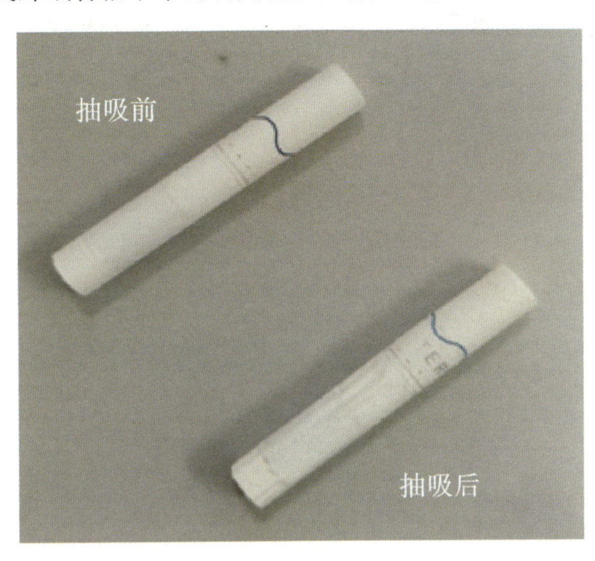

图 3-24　TEREA 烟支抽吸前后的外观对比

2021 年 2 月中旬，在菲莫国际投资大会线上直播会上，菲莫国际的首席运营官杰克·奥尔扎克(Jacek Olczak)的讲话，以大量篇幅强调了 Iluma 的烟支识别技术，也就是目前的自动加热技术。

Iluma 的烟支含有一个感受器，它是一个特殊设计开发生产的，公差范围极小的金属片。在使用情况下，如果把烟支放进机器，机器会识别出烟支中感受器的详细属性，进而识别出是不是正确的烟支。因此其他的烟支行不通是因为这个感受器拥有非常特殊的性质，可以在特定的温度下工作但不会燃烧，这就是所有的创新秘密。

在电磁感应加热技术方面，菲莫国际设计了基于电磁感应原理的加热装置，在内部配置了扁平螺旋感应线圈。抽吸时，控制元件使感应线圈生成振荡磁场，感应元件因电磁感应产生涡流而发热，加热发烟基质形成烟气。该装置扩大了加热面积，提高了雾化效果，避免了加热元件与烟油的直接接触，使用更加清洁。

3.2.1.1　TEREA 烟支口味及规格

2021 年 8 月，菲莫国际在日本推出了与内置式感应加热烟具 IQOS Iluma 和 IQOS Iluma Prime 配套使用的加热卷烟烟支(heated tobacco unit，HTU)，品牌名为 TEREA。该款烟支共有 11 种口味：4 种烟草口味，即 Rich Regular、Regular、Smooth Regular 和 Balanced Regular；3 种薄荷醇口味，即黑冰薄荷、浓薄荷和淡薄荷；4 种风味薄荷醇口味，即紫薄荷醇、黄色薄荷醇、热带薄荷醇、亮薄荷醇(见图 3-25)。

图 3-25　IQOS Iluma 配套使用的 11 种口味菲莫加热卷烟烟支 TEREA

TEREA 烟支条盒尺寸规格与常规中心加热用 IQOS 烟支相同，如图 3-26 所示。

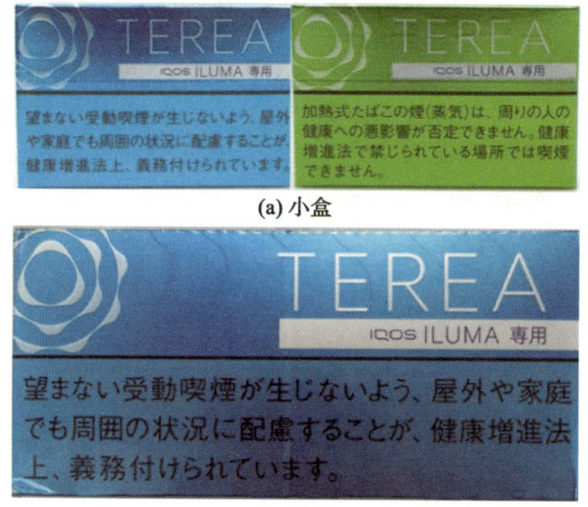

(a) 小盒

(b) 条

图 3-26　TEREA 烟支条盒外观图

TEREA 烟支的长度和直径与常规中心加热用 IQOS 烟支一致，长度为 45 mm，直径为 7.42 mm，如图 3-27 所示。

我们通过对 TEREA 烟支结构、各段功能、材料的分析，推测其制造工艺。

3.2.1.2　TEREA 烟支结构剖析

TEREA 烟支不同于常规 IQOS 中心加热式烟支的 4 段式结构，采用了最新的 5 段式结构，如图 3-28 所示。

TEREA 烟支所包含的 5 段结构按从远嘴端到近嘴端的顺序依次为前置过滤段(front plug)、发烟段(包含发烟基材和感受器)(tobacco plug)、中空支撑段(小中空)(hollow acetate tube，HAT)、中空降温段(大中空)(cooling plug)、滤嘴段(mouthpiece filter)。菲莫国际早在 2015 年申请的《具有内部感受器的气溶胶生成制品》(CN202011264837.9)、

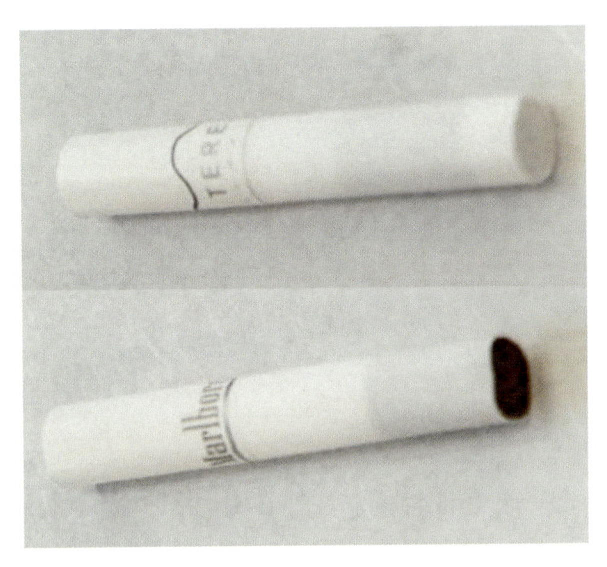

图 3-27　TEREA 烟支(上)与万宝路烟支(下)外观图

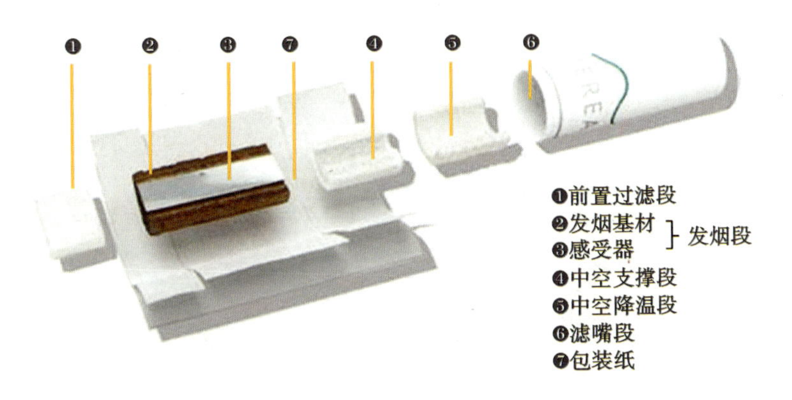

图 3-28　TEREA 烟支拆解图

2019 年申请的《包括可加热元件的气溶胶生成制品》(CN201980019840.3B)发明专利也将 TEREA 整个烟支结构进行了保护。

IQOS HEETS 烟支则包含四段结构,按从远嘴端到近嘴端的顺序依次为发烟段、中空支撑段、PLA 降温段和滤嘴段(见图 3-29)。相比而言,TEREA 烟支增加了前置过滤段、感受器,将 PLA 降温段替换成了打孔的大中空结构。

3.2.1.3　TEREA 烟支各段功能

(1)前置过滤段:感受器封堵、限位和保护件。

(2)发烟段:加热后释放出可供吸入的烟气。发烟基材为采用稠浆法工艺制得的烟草薄片,含有发烟剂、水分、烟碱和香精香料;除了发烟基材外,与其他中心加热式烟支最大的区别在于发烟基材中嵌入的感受器,其作为内置式感应热源,在外加交变磁场作用下产生热,从内部加热发烟基材。

(3)中空支撑段:防止发烟基材掉入吸嘴端,同时提供雾化烟气的通道。

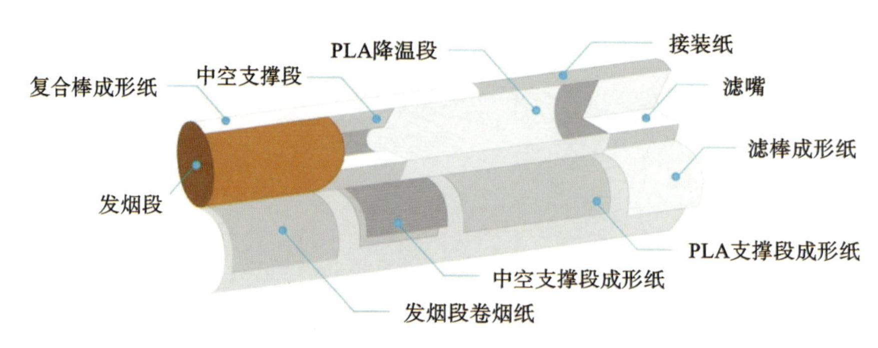

图 3-29　IQOS HEETS 烟支拆解图

(4)降温段:冷却烟气至合适的可吸入温度。

(5)滤嘴段:过滤烟气,吸附有害物质。

3.2.1.4　TEREA 烟支材料剖析

1. 感受器

感受器是 TEREA 烟支的核心部件,为具有不锈钢光泽的金属片(见图 3-30)。

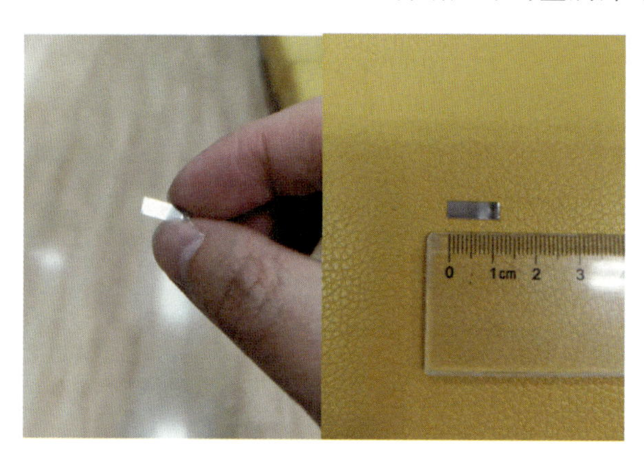

图 3-30　TEREA 烟支内置感受器照片

采用 X 射线微区能谱仪(EDS)和扫描电子显微镜(SEM)对 TEREA 烟支中内置的感受器进行了分析,发现感受器实为 3 层。

(1)第一表面(第一感受器层)。

选取 5 个点进行测试,测试结果表明,该表面元素含量如下:Fe 含量为 79%;Cr 含量为 18%;Mn 含量为 2.5%;其他元素含量为 0.5%(见图 3-31)。第一表面厚 4 μm,最薄,趋肤深度最小,有利于抽吸时快速升温。

(2)第二表面(应力补偿层)。

选取 5 个点进行测试,测试结果与第一表面类似,厚 40 μm;通过成分可推测第一表面和第二表面同为 Fe-Cr-Mn 合金,根据元素占比推断很可能为 430 级不锈钢。采用相比第一表面更大厚度的原因,除了提供应力支撑外,还有提高涡流损耗,使感受器在抽吸间隔维持合适的温度,降低再次抽吸时的设备能耗。

(3)中间层(第二感受器层)。

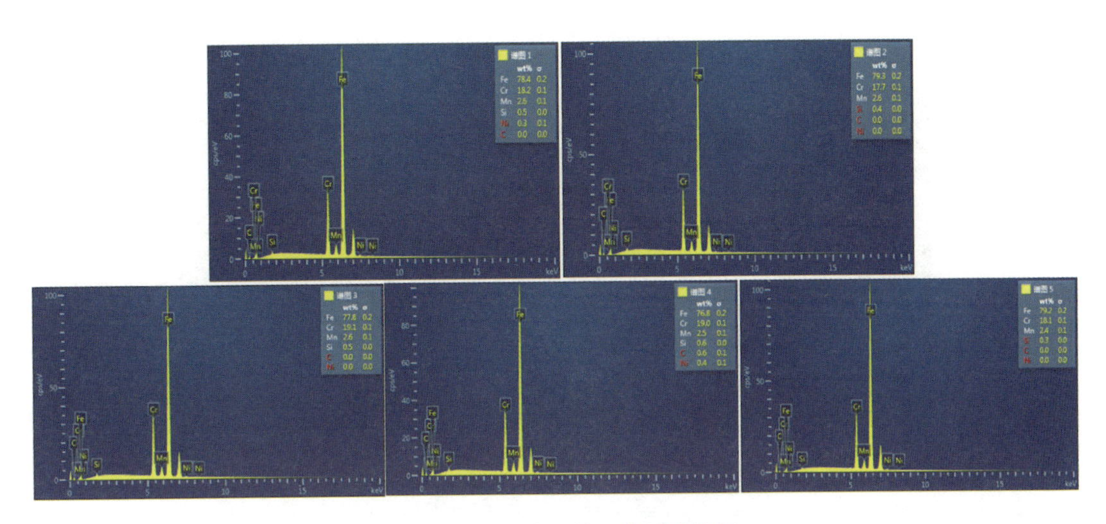

图 3-31　第一表面的元素测试结果

中间层测试显示，表面附近有大量 Ni 元素（图 3-32 中的粉红色部分），具体测得 Ni 的含量大于 60%、Fe 的含量为 30%、Mo 的含量为 3%，还有少量 Cr 和 Mn，属于 Fe-Ni 合金；厚 15 μm；根据元素占比推断很可能为坡莫合金或者镍铁高导磁合金。

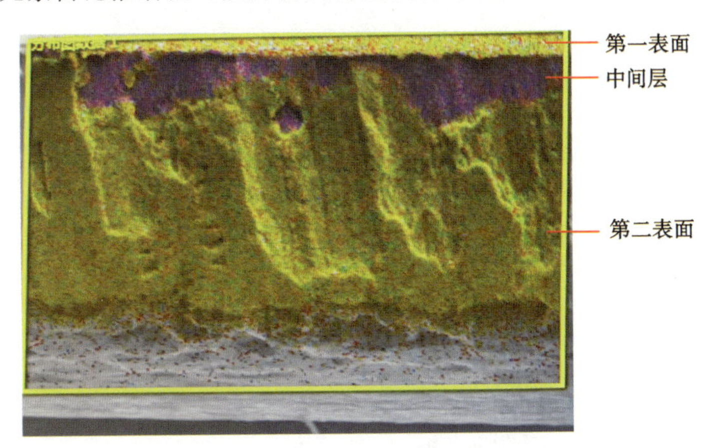

图 3-32　感受器横截面各层分布图

菲莫国际也对这个感受器的核心技术进行了保护，申请了《用于感应加热气溶胶形成基质的多层感受器组件》(CN201880018692.9)和《用于感应加热气溶胶形成基质的多层感受器组合件》(CN201880021337.7)专利，对感应器的三层结构进行了保护。多层感受器组件的结构：第一层为第一感受器层；第二层为第二感受器层，与第一层紧密连接，居里温度低于 500 ℃；第三层为应力补偿层，与第二层紧密连接。应力补偿层的作用：至少在补偿温度范围内将拉伸或压缩应力施加到第二层上，以抵消由第一层施加到第二层上的压缩或拉伸应力。第一感受器层的材料为铝、铁或铁合金，第二感受器层的材料为镍或镍合金，应力补偿层的材料为奥氏体不锈钢。

2. 烟支各段分析（除发烟段外）

TEREA 烟支中的前置过滤段、中空支撑段（小中空）、中空降温段（大中空）和滤嘴段材料均为醋酸纤维素（见图 3-33），且丝束截面形态均为 Y 形。单旦和三甘酯含量如表 3-2 所示。

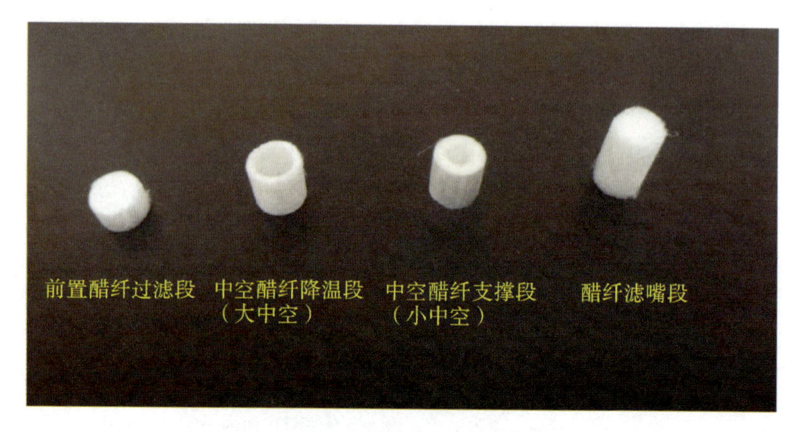

图 3-33　TEREA 烟支各醋纤段外观图

表 3-2　TEREA 烟支各段醋纤材料的单旦、三甘酯含量和质量测试结果

烟支段	单旦均值*/(%)	三甘酯均值*/(%)	质量/g
前置过滤段	2.48	8.1	0.0237
中空支撑段(小中空)	3.15	14.0	0.0758
中空降温段(大中空)	8.26	15.7	0.0474
滤嘴段	11.79	13.5	0.0659

注：* 取烟支各段进行测试。

3.2.1.5　烟支物理参数

表 3-3 列出了 TEREA 烟支的主要物理参数并与 IQOS HEETS 烟支进行了比较。

表 3-3　TEREA 烟支的主要物理参数及与 IQOS HEETS 的比较

指标	TEREA(均值)	IQOS HEETS(均值)
质量/g	0.666	0.730
周长/mm	23.061	22.781
圆度/mm	0.51	0.629
长度/mm	45.437	44.989
吸阻/Pa	494	444
总通风率/(%)	50.65	3.20

TEREA 烟支的总通风率远远高于 IQOS HEETS 烟支，这可能与 TEREA 烟支取消了褶皱 PLA 膜降温，利用打孔方式进行降温有关。虽然与 IQOS HEETS 烟支相比，TEREA 增加了前置过滤段，但是降温段打孔让烟支的总通风量明显增加。

3.2.1.6　烟支制造工艺推测

将 TEREA 烟支沿轴向用刀片破开，可见烟支各段及其包裹材料(见图 3-34)。

我们可以通过对 TEREA 烟支结构与材料进行分析，初步推断烟支的制造工艺。

(1)将前置过滤段、发烟段(包含感受器)、中空支撑段和中空降温段用复合棒成形纸包

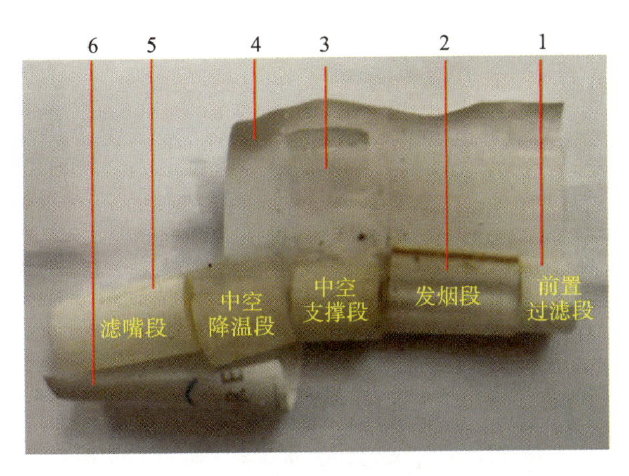

图 3-34　TEREA 烟支内部各段及其包裹材料

1—包裹前置过滤段的成形纸；2—包裹发烟段的半透明卷烟纸；3—包裹中空支撑段的成形纸；
4—四元复合棒成形纸；5—包裹滤嘴段的成形纸；6—包裹中空降温段和滤嘴段的接装纸

裹进行四元复合，形成四元复合段。

(2)用接装纸将四元复合段和滤嘴段进行搓接形成烟支，接装纸包裹降温段和滤嘴段，搓接的同时在降温段进行在线激光打孔。

相比而言，IQOS 中心加热式烟支的成型工艺为先将发烟段、中空支撑段、降温段用卷烟纸包裹进行三元复合，再用接装纸包裹滤嘴段进行搓接形成烟支。

总体来看，TEREA 烟支的制造工艺比中心加热式烟支更加复杂(见表 3-4)。

表 3-4　TEREA 烟支与中心加热式烟支各段材料与结构比较

指标	结构	TEREA	IQOS HEETS
烟支轴向组成	前置过滤段	醋纤滤棒；外包过滤段成形纸＋四元复合棒成形纸	
	发烟段	稠浆法薄片＋感受器；外包半透明卷烟纸＋四元复合棒成形纸；有序	稠浆法薄片；外包铝箔卷烟纸＋三元复合棒成形纸；有序
	支撑段	醋纤空管；外包支撑段成形纸＋四元复合棒成形纸	醋纤空管；外包支撑段成形纸＋三元复合棒成形纸
	降温段	醋纤空管；外包四元复合棒成形纸＋接装纸(单排打 11 孔)	PLA；外包纸管＋三元复合棒成形纸＋接装纸
	滤嘴段	醋纤滤棒；外包滤棒成形纸＋接装纸	醋纤滤棒；外包滤棒成形纸＋接装纸

TEREA 烟支为了适配内置式电磁感应加热方式及其烟具，在保持与原有烟支尺寸（长度和周长）一致的前提下，采用了 5 段式结构，关键不同是前置过滤段和内置感受器发烟段；从材料来看，TEREA 烟支没有采用 PLA 降温材料，转而采用醋纤降温段，通过大小中空的结构设计，实现文丘里效应在烟气降温中的关键作用；为了确保更好的烟气降温效果，在降温段采用激光打孔来实现冷空气从降温段的径向流入烟支近嘴端，同时起到稀释烟气使之更加柔和的作用；除了感受器外，整个烟支用到的材料皆无新意。

目前对烟支制造工艺的推测仅建立在对烟支和专利剖析的基础上。从烟支制造工艺来看，感受器如何准确居中定位在发烟段并且实现发烟段生产的一致性可能是整个烟支制造的关键。菲莫国际也针对加工这种结构的工艺及设备进行了专利布局。《用于制造可感应加热的烟丝条的方法》(CN201680019220.6)保护了将感应器引导并定位于聚拢烟草片材中的技术。《用于生产气溶胶生成制品的组件的方法和设备》(CN201780068893.5)保护了感受器连续带材或感受器段与烟草薄片聚拢成条的加工工艺和设备。《用于制造可感应加热的气溶胶形成杆的方法和设备》(CN201880027402.7)保护了双幅烟草基材预聚拢及感受器型材与烟草基材二级聚拢成条技术。

3.2.2 其他电磁感应产品介绍

与菲莫国际的电磁感应产品不同，英美烟草、韩国烟草的与电磁感应烟具适配的加热卷烟烟支并没有采用内置式电磁感应，均采用的是外置式电磁感应技术，所以烟支部分没有应用相应的新技术，如图 3-35 所示。

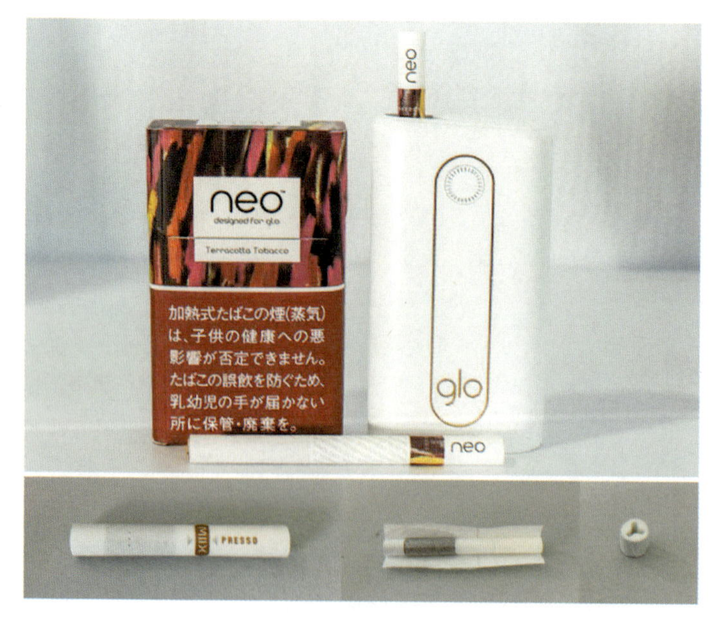

图 3-35　其他电磁感应产品烟支结构

3.3　电磁感应加热卷烟烟具技术

3.3.1　基于专利检索的电磁加热技术分析

3.3.1.1　专利检索策略

电磁感应加热的加热结构主要是由感应线圈和加热感受器组成的，在烟具中主要是在加热不燃烧器具、烟油雾化电子烟两个种类上应用，还会涉及配套的烟支。基于此，本部分主要从烟具、烟支以及电磁感应技术三个维度出发，提炼出如表 3-5 所示的与目标产品相关的主要检索要素。

表 3-5　专利检索要素

分类号	电子烟领域：A24F47、A24D1、A24D3、A24B13、A24B15 电磁加热领域：H05B6
关键词	常用中英文表达方式
烟具	电子烟、烟具、电子香烟、气雾产生/生成/发生装置、气溶胶发生/生成/产生装置、香味吸食器、加热不燃烧器具； nicotine carrier、aerosol-generating、aerosol-forming e-cigarette、e-vaping、e-vapor、electronic cigarette、electronic vaping、electronic vapor、flavor inhaler
烟支	加热不燃烧烟、烟草、烟支、烟弹、烟叶、烟丝、香烟、气溶胶、浮质； cigarette、cigar、tobacco
电磁	电磁、磁场； electric magnetic、electronic magnetic
加热	加热、发热、受热、供热、导热； heat、heating、heater、heated
感应	感应、感受、电感； inductive、induction、inductively
线圈	线圈、绕组； coil
交变	交变、变化； change、changing、varying
涡流	涡流、涡电流； eddy currents、eddy-current

基于以上确定的检索范围和检索要素，采用"关键词＋分类号"进行多种组合检索，对各个检索结果进行汇总以及去噪，共得到494件与电磁感应技术相关的新型烟草技术专利，其中PCT专利共计135件，中国专利/专利申请共计359件。

3.3.1.2 电磁感应加热技术及相关专利分析

虽然目前电磁加热技术是一个在其他行业广泛使用的技术，但要实现电磁加热技术在新型烟草制品中的应用仍然面临很多技术与工程化的困难。如果能够实现这一技术方法在加热器具上的商品化应用，则有希望打造全新的产品体系，并建立起自身产品差异性与产品技术优势性。

目前电磁加热技术在新型烟草制品方面也有不少已经公开的专利信息。例如，菲莫国际申请的专利《用于加热气溶胶形成基质的感应加热装置》(CN201580007754.2)介绍了一种电磁加热装置的设计原理(见图3-36)。设备采用DC供应电压的直流电源，并与DC/AC逆变器连接，DC/AC逆变器包括带有晶体管开关的E类功率放大器、晶体管开关驱动电路和被配置为低欧姆负载下操作的*LC*负载网络，当气溶胶形成基质放入装置腔体中时，其*LC*负载网络中的电感器就能感应耦合到气溶胶形成基质的感受器，通过感应生成的交互磁场在感受器内部产生热量，并传输至气溶胶形成基质，以生成气溶胶。专利对通过与磁滞关联的加热机制在感受器中产生热的功率计算及相关影响因素进行了公式说明，还对被用于加热物料的成分、配方进行了阐述。这一专利涉及的电磁加热原理是目前多个行业使用的公知技术，需要关注的是在电池容量、负载网络电阻设定、电流振荡频率等指标方面进行差异化设计。

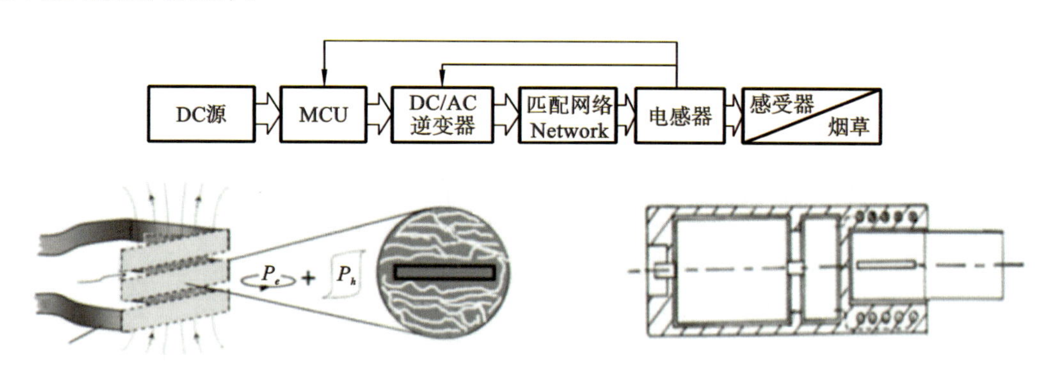

图3-36 CN201580007754.2专利配图

专利《气溶胶形成基质和气溶胶递送系统》(CN201580012412.X)对电磁加热技术配套的烟草物料配方和热感应受体的形式进行了阐述(见图3-37)。专利涉及的热感应受体添加形式包括颗粒状、线状、网格状的一种或者多种的组合。同时，专利阐述了利用不同热感应受体的不同居里温度进行加热控温调控的原理，在烟草物料中添加两种不同的热感应受体，使不同热感应受体接受不同电磁信号识别与适配，从而实现在不同加热阶段的不同温度控制。这一专利对控温方式提出了技术思路，但并没有对热感应受体的材料选择、组合方式进行具体阐述。

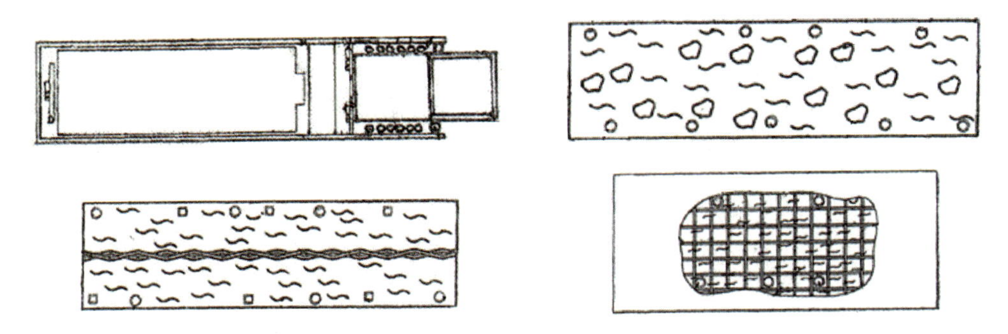

图 3-37　CN201580012412. X 专利配图

专利《用于产生气溶胶的感应加热装置和系统》(CN201580019380. 6)涉及一种布局在腔体中心位置的电磁感应线圈(见图 3-38),属于具体的结构设计。

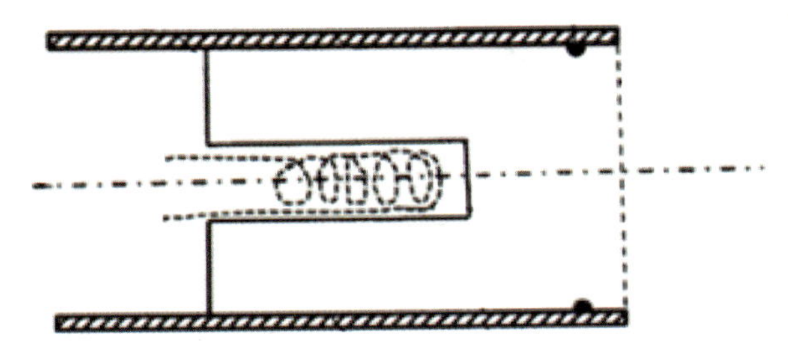

图 3-38　CN201580019380. 6 专利配图

专利《具有内部感受器的气溶胶生成制品》(CN202011264837. 9)涉及对热受体材料选择和形态的表述(见图 3-39)。热感受器是针形、条形或叶轮形,插入平行的烟草物料中;热受体材料包括金属(如铁素体或不锈钢,优选 410、420 或 430 级不锈钢),也包括非金属芯体和多种材料的复合体,热受体材料接收电池线圈的能量加热烟草物料释放出气溶胶。设备的电流频率为 1～30 MHz,感受器的功率为 1. 5～8 W。

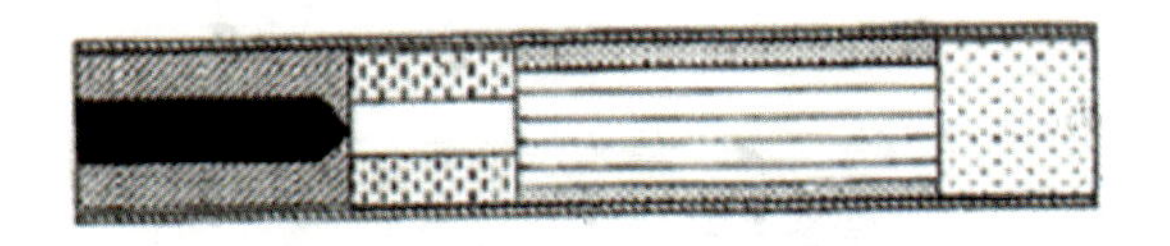

图 3-39　CN202011264837. 9 专利配图

专利《包含平面感应线圈的气溶胶生成系统》(CN201580022636. 9)、《包括流体可渗透感受器元件的气溶胶生成系统》(CN201580023038. 3)涉及一系列电磁感应线圈的布置方式,包括中央布置、圆周外部布置、侧壁布置、底部布置等,对烟具的结构设计有影响,需要在产品开发中进行差异化处理(见图 3-40)。

专利《用于制造可感应加热的烟丝条的方法》(CN201680019220. 6)介绍了一种生产含有热受体材料的烟草发烟原料的技术设计与实现的工艺方法及配套设备(见图 3-41)。专利设计的热受体为薄片状态金属材料或者多种材料的复合体。这一专利对烟草物料棒中

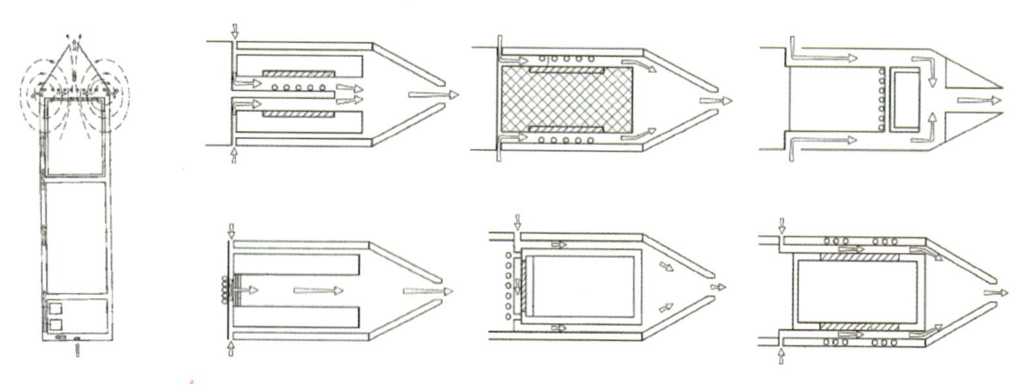

图 3-40　CN201580022636.9、CN201580023038.3 专利配图

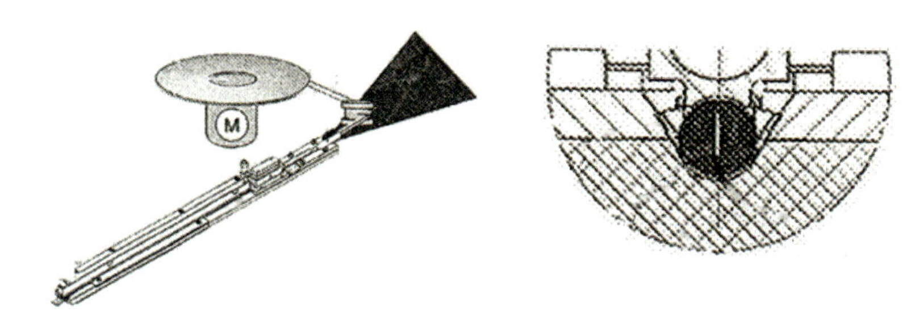

图 3-41　CN201680019220.6 专利配图

添加热受体的工艺与设备及热受体的材料选择进行了阐述，对今后的产品设计开发有一定的影响。

专利《用于制造可感应加热的烟草产品的方法和设备》(CN201680019244.1)涉及在烟支中插入热受体材料的技术方法和配套的设备设计(见图 3-42)。专利采用烟支端部插入热受体材料的方式添加加热元件，热受体材料形状为片状。专利提及了一种专用的插入工具，可以一次插入 20～200 支卷烟并控制插入位置，这一专利对烟支结构设计有一定的限制。

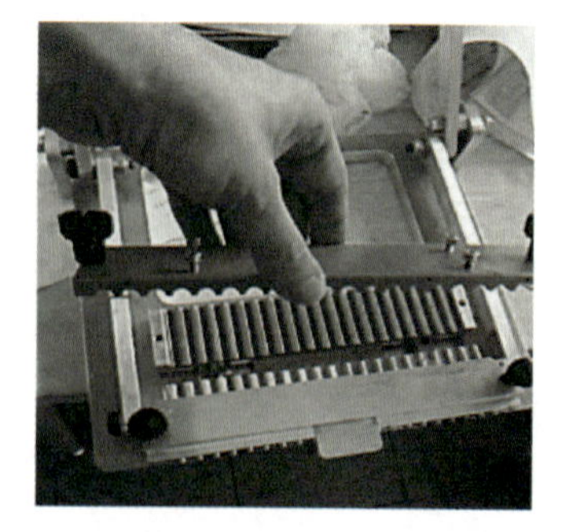
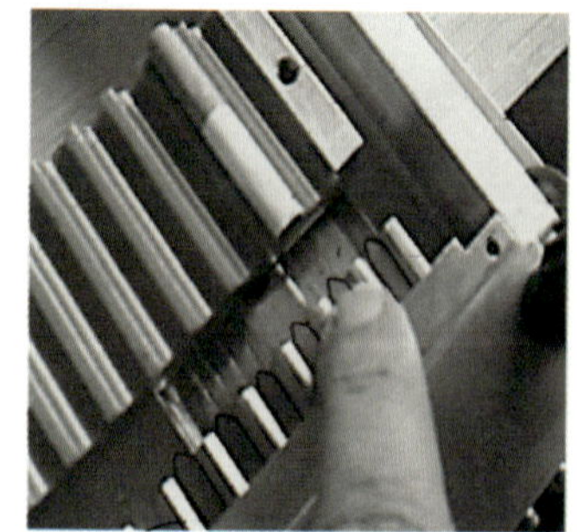

图 3-42　CN201680019244.1 专利配图

专利《用于制造可感应加热的气溶胶形成基材的方法》(CN201680034467.5)介绍了一种生产含有热受体材料的烟草薄片的技术方法(见图 3-43)：在制造可感应加热的气溶胶形

成基材的过程中，将烟草物料与连续的片状或者网格状的热受体材料通过沉积或接合的方式形成可感应加热的气溶胶形成基材，将此材料应用于烟弹，使之匹配电磁加热的烟具产品。能够感应加热的连续片状材料的厚度为 10～70 μm，最终再造烟叶厚度为 0.1～2 mm。

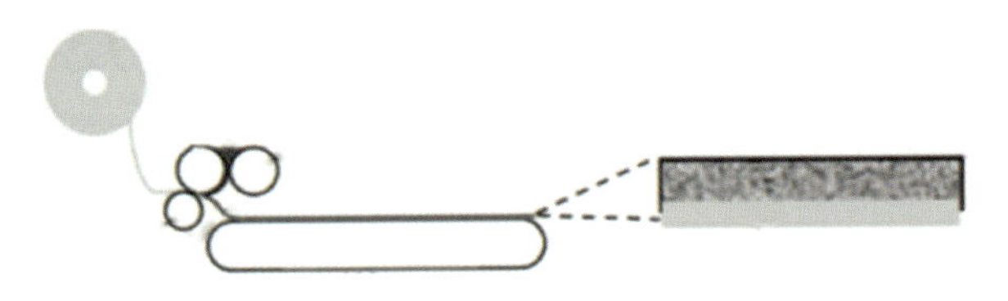

图 3-43　CN201680034467.5 专利配图

专利《粒子和包括此类粒子的气溶胶形成系统》(CN201680061140.7)介绍了一种颗粒、片状的气溶胶发生材料的设计(见图 3-44)。材料的内部是金属的热受体材料，外部包裹含有烟草成分与发烟剂成分的包衣层，形成小球、不规则颗粒或者片状的材料，加入带有电池加热线圈的器具后进行加热释放烟气。

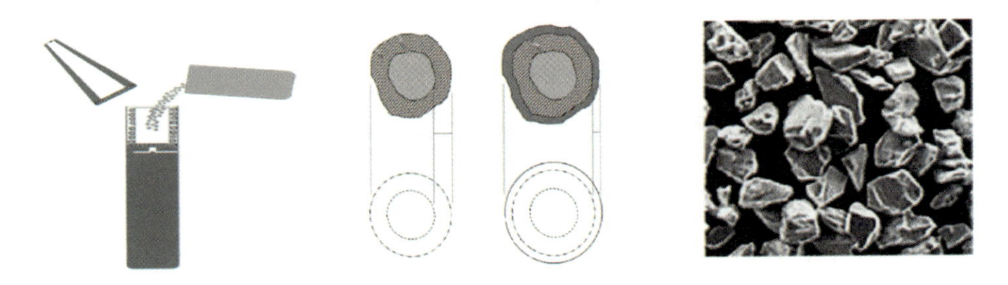

图 3-44　CN201680061140.7 专利配图

专利《用于加热包括感受器的气溶胶形成基质的感应加热装置》(CN201680060367.X)介绍了设置多组电磁线圈的感应加热装置(见图 3-45)，通过此装置对各线圈分别进行电源供应，并通过这一设计实现对热受体的分段加热，实现对烟草物料的分步骤加热。

专利《气溶胶生成系统和用于这类系统的气溶胶生成制品》(CN201680037797.X)介绍了通过电磁加热装置加热释放尼古丁成分的技术方法与配套的设备设计(见图 3-46)。专利介绍了尼古丁源与第二物质源的材料组成，并讲述了相关物质在烟弹中的位置设计，通过不同的加热条件改善烟气的释放效果。

专利《包含磁性颗粒的气溶胶形成制品》(CN201580023039.8)介绍了一种包含多个磁性颗粒的气溶胶形成制品(见图 3-47)。该磁性颗粒的居里温度为 60～200 ℃，设置在气溶胶形成基质内，使产品在电磁加热线圈加热时分段释放烟气，改善产品的烟气释放均匀性。

专利《气溶胶递送系统和操作所述气溶胶递送系统的方法》(CN201680056147.X)涉及电磁加热烟草产品的改进设计(见图 3-48)。产品包括一个或多个气溶胶产生段与两个或多个热受体材料，通过结构的优化实现对产品温度控制曲线的优化。

英美烟草也在电磁加热的新型烟草方面进行了知识产权布局，具体情况如下。

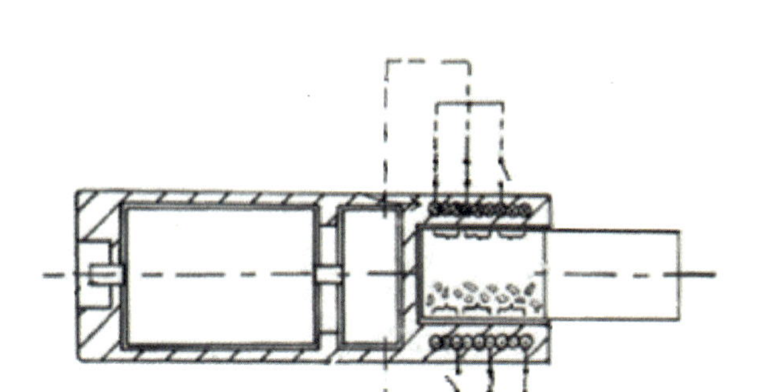

图 3-45　CN201680060367. X 专利配图

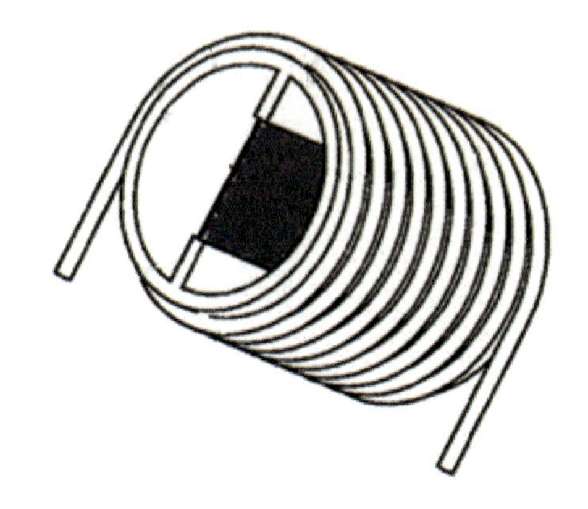

图 3-46　CN201680037797. X 专利配图

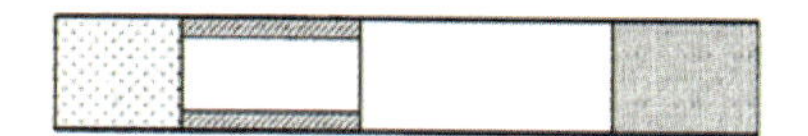

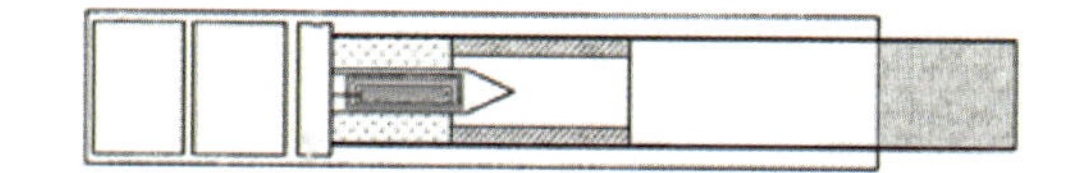

图 3-47　CN201580023039. 8 专利配图

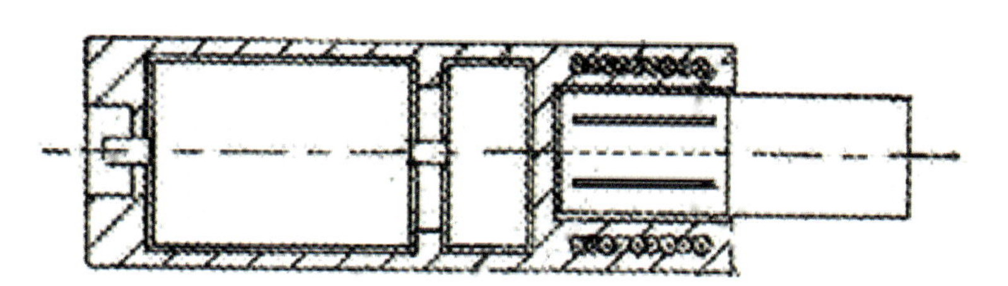

图 3-48　CN201680056147. X 专利配图

专利《与用于加热可点燃抽吸材料的装置一起使用的盒》(CN201680049091. 5)涉及一种外壁可磁化的金属材料(见图 3-49)。内部填充烟草物料的小盒放入电磁加热器具,盒壁受热使烟草物料释放烟气。

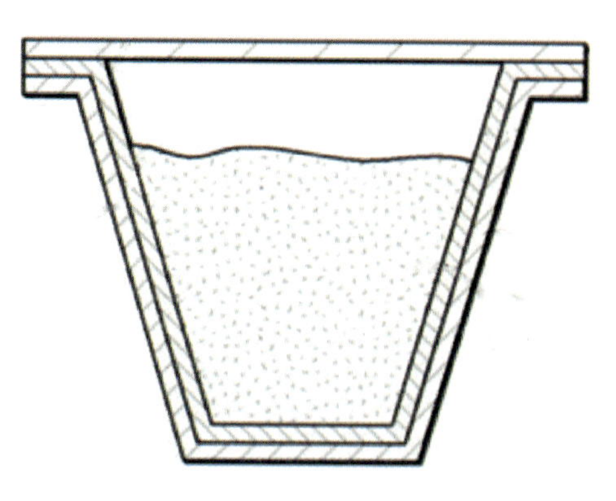

图 3-49　CN201680049091. 5 专利配图

专利《加热可抽吸材料》(CN201380048636.7)介绍了一种通过电流改变磁场，实现材料加热并释放烟气的技术和产品(见图 3-50)。产品设计了加热元件，并在滤嘴位置添加了热电偶传感器进行温度控制。

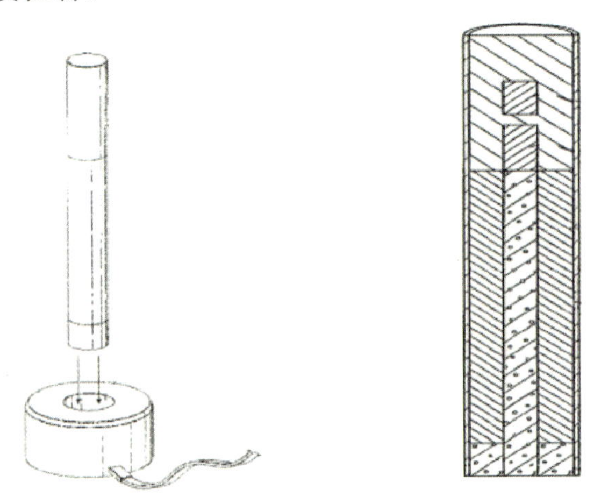

图 3-50　CN201380048636.7 专利配图

专利《用于加热可点燃抽吸材料的装置》(CN201680049874.3)介绍了一种电磁加热装置的设计方案(见图 3-51)。该系统包括用于加热可点燃抽吸材料以挥发可点燃抽吸材料的至少一种成分的装置。该装置通过磁场发生器产生变化磁场，使加热器内的磁性加热材料发生电磁加热效应，加热相关区域以释放烟气。该装置的加热元件是环绕加热区域的管状加热元件。

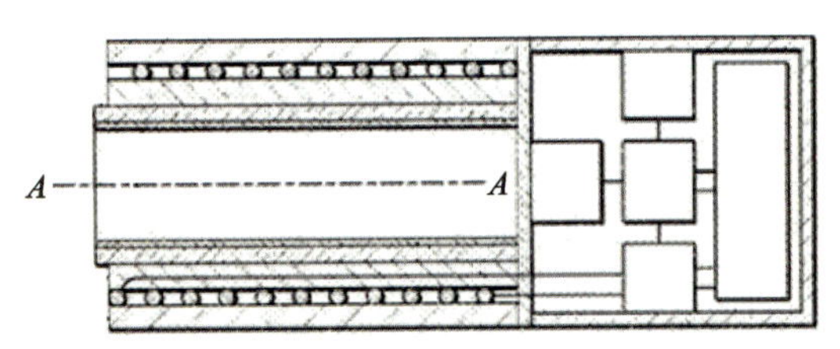

图 3-51　CN201680049874.3 专利配图

专利《用于加热可抽吸材料的设备》(CN201680049479.5)介绍了一种电磁加热装置的设计方案(见图 3-52)。该方案通过电路切换实现磁场的转化，在设备的加热腔体中央或者边缘添加一个或者多个固定的热受体实现热量的传递，使加热器内的磁性加热材料发生电磁加热效应，并加热最终的烟草原料释放烟气。

专利《用于加热能点燃抽吸材料的设备》(CN201680061969.7)介绍了一种可以加热燃烧腔体侧壁的电磁加热装置(见图 3-53)，用于新型烟草产品的设计开发。

专利《与用于加热可抽吸材料的装置一起使用的物品》(CN201680063648.0)介绍了一种创新性的新型烟草的设计方案(见图 3-54)。烟草物料和热受体材料被包装在一个小袋内，小袋放入电磁加热腔体内进行传感加热释放烟气。这种设计发挥了电磁感应加热的热传导效应优势，简化了烟弹的结构，有利于降低生产成本。

专利《与用于加热可抽吸材料的设备一起使用的制品》(CN201680077608.1)介绍了一

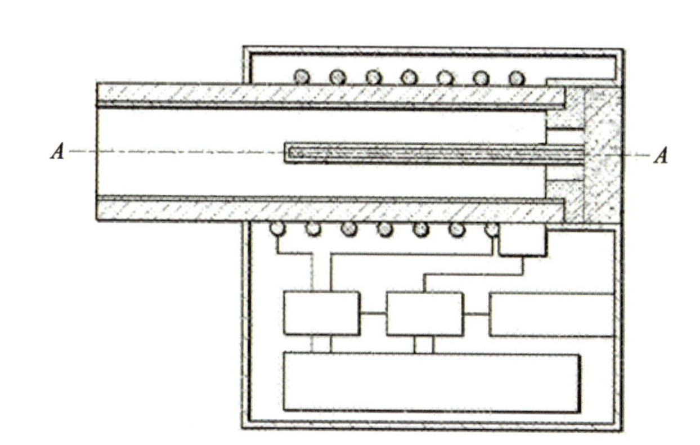

图 3-52　CN201680049479.5 专利配图

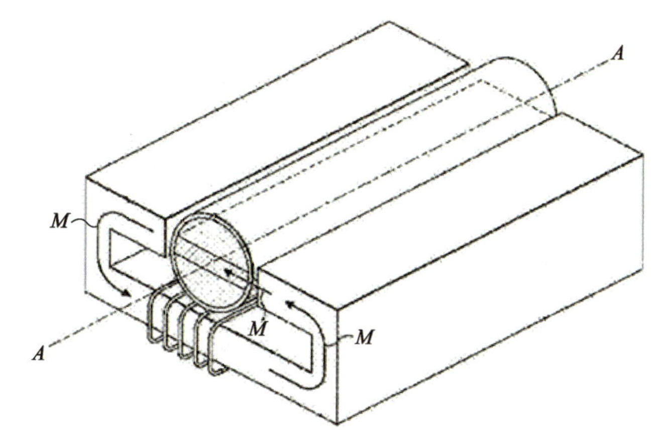

图 3-53　CN201680061969.7 专利配图

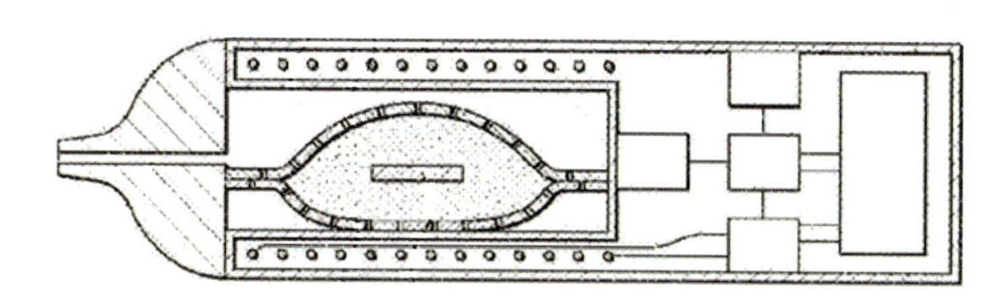

图 3-54　CN201680063648.0 专利配图

种电磁加热烟草的结构设计与生产技术，在薄膜状的热受体材料上涂布烟草物料，再将涂布复合后的薄膜卷制成为圆柱状，放入电磁加热腔体内进行传感加热释放烟气（见图 3-55）。

专利《与用于加热可点燃抽吸材料的装置一起使用的制品》（CN201680048984.8）介绍了在烟草物料中添加条状、片状、线状、螺旋线状、管状的热受体材料并切割制成棒状的物料，放入电磁加热腔体内进行传感加热释放烟气的技术（见图 3-56）。

专利《与用于加热可点燃抽吸材料的装置一起使用的物品》（CN201680049679.0）介绍了在烟草物料外壁添加管状的热受体材料膜并切割制成棒状的物料，放入电磁加热腔体内进行传感加热释放烟气的技术（见图 3-57）。

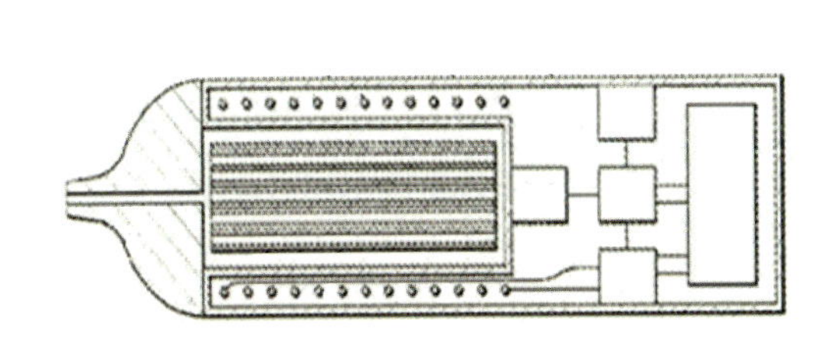
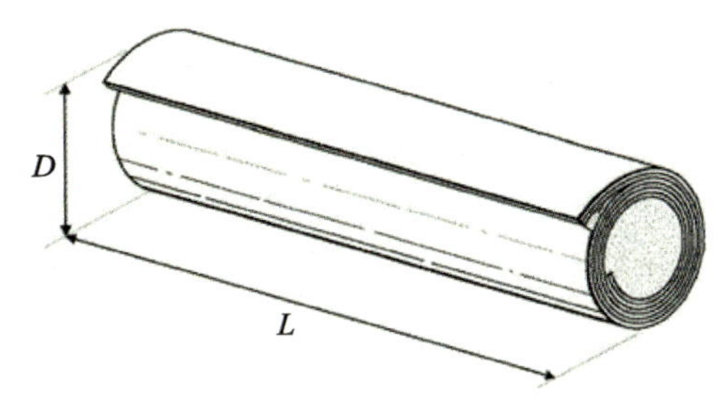

图 3-55　CN201680077608.1 专利配图

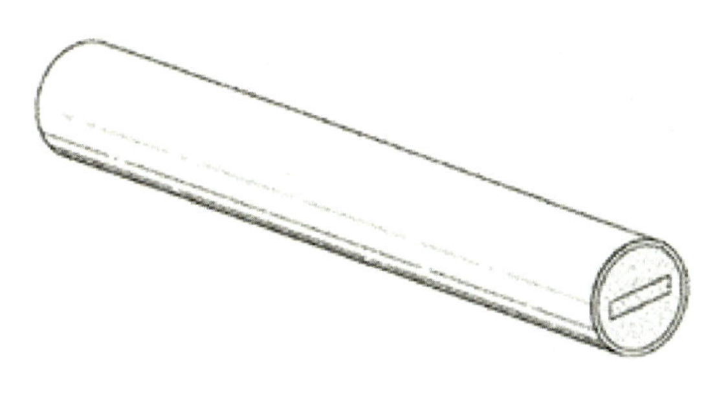

图 3-56　CN201680048984.8 专利配图

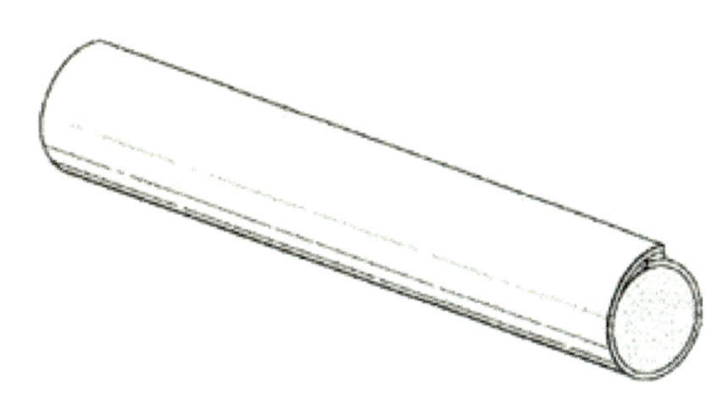

图 3-57　CN201680049679.0 专利配图

专利《与用于加热可点燃抽吸材料的装置一起使用的材料》(CN201680049815.6)介绍了在烟草物料中添加多个环形元件的热受体材料，每个元件均为包括加热材料的闭合回路，该加热材料通过用变化磁场穿透加热(见图 3-58)。

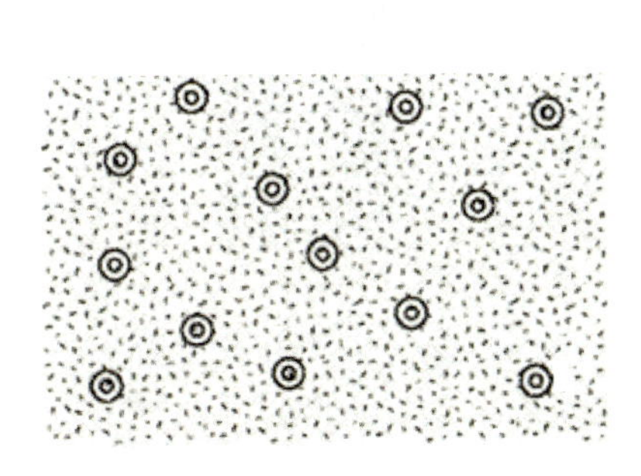
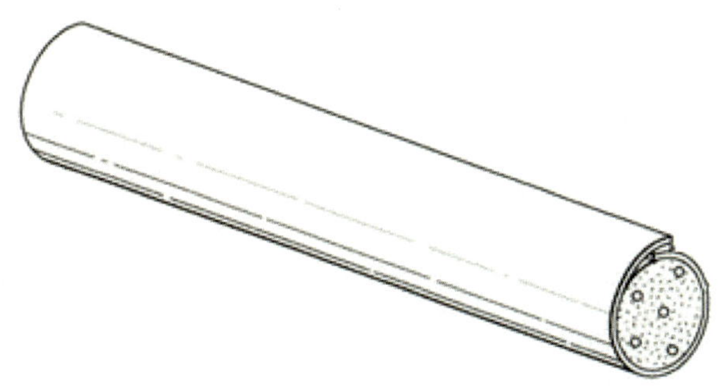

图 3-58　CN201680049815.6 专利配图

专利《与用于加热可抽吸材料的设备一起使用的制品》(CN201680072882.X)介绍了一种电磁加热的新型烟草的产品形式，在烟草物料中添加一个热受体加热片，压合成为块状，放入电磁加热腔体内进行传感加热释放烟气(见图 3-59)。

在这一领域，国内也有一些企业进行了专利申报。

川渝中烟申报的专利《用于加热不燃烧卷烟的电磁加热型抽吸装置》(CN201410363370.1)介绍了一种电磁加热器具的结构(见图 3-60)。电磁感应系统包括温控电路和连接在温控电路上的感应线圈，感应线圈螺旋缠绕于加热腔的外部。系统通过电磁感应系统的电磁加热方式对内胆加热体进行加热，由内胆加热烟草制品释放烟气，并通过布置多段电池线圈实现分段加热。

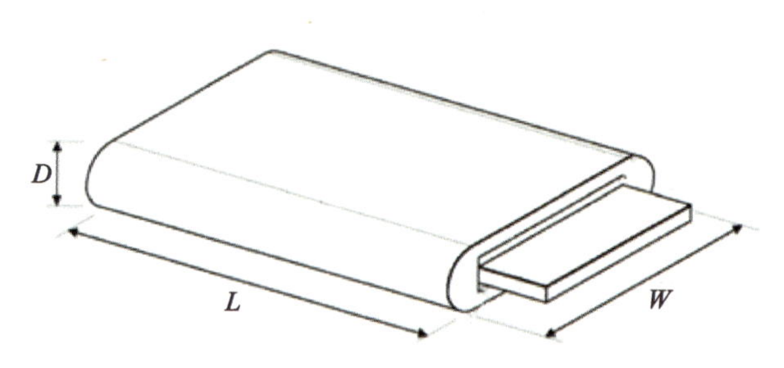

图 3-59 CN201680072882.X 专利配图

浙江中烟申报的专利《一种基于电磁波加热的非燃烧吸烟装置》(CN201310685066.4)介绍了一种电磁加热烟具的设计(见图 3-61)。加热器采用电磁波加热元件,电磁波加热元件包括线圈和加热内套,线圈和加热内套相匹配实现加热。

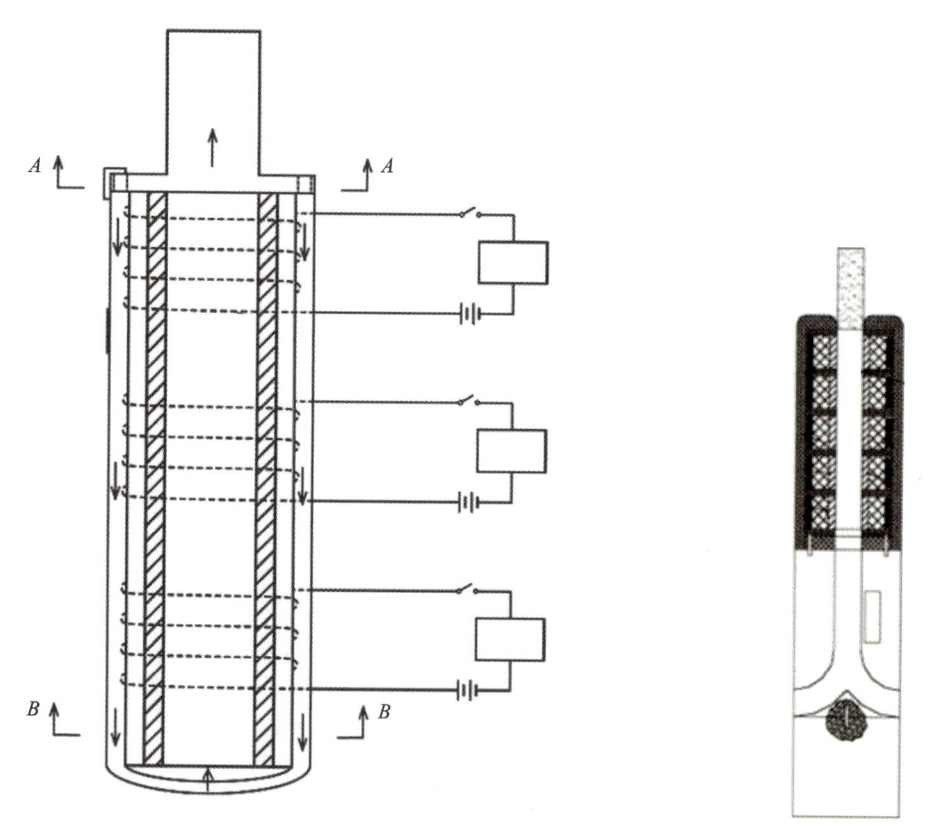

图 3-60 CN201410363370.1 专利配图

图 3-61 CN201310685066.4 专利配图

河南中烟申报的专利《一种带有加热头的电磁加热型加热不燃烧新型卷烟用卷烟》(CN201520621608.6)、《一种电磁加热型加热不燃烧新型卷烟加热装置》(CN201520621349.7)对使用电磁技术的烟弹、烟支进行了介绍。烟弹的具体结构设计为在烟草物料中部添加金属物体(见图 3-62)。

湖南中烟申报的专利《具有悬空加热部件的低温烟具及烟雾抽吸系统》(CN201720867251.9)介绍了一种电磁加热烟具的设计(见图 3-63)。设备包括电磁感应线

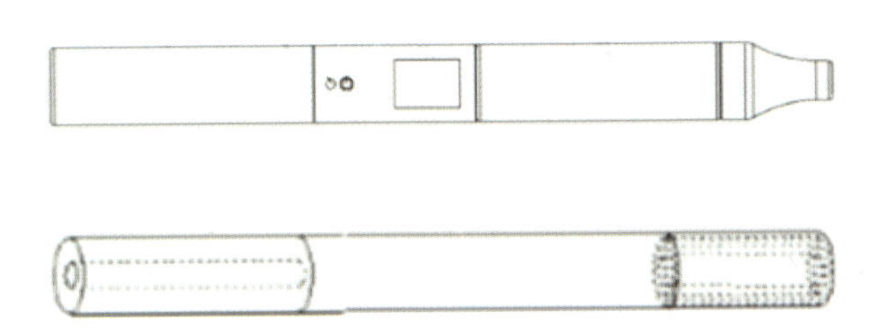

图 3-62　CN201520621608.6、CN201520621349.7 专利配图

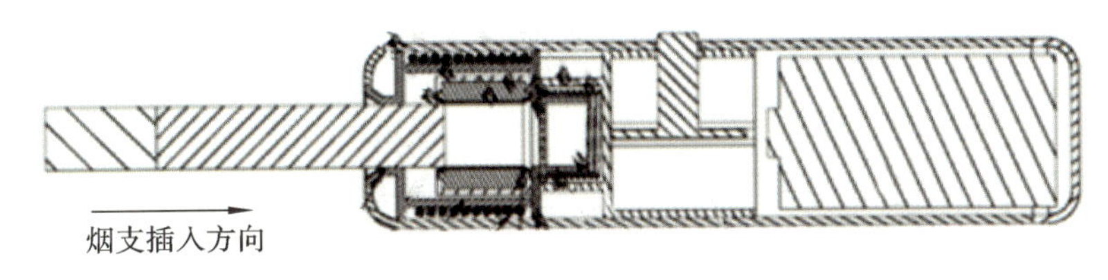

图 3-63　CN201720867251.9 专利配图

圈及为电磁感应线圈提供高频振荡电流的控制模块，发热体位于所述电磁感应线圈包围的空间内。烟支插入时通过弹性组件的回复力作用控制插入预设距离，提高加热效率，改善隔热效果。

上述专利信息显示了电磁加热技术对于新型烟草产品的适用性和电磁加热技术的良好发展前景。目前各大卷烟企业与外部研究机构已经开始在这一领域进行广泛的技术开发与知识产权占位。目前，菲莫国际的专利布局最为系统，涉及电磁线圈的布局、感应加热材料的添加位置和添加方式、利用不同材料居里温度对产品加热温度进行控制的方法、匹配合适温度曲线等。菲莫国际的专利多是围绕当前 IQOS 产品进行演化，在相关烟弹设计上延续了 IQOS 的技术体系。英美烟草的专利对感应加热材料的添加位置和添加方式进行了较多介绍，并展示了小杯状、小袋状、块状的不同形态的加热不燃烧烟草产品的设计方案，但是对于具体的工作参数条件描述不多。国内的设计更多体现了电磁技术在新型烟草领域的设想，在产品设计、技术原料、工程化方案上并未形成系统框架。

通过对相关专利的剖析发现，卷烟企业以商品化的产品为研发目标，实现产品技术的突破，结合具体的产品对其中的结构原理、电路设计、温度控制曲线、烟弹结构、热受体材料、热受体添加工艺、产品外观设计以及一些关键性的工作指标参数进行专利保护框架的规划与实施，建立电磁加热卷烟的系统性专利体系。

3.3.2　国外电磁加热烟具产品技术分析

3.3.2.1　菲莫国际电磁烟具产品

1. 线圈截面形状

专利为《用于产生气雾的感应加热装置和系统》(CN201580000916.X)(见图 3-64)。该专利介绍了用于产生气雾的感应加热装置。感应加热装置包括装置壳体和连接至感应线圈并向感应线圈提供高频电流的电源。装置壳体包括用于容纳包括气雾形成基质和感受器的气雾形成插入件的至少一部分的内表面的腔，还包括具有磁场轴线的感应线圈（感应线圈布置成方便包围腔的至少一部分的形式）。形成感应线圈的导线材料具有包括主要部分的截面，主要部分包括沿着磁场轴线的纵向延伸部分和垂直于磁场轴线的侧向延伸部分，纵向延伸部分比侧向延伸部分长。

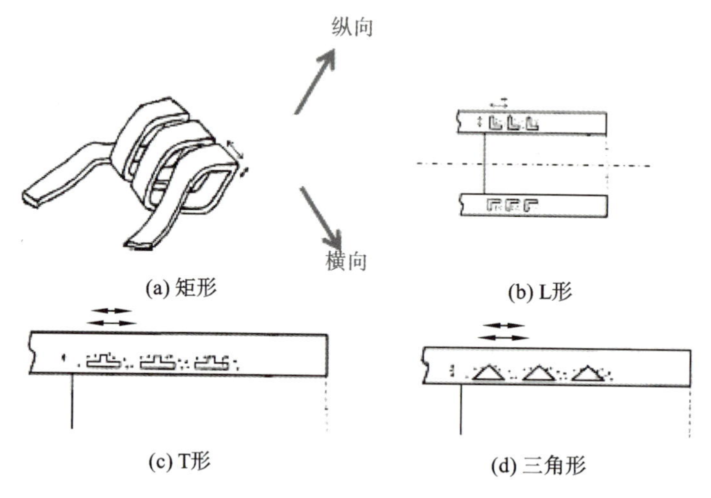

图 3-64 CN201580000916.X 专利配图

技术要点：线圈横截面中纵向延伸部分比侧向延伸部分长；与由圆形截面导线形成的常规螺旋状感应线圈相比，导线材料完全或至少在主要部分上是展平的。因此，主要部分中的导线材料沿着线圈的磁场轴线延伸，并且沿径向方向延伸较小的程度。这种措施可以减少感应线圈中的能量损失。

2. Iluma 充电器结构

专利为《具有容器的气溶胶生成系统》(CN201880025304.X)。该专利设计了一种包括气溶胶生成装置和容器的电操作气溶胶生成系统，容器配置成接收气溶胶生成装置。容器包括具有开口的壳体以及枢转地连接到壳体并在打开位置和关闭位置之间相对于壳体可枢转的装置保持器。装置保持器包括布置成可释放的保持气溶胶生成装置的外壁和一个或多个内壁。装置保持器具有第一端和与第一端相对的第二端，装置保持器在第一端或周围枢转地连接到壳体。

技术要点：Iluma 充电器与加热棒的结构与装配关系。一种电操作气溶胶生成系统包括以下部分：气溶胶生成装置，包括近端和与近端相对的远端，远端具有远端面；第一可再充电电源；用于在近端接收气溶胶形成基质的腔；配置成接收气溶胶生成装置的容器，容器包括具有开口的壳体、枢转地连接到壳体并在打开位置和关闭位置之间相对于壳体可枢转的装置保持器，装置保持器包括布置成可释放的保持气溶胶生成装置的外壁和一个或多个内壁；第二可再充电电源，第二可再充电电源容纳在壳体中并布置成当气溶胶生成装置接收在装置保持器中且装置保持器处于关闭位置时向气溶胶生成装置供电，装置保持器具有第一端和与第一端相对的第二端，装置保持器在第一端或周围枢转地连接到壳体；电连接器，包括在气溶胶生成装置的远端面处的第一连接器部分以及当装置保持器处于关闭位置时在装置保持器的第一端或周围的容器的壳体或装置保持器中的第二连接器部分，当气溶胶生成装置接收在装置保持器中且装置保持器处于关闭位置时，第一连接器部分和第二连接器部分布置成可释放的电连接。

Iluma 充电器如图 3-65 所示。

图 3-65　Iluma 充电器

3. Prime 充电器结构

专利为《具有充电装置的气溶胶生成系统》(CN201780093720.9)(见图 3-66)。该专利设计了一种可电操作的气溶胶生成系统：包括一次电源的充电装置、包括二次电源的细长气溶胶生成装置。充电装置具有被构造成与气溶胶生成装置接合的对接装置，对接装置包括限定在第一端和与第一端相对的第二端之间的对接空间，第二端与第一端间隔并相对第一端固定。对接空间容纳细长气溶胶生成装置。气溶胶生成装置可借助横向运动与对接装置接合。

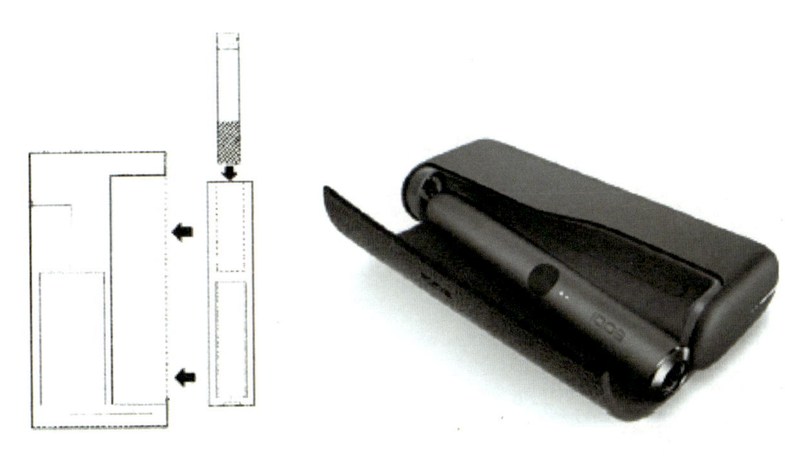

图 3-66　CN201780093720.9 专利配图及 Prime 充电器

技术要点：充电器具有两对接端、加热棒安装在两对接端之间的一种可电动操作的气溶胶生成系统，包括一个充电装置(包括一次电源)和一个细长气溶胶生成装置(包括二次电源)；充电装置具有一个对接装置，与气溶胶生成装置接合，包括在第一端和第二端之间定义的对接空间，第二端与第一端间隔并相对第一端固定，对接空间容纳细长气溶胶生成装置。

4. Iluma 触点结构

专利为《具有电连接器的气溶胶生成系统》(CN201880025357.1)。该专利设计了一种电操作气溶胶生成系统、一种电操作气溶胶生成装置以及一种用于电操作气溶胶生成系统的充电单元。电操作气溶胶生成系统包括气溶胶生成装置、配置成接收气溶胶生成装置的充电单元。气溶胶生成装置具有第一连接器部件，充电单元具有第二连接器部件。第一连接器部件包括第一电触点、至少部分环绕第一电触点的第二电触点，以及至少部分环绕第一电触点的第三电触点。第二连接器部件包括第一电触点、与第一电触点径向向外间隔的第二电触点，以及与第一电触点径向向外间隔的第三电触点。第一连接器部件和第二连接器部件布置成当气溶胶生成装置由充电单元接收时，第一连接器部件和第二连接器部件电接合。第一连接器部件和第二连接器部件的电触点布置成当第一连接器部件和第二连接器部件电接合时，第一连接器部件的第一电触点电接合第二连接器部件的第一电触点，第一连接器部件的第二电触点电接合第二连接器部件的第二电触点和第三电触点中的一个，第一连接器部件的第三电触点电接合第二连接器部件的第二电触点和第三电触点中的另一个，不论第二连接器部件相对第一连接器部件的角位置如何。CN201880025357.1 专利配图及 Iluma 触点结构如图 3-67 所示。

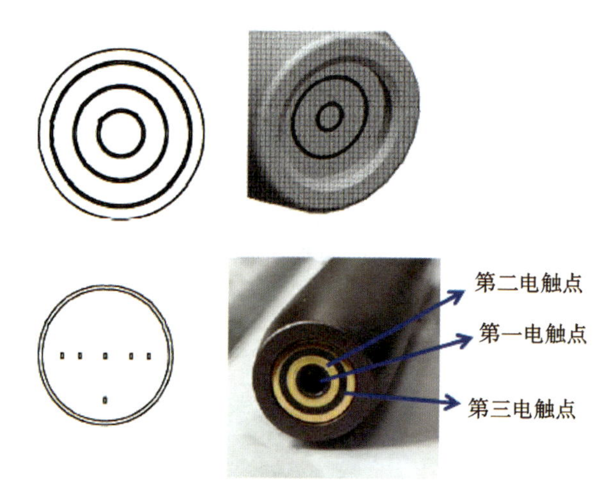

图 3-67　CN201880025357.1 专利配图及 Iluma 触点结构

5. 电路结构

专利为《感应加热装置、包括感应加热装置的气雾递送系统和操作该系统的方法》(CN201580000864.6)(见图 3-68)。该专利设计了一种用于加热包括感受器的气雾形成基底的感应加热装置，包括装置外壳、DC 电源(DC 电源用于提供 DC 供电电压和 DC 电流)、电源电子设备(电源电子设备包括 DC/AC 变换器，DC/AC 变换器包括 LC 负载网络，LC 负载网络包括电容器和具有电阻的电感器的串联连接)。空腔在装置外壳中，用于容纳气雾形成基底的一部分，以将电感器感应耦合到感受器。电源电子设备还包括微控制器，微控制器被编程为通过 DC 供电电压和 DC 电流确定视在电阻，并通过视在电阻确定感受器的温度。微控制器还被编程为监视视在电阻的变化，并且在用户吸入过程中当确定指示感受器的温度下降的视在电阻减小时检测到吸烟。

技术要点：电源电子设备包括连接到直流电源的直流/交流逆变器，直流/交流逆变器包括 E 类功率放大器，E 类功率放大器包括晶体管开关、晶体管开关驱动电路和 LC 负载网络，LC 负载网络被配置为在低负载下工作，LC 负载网络包括并联电容器和具有电阻的电感器的串联连接;布置在装置外壳中的腔体具有成形为容纳气溶胶形成基板的至少一部分的内表面,腔体的布置使在空腔中容纳气溶胶形成基板的部分时,*LC* 负载网络的电感器在操作期间感应耦合到气溶胶形成基板的感受器。

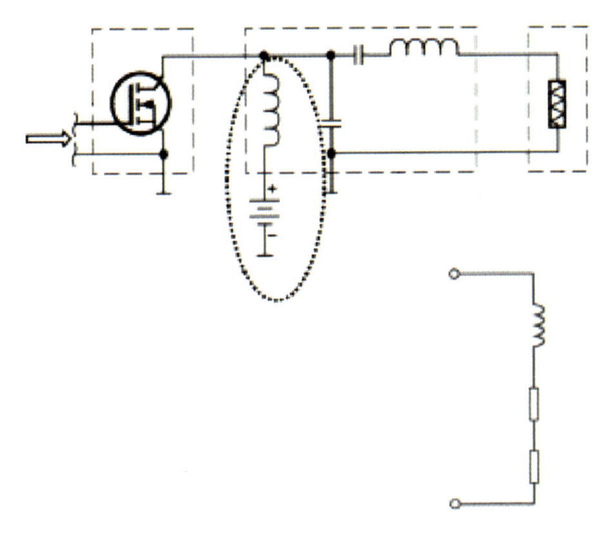

图 3-68 CN201580000864.6 专利配图

6. 感受器温度确定

专利为《感应加热装置、包括感应加热装置的气溶胶递送系统及其操作方法》(CN201580015503.9)(见图 3-69)。该专利介绍了一种用于加热包括感受器的气溶胶形成基质的感应加热装置,包括装置壳体、直流电源(用于提供 DC 供电电压和 DC 电流)、电源电子设备,包括 DC/AC 变换器,DC/AC 变换器包括 *LC* 负载网络,*LC* 负载网络包括串联连接的电容器和具有电阻的电感器。空腔在装置壳体中,用于容纳气溶胶形成基质的一部分,以将 *LC* 负载网络的电感器感应连接到感受器。电源电子设备还包括微控制器,通过 DC 供电电压和 DC 电流确定视在电阻,并通过视在电阻确定感受器的温度。

技术要点:通过计算电路的视在电阻来确定感受器温度。微控制器被编程为在操作中根据直流电源的直流电源电压和从直流电源引出的直流电流确定视在电阻,并进一步被编程为根据视在电阻确定气溶胶形成基板的感受器的温度。

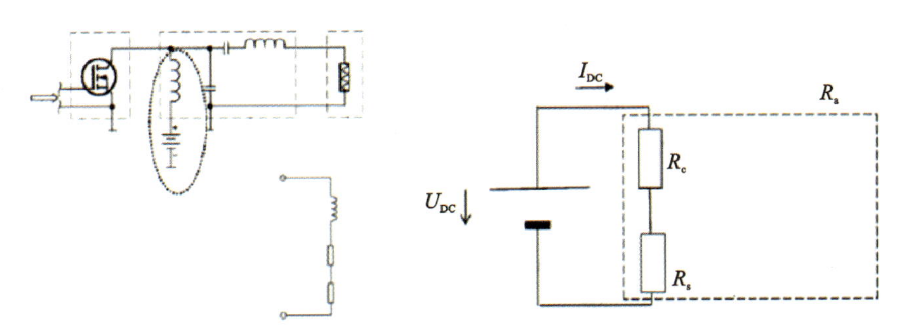

图 3-69 CN201580015503.9 专利配图

7. 抽吸口数确定

专利为《感应加热装置、包括感应加热装置的气雾递送系统和操作该系统的方法》(CN105307524A)(见图 3-70)。该专利介绍见电路结构的专利介绍。

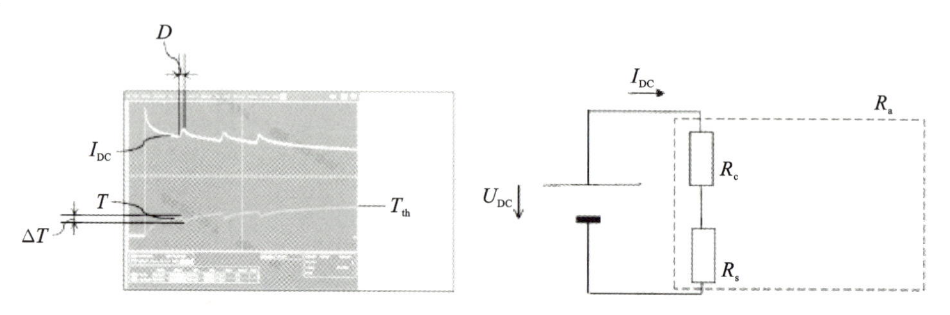

图 3-70 CN105307524A 专利配图

技术要点:根据感受器温度的下降来表示使用者在抽吸,从而记录抽吸口数。Iluma每次吸烟时间为 6 分钟,抽吸口数为 14 口。微控制器被编程为在操作中根据直流电源的直流电源电压以及从直流电源引出的直流电流得到视在电阻,经进一步编程以在操作中根据视在电阻确定气溶胶形成基板的接收器的温度,并经进一步编程以监测视在电阻的变化以及在确定视在电阻降低时检测抽吸,表示使用者吸入期间接收器的温度降低。

3.3.2.2 英美烟草电磁烟具产品

1. 周向加热组件

专利为《用于加热可抽吸材料的装置和系统》(CN202211055832.4)(见图 3-71)。该专利公开了一种用于加热可点燃抽吸材料以挥发可点燃抽吸材料的至少一种成分的装置。该装置包括如下部分:加热区域,用于接收包括可点燃抽吸材料的制品的至少一部分;磁场发生器,用于产生变化的磁场;细长的加热元件,至少部分围绕加热区域延伸并包括加热材料,通过变化的磁场穿透加热,以将加热区域加热。

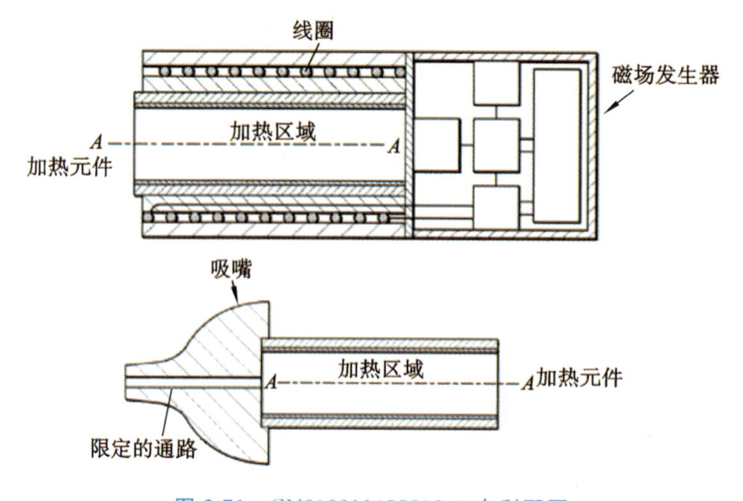

图 3-71 CN202211055832.4 专利配图

技术要点：提供了一种用于加热可点燃抽吸材料以挥发可点燃抽吸材料的至少一种成分的装置。该装置包括以下部分：加热区域，用于接收包括可点燃抽吸材料的制品的至少一部分；磁场发生器，用于产生变化的磁场；细长的加热元件，至少部分围绕加热区域延伸并包括加热材料，通过变化的磁场穿透加热，以将加热区域加热。吸嘴限定与加热器区域流体连通的通道；吸嘴相对主体是能移动的，以允许进入加热器区域；吸嘴包括细长的加热元件。

本专利通过对细长的加热元件设置在加热器区域周围的不同的设计，使磁场发生器产生多个变化的磁场，通过选择合适的物体材料和几何形状，以及相对物体的适当变化的磁场量级和取向，以穿透加热元件的不同的相应部分，可以实现物体的快速升温和更均匀的热量分布。

2. 管状加热元件

专利为《管状加热元件适用于可气溶胶材料》(WO 2019/129552 A1)(见图 3-72)。该专利公开了一种管状加热元件，用于加热可气溶胶材料以使可气溶胶材料的至少一种组分挥发。管状加热元件包括加热材料层，可通过在管状支撑件上以变化的磁场穿透加热。管状加热元件的壁厚不大于 1 mm。此外，管状加热元件包括耐热保护涂层。加热层包括基于钴或镍的铁磁性材料。

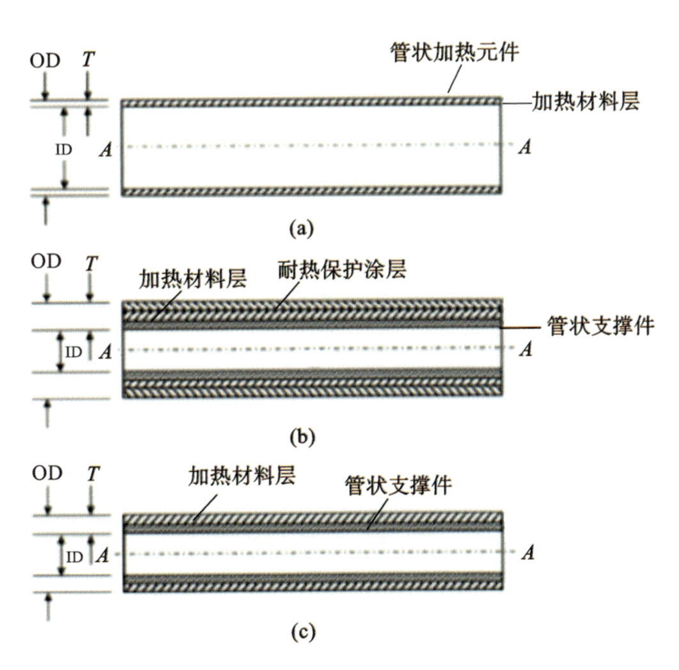

图 3-72　WO 2019/129552 A1 专利配图

技术要点如下。

方案 1：管状加热元件包括可通过变化的磁场穿透加热的加热材料，具有中空的内部区域，在加热元件的内径和外径之间的壁厚 T 不超过 1 mm。方案 2：管状加热元件包括耐热载体，载体上有涂层，涂层包括可通过变化的磁场穿透加热的加热材料，涂层位于管状支撑件的外侧。

方案 2:在感应加热期间,来自变化磁场的能量被传递到管状加热元件的加热材料,导致加热材料的温度升高;为了使加热材料尽可能有效地加热,将能量传递到加热材料应该尽可能没有损耗,以便传递的能量快速转化为热量;减小管状加热元件的热质量增加了给定能量输入的温度变化;通过提供壁厚不大于 1 mm 的管状加热元件,管状加热元件的热质量可以保持较低。方案 2:管状支撑件上的耐热保护涂层可以增加加热元件的热质量,还可以保护使加热材料免受机械磨损的涂层。

3. 加热元件涂层

专利为《加热元件适用于可气溶胶材料》(WO 2019/129553 A1)(见图 3-73)。该专利公开了一种加热元件,用于加热可气溶胶材料,以使可气溶胶材料的至少一种组分挥发。加热元件包括耐热支撑件、支撑件上的涂层(包含钴的涂层、耐热保护涂层)。此外,该专利公开了一种用于加热与加热元件热接触的可气溶胶材料的设备,还公开了一种使用加热元件加热可气溶胶材料的系统。设备包括磁场发生器,用于产生变化的磁场。

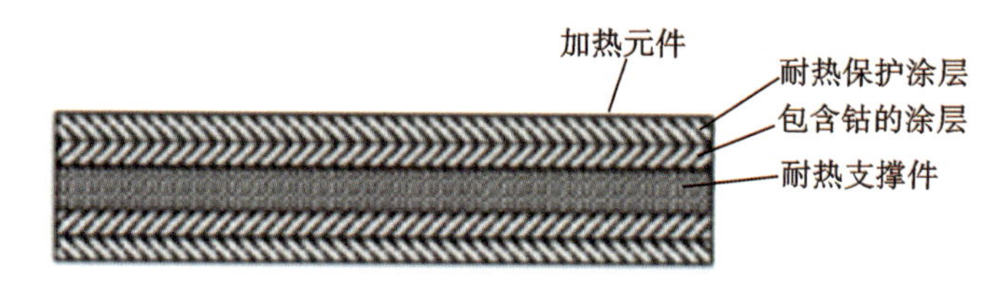

图 3-73 WO 2019/129553 A1 专利配图

技术要点:加热元件包括耐热载体和载体上的涂层(涂层包含钴)。加热元件的钴涂层的钴是导电材料,这种穿透导致在加热元件的钴涂层中产生一个或多个涡流。涡流抵抗钴的电阻导致加热元件被加热。由于钴是铁磁性的,钴中的磁偶极子的取向可随着施加的磁场的变化而变化,这导致在加热元件的钴涂层中产生热量。加热元件中产生的热量通过传导(和/或可能的对流)有效地传递到可气溶胶材料。

钴涂层可以实现加热元件的快速温度升高和更均匀的热分布。

4. 双线圈感应装置

专利为《感应加热装置》(CN201780064241.4)(见图 3-74)。该专利描述了一种感应加热装置,其与用于加热可抽吸材料以使可抽吸材料的至少一种成分挥发的装置一起使用。感应加热装置包括以下部分:感受器装置;第一感应线圈和第二感应线圈;控制电路,用于控制第一感应线圈和第二感应线圈。感受器装置可通过用变化磁场穿透来加热,以加热可抽吸材料。第一感应线圈用于产生用来加热感受器装置的第一段的第一变化磁场,第二感应线圈用于产生用来加热感受器装置的第二段的第二变化磁场。控制电路被配置为使当有效地驱动第一感应线圈和第二感应线圈中的一者以产生变化磁场时,第一感应线圈和第二感应线圈中的另一者是无效的,同时被配置为使第一感应线圈和第二感应线圈中的无效的一者不承载由第一感应线圈和第二感应线圈中的有效的一者感应出的足以导致明显加热感受器装置的电流。

技术要点:本专利设置有 2 个感应线圈,第一感应线圈用于产生加热感受器第一段的变化磁场,第二感应线圈用于产生加热感受器第二段的变化磁场。控制电路通过以给定开关率接通其中一个 FET,同时断开另一个 FET 的方式,实现在其中一个线圈单独工作时,

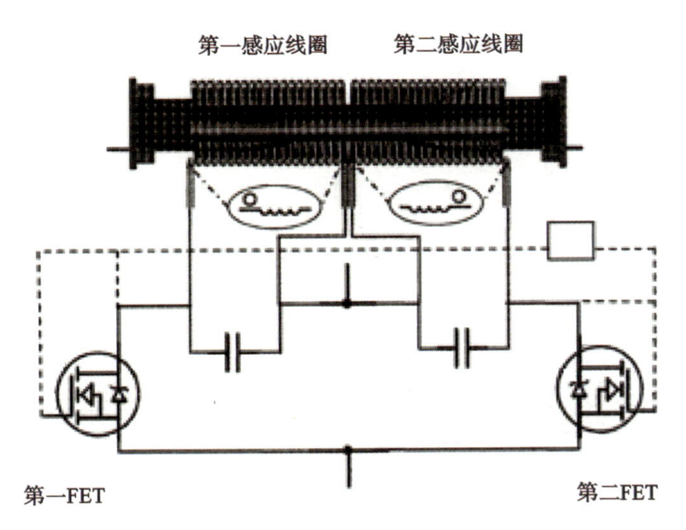

图 3-74 CN201780064241.4 专利配图

防止因磁场变化在另一个线圈中产生足以加热感受器的感应电流。例如，当操作第一感应线圈时，接通第一 FET，断开第二 FET，以防止足以导致第二段感受器明显加热的电流流入第二感应线圈。

第一感应线圈或第二感应线圈可以在一段操作时间内，单独给对应的感受器区段进行加热，而不会影响到其他线圈或者感受器区段，因此可以实现感受器的局部加热。

5. 多个感应元件的电路

专利为《用于气溶胶产生装置的多个感应元件的电路》(WO 2019/122097 A1)(见图 3-75)。该专利公开了用于气溶胶产生装置的多个感应元件的电路。每个感应元件用于感应加热一个或多个感受器，用于在使用中加热气溶胶产生材料。该电路包括多个驱动器装置，每个驱动器装置被布置成输入直流电、提供交流电到使用中的多个感应元件中的相应的一个。每个驱动器装置包括一个或多个第一晶体管，每个第一晶体管可由开关电位控制，以在使用中基本上允许电流通过。该电路还包括变换器，变换器被设置为升高输入电位以在使用中提供切换电位，由多个驱动器装置共用。

技术要点：本专利设置有多个驱动器，多个驱动器通过控制器与共同的变换器连接。每个驱动器分别与一个线圈连接。变换器用于输入交流电，供电总线控制器可以控制驱动器单独或者同时给线圈提供交流电，以控制对感受器的感应加热。

供电总线控制器可以打开或者关断驱动器，以控制输入第一线圈或者第二线圈的电流，来控制对感受器的某区段或者整个区域进行加热。多个驱动器共用一个变换器，降低了电路的复杂性和成本。

6. 复合式烟草介质及身份识别

专利为《气溶胶供给系统》(CN201880066361.2)(见图 3-76)。该专利设计了一种电子蒸汽供应系统，包括以下部分：吸入器组件，用于从蒸汽前体材料产生蒸汽；基座单元，可与吸入器组件连接和脱开。基座单元为吸入器组件建立标识符，当吸入器组件连接到基座单元时，为吸入器组件提供一定量的消耗品，供吸入器组件产生蒸汽以供用户吸入。吸入器部件与基座单元脱开，基座单元与消耗品已被提供给吸入器组件的指示相关联，建立吸入

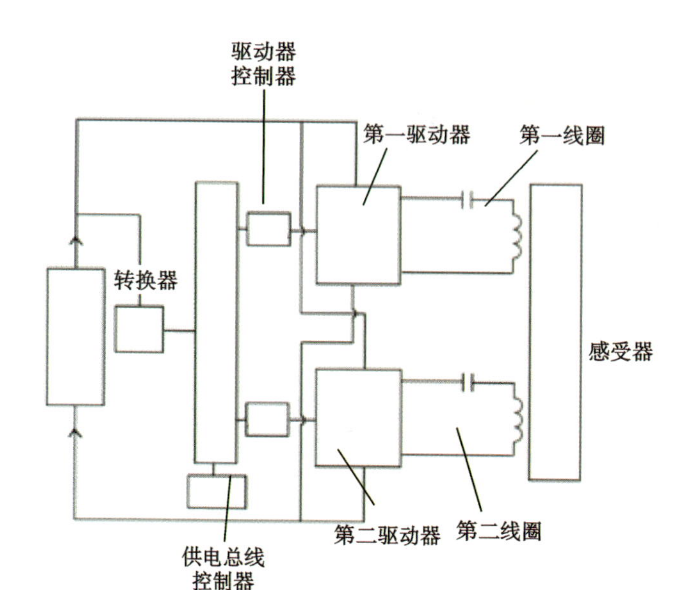

图 3-75 WO 2019/122097 A1 专利配图

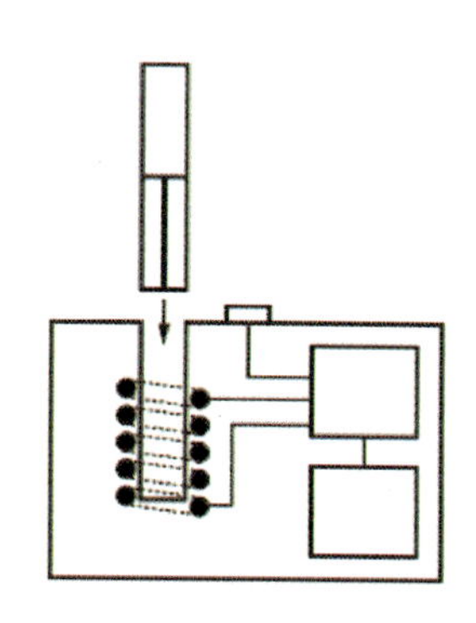

图 3-76 CN201880066361.2 专利配图

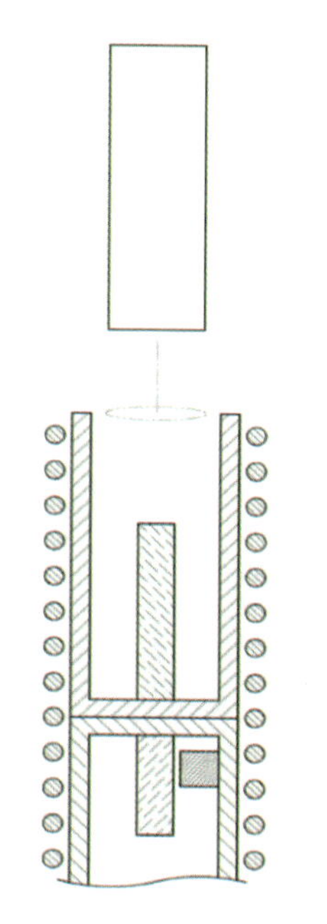

图 3-77 CN201980026969.7 专利配图

器组件的标识符的记录。

技术要点：对烟液进行电磁感应加热产生气雾。基座单元包括传感器，可在检测到吸入器组件插入时自动启动电磁加热。吸入器组件具有用于进行身份标识的 RFID 模块。方案1：仅加热烟液。方案2：具有烟草段，蒸发出的烟雾通过烟草段改变口味。方案3：具有烟草段，空气先经过烟草段再通过被加热的烟液段，以改变口味。方案4：具有烟草段，烟草、烟液均被电磁感应加热，烟液在前、烟草在后。方案5：具有烟草段，烟草、烟液均被电磁感应加热，烟液在后、烟草在前。方案6：烟嘴段具有改善气味的胶囊。

3.3.2.3 韩国烟草电磁烟具产品

1. 感应体的温度确定

专利为《气溶胶生成装置》（CN201980026969.7）（见图3-77）。该专利设计了一种气溶胶生成装置，包括以下部分：容纳部，通过形成在一端的开口部容纳卷烟，包括第一感受体、第二感受体，第二感受体与第一感受体隔开规定距离设置；线圈，交变地生成磁场，以使第一感受体和第二感受体发热；温度传感器，接近第二感受体设置，以测定第二感受体的温度分布曲线。第二感受体的温度分布曲线与第一感受体的温度分布曲线对应，第一感受体的温度通过第二感受体的温度分布曲线来确定。

2. 电磁屏蔽膜

专利为《包括感应线圈的气雾产生装置》（CN202080001770.1）（见图3-78）。本专利设计了一种气雾产生装置，包括以下部分：圆柱形的容纳香烟的容纳空间；沿容纳空间的外侧表面缠绕的感应线圈；向感应线圈供电的电源单元；控制供应给感应线圈的电力的控制单元；用于屏蔽由感应线圈释放的电磁波引起的电磁干扰的强磁体的屏蔽膜，屏蔽膜可以仅围绕感应线圈的外侧表面的一部分，以屏蔽频率不超过 500 kHz 的电磁波的电磁干扰。

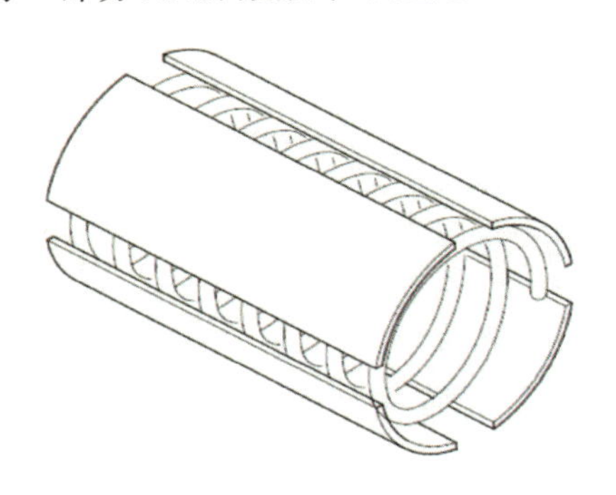

图 3-78　CN202080001770.1 专利配图

3. 烟具结构

专利为《气溶胶生成装置和气溶胶生成系统》(CN202080005382.0)(见图 3-79)。该专利设计了一种气溶胶生成装置，包括以下部分：开口，用于插入香烟；容置空间，用于容置通过开口插入的香烟；线圈，围绕容置空间设置并用于生成感应磁场；基座，用于利用从线圈生成的感应磁场生热；散热结构，围绕线圈设置并具有包括真空内部空间的双壁结构；屏障部分，用于屏蔽从线圈生成的感应磁场，设置在线圈与散热结构之间。

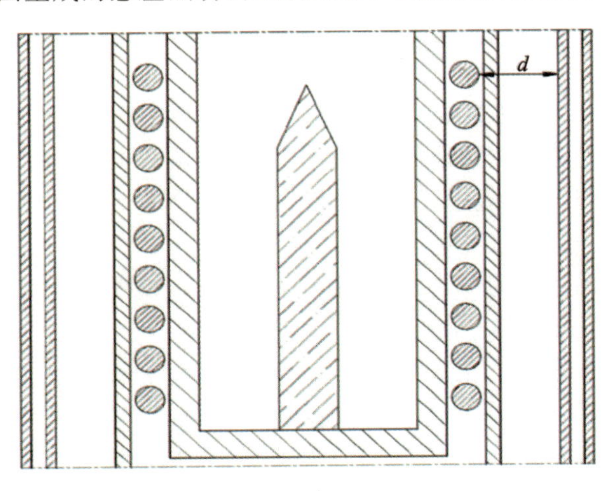

图 3-79　CN202080005382.0 专利配图

3.3.3　国内电磁加热烟具产品技术分析

3.3.3.1　MC 电磁加热烟具

1. 外观设计

产品采用一体式设计，整体尺寸为 96 mm×28.5 mm×21.5 mm，外观小巧、内部紧凑，如图 3-80 所示。

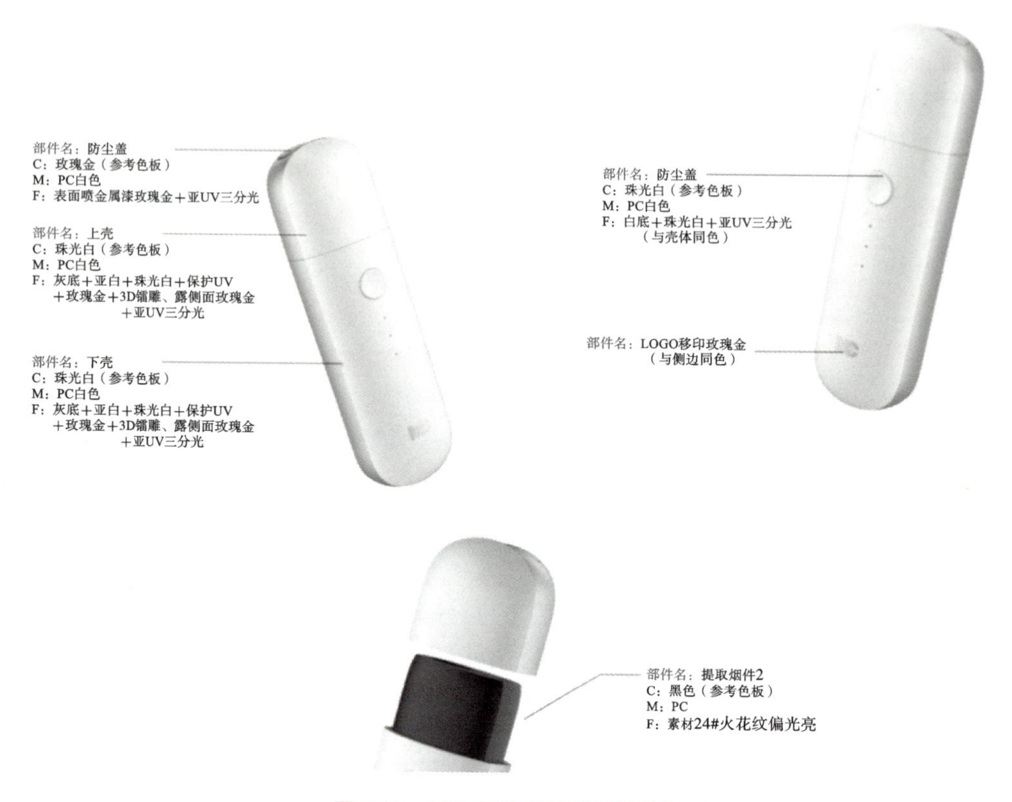

图 3-80　MC 电磁烟具 ID 设计图

2. 结构布局

MC 电磁烟具结构设计图如图 3-81 所示。发热体由于滑盖的需要偏心于产品一侧，发热体和组件外围留有足够的热管理设计空间。发热体组件上的热通过石墨片导到散热铝件上。散热铝件可以储热，并通过黑色粗糙表面向外辐射热量。上壳内置铝件让上壳温度尽量均匀，避免外壳局部温度过高。

烟具的电磁线圈的线径为 1.0 mm，绕线匝数为 12，绕线直径约 12 mm。烟具的中心发热体如图 3-82 所示，热电偶安置在发热体的高温区域。

MC 电磁烟具机身剖面图如图 3-83 所示。左边的绿色部分是 PCBA 板，正下方是按键及灯光组件，中间的红色零件为电池（需预留膨胀空间），各零部件的堆叠相当紧凑。

烟具由可拆卸的两部分组成，即机身及提取器，如图 3-84 所示。提取器主要由滑盖、滑盖磁铁、上壳、烟杯、烟杯顶盖、烟杯底盖、顶盖磁铁、底盖磁铁及磁铁屏蔽罩组成，烟杯底盖与上壳通过螺丝连接为一体。机身由下壳、按键、主板、USB 板、FPC 板、PCBA 支架、电池、散光片、绕线支架、线圈、PEEK 隔热件、散热铝件、泡棉、中壳、中壳磁铁和密封圈组成。主板支架材质为铝合金 ADC12，密封圈采用耐温 350 ℃的高温硅胶。散热铝件使用型材机加后，喷砂氧化，增强辐射散热的能力。

3. 控制系统

电磁加热的原理是通过控制板在线圈中产生交变电流，从而产生交变的磁场，当铁质物件放在磁场内，物件表面切割交变磁力线而在物件内产生交变的电流（涡流），物件内载

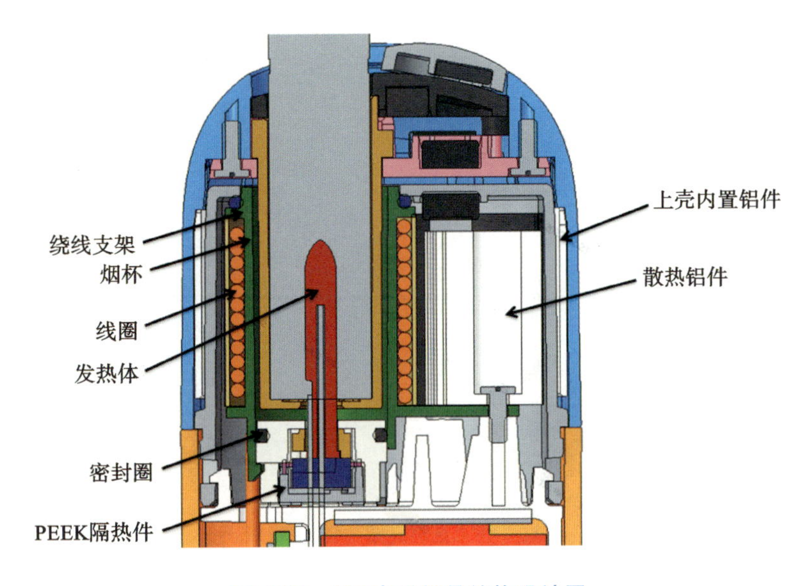

图 3-81　MC 电磁烟具结构设计图

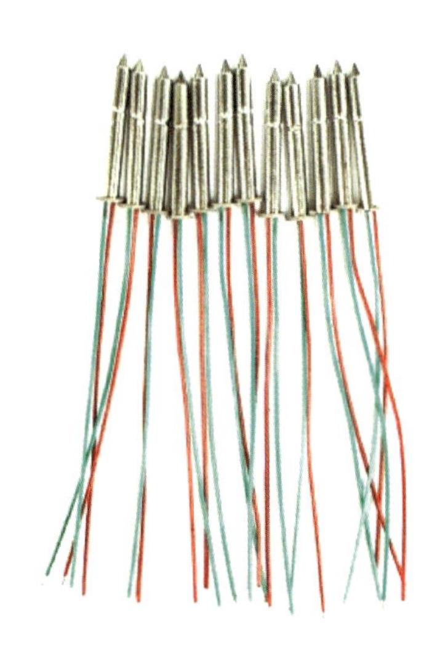

图 3-82　MC 电磁烟具中心发热体

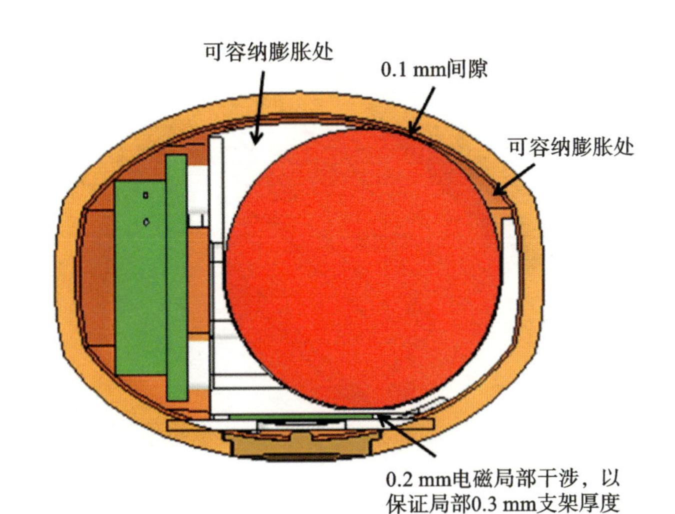

图 3-83　MC 电磁烟具机身剖面图

流子高速无规则运动，载流子与原子互相碰撞、摩擦而产生热能。电路采用桥式换向 *LC* 串联谐振方式，该方式具有效率高、可实现大功率输出的特点且电路精简，可降低 PCB 板面积，如图 3-85 所示。

线圈感量为 1.4 μH，谐振电容为 0.2 μF，理论计算谐振频率为 300 kHz。由于制造工艺和实际工作环境的影响，实际电子线路中的元器件及输入参数与其标称值之间总是存在着随机误差，设计出来的产品实际参数与理论计算出来的数值存在一定的误差。因此，在开机时，在理论工作频率的基础上，软件需要通过微调控制 MOSFET 开关频率，使设备工作在实际谐振点。测试实际产品线圈的波形，得到的工作频率为 301.2 kHz，如图 3-86 所

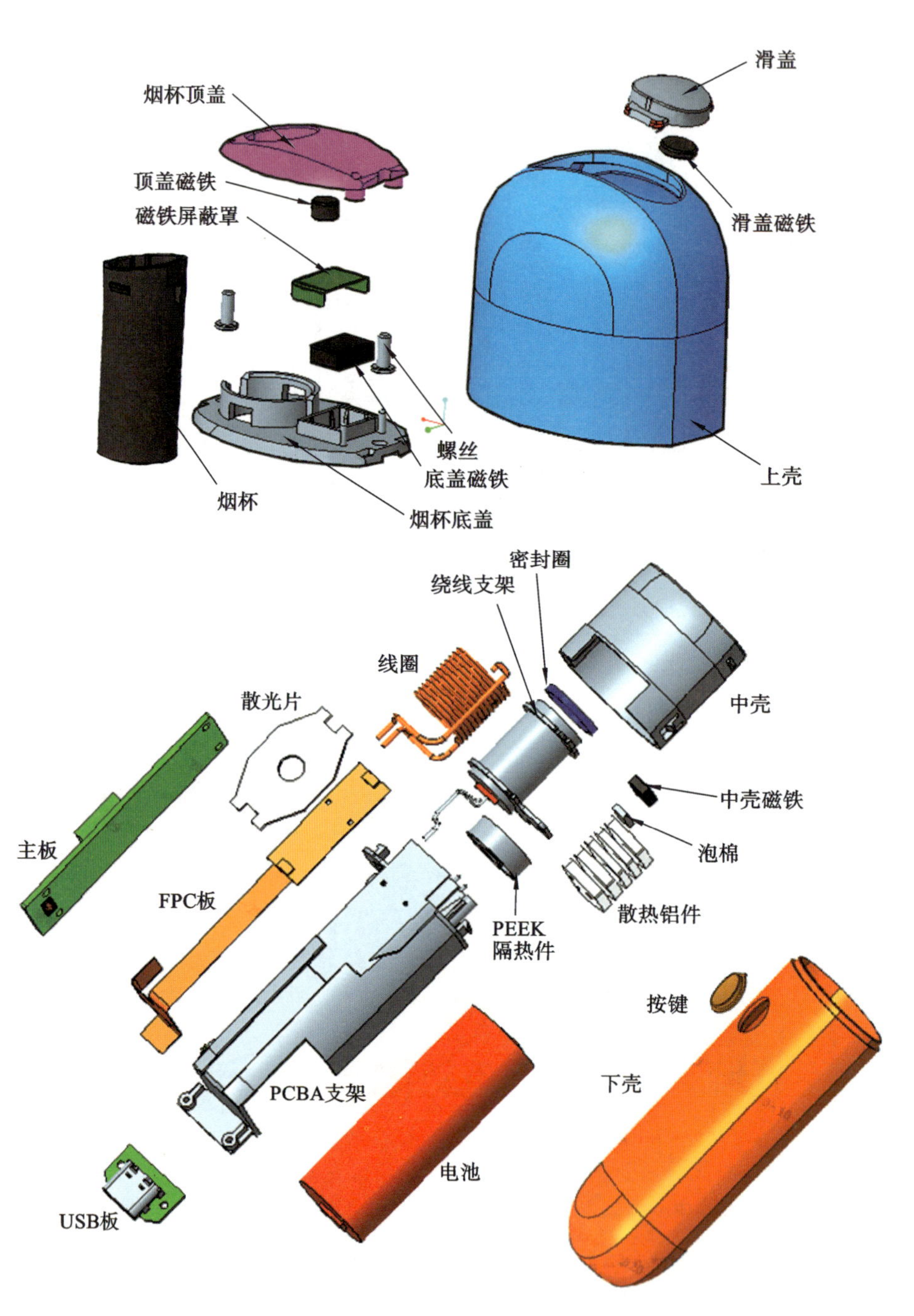

图 3-84　MC 电磁烟具装配图

示，与理论值基本上是保持一致的。

整体的电路设计是以高倍率锂离子电芯 16450 为设备供电单元，采用单片机 CKS32F031 为核心处理器，由电芯保护电路、充电管理电路、LDO 电路、控制电路、升压电路、驱动电路、振荡电路、检测电路、测温电路等构成本产品的基本电路架构，如图 3-87 所示。

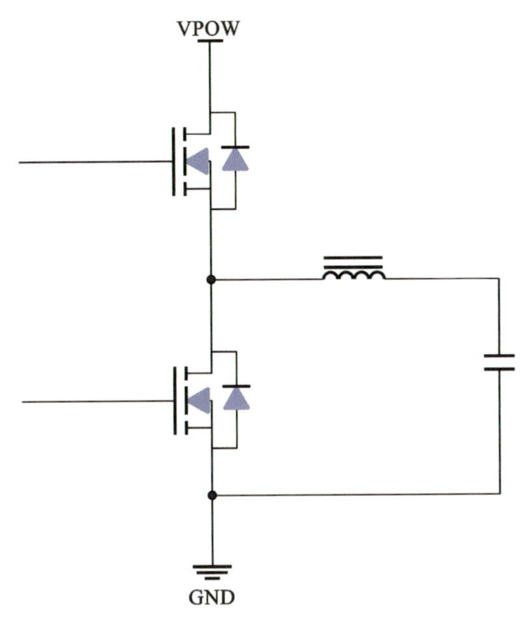

图 3-85　MC 电磁烟具电路设计示意图

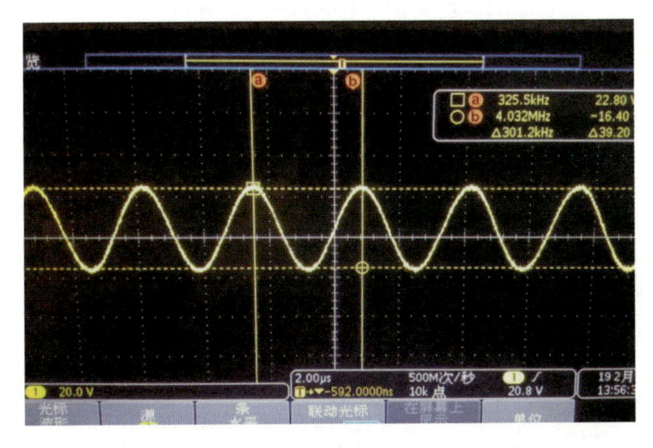

图 3-86　MC 电磁烟具线圈工作频率图

加入输出控制电路的目的是通过自动调节工作状态，增强电路保护，同时降低在不工作时的静态电流消耗。输出控制电路如图 3-88 所示。这里需要注意的是，MOSFET 选型应满足漏源间所允许通过的最大电流大于 10 A，同时导通电阻尽量小。

加热电路采用 LC 振荡电路，LH 与 CH 构成串联谐振电路，OUT_FB 为反馈信号。反馈信号主要用于监控振荡电路的输出，确保振荡电路工作正常，如图 3-89 所示。

烟具使用热电偶方案对温度进行采样，通过热电偶将温度信号转换成热电动势信号，然后将热电动势信号进行放大后提供给单片机进行处理，如图 3-90 所示。

烟具的软件设计示意图如图 3-91 所示。先设置一个目标温度给控温策略处理，然后控温策略结合目标温度和当前采样温度来计算并输出控制信号，控制信号作用在发热体驱动器件上，最后由发热体驱动器件作用到发热体上，通过温度传感器采集得到发热体的温

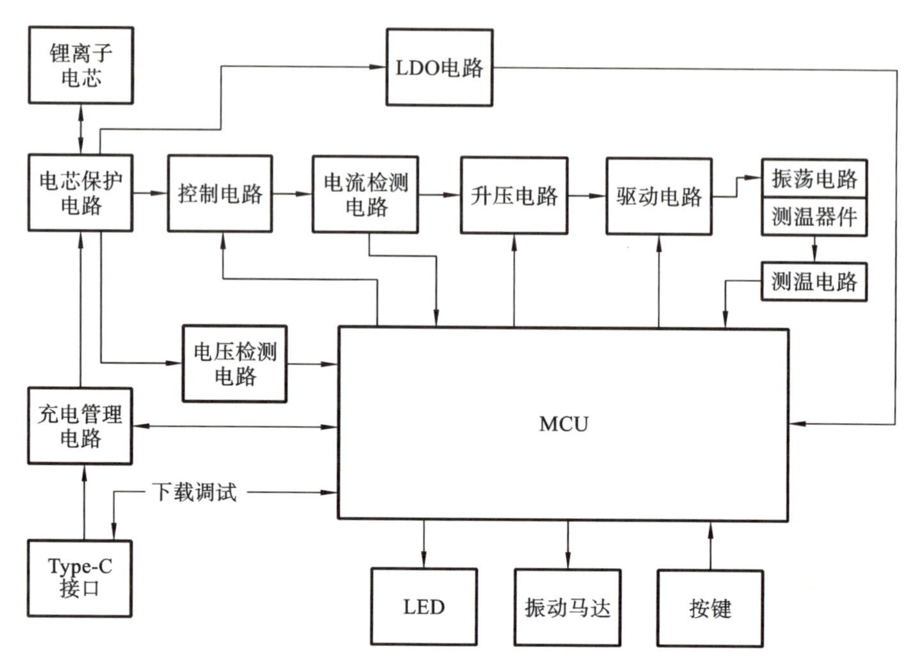

图 3-87　MC 电磁烟具电路架构图

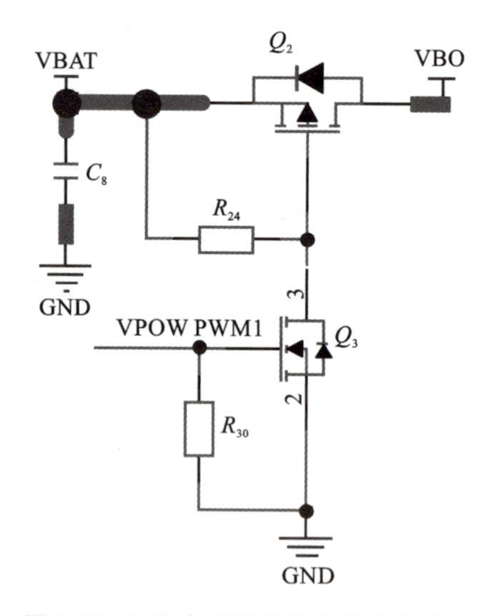

图 3-88　MC 电磁烟具输出控制电路图

度并反馈给控温策略进行修正，控温策略判断当前采样温度和目标温度的差值来调节输出控制信号量的大小。

3.3.3.2　Toop 电磁加热烟具

1. 产品设计

Toop 系列电磁加热烟具设计了将加热元件集成在加热器中和集成在配套烟弹中两种技术思路，并进行了开发探索；围绕产品的综合体验不低于国际烟草企业推出的其他

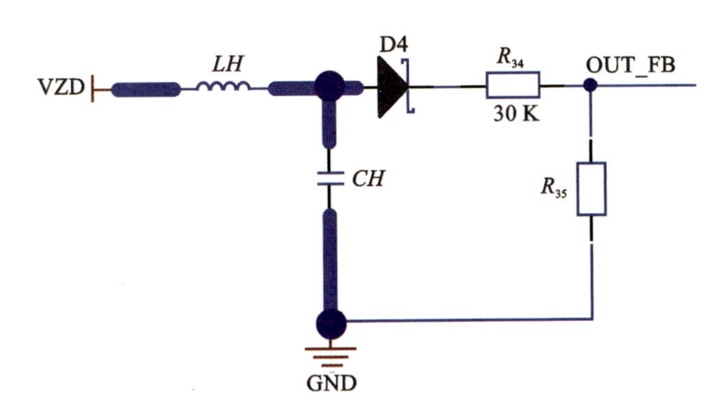

图 3-89 MC 电磁烟具振荡电路图

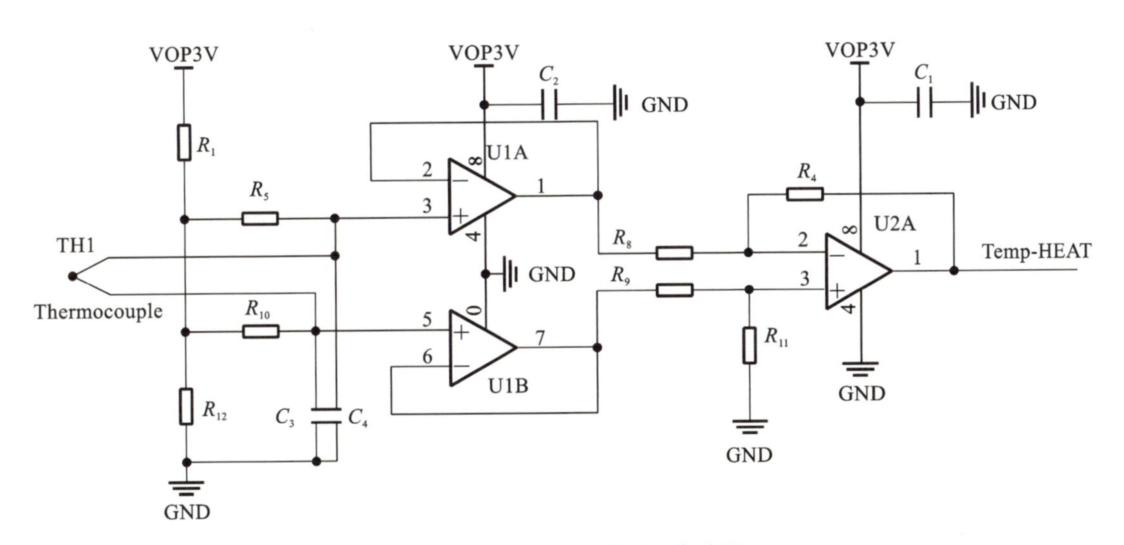

图 3-90 MC 电磁烟具测温电路图

加热烟具产品的技术要求，对烟具产品的主要技术指标与功能提出了设计要求目标（见表 3-6）。

2. 感应发热体设计

离体式发热体设计方案：接收能量的感应发热体直接置于烟支中，不与烟具进行固定处理，完成抽吸后，发热体随着烟支一并从烟具中脱离，此方案解决了烟支拔出时的物料残留以及长期使用后发热体损耗等问题，具有较高的观赏感和轻量化。Toop 发热体外观设计如图 3-92 和图 3-93 所示。

杯体式感应发热体设计方案：以杯体式加热腔体与空气流道方案为基础进行设计，将发热体元件固定于加热腔体底部，使加热腔体与发热体元件形成一体化，减少加热腔体组成零部件数量，便于发热体及加热腔体的保养及维护。为匹配杯体式加热腔体结构，对发热体外观进行设计，如图 3-94 和图 3-95 所示。

一体式发热体设计方案：以一体式加热腔体及空气流道方案为基础进行设计，将发热体元件放置于感应元件支架上，在使用中将发热体装配件从空气流道底部进行放置配合使用，如图 3-96 和图 3-97 所示。

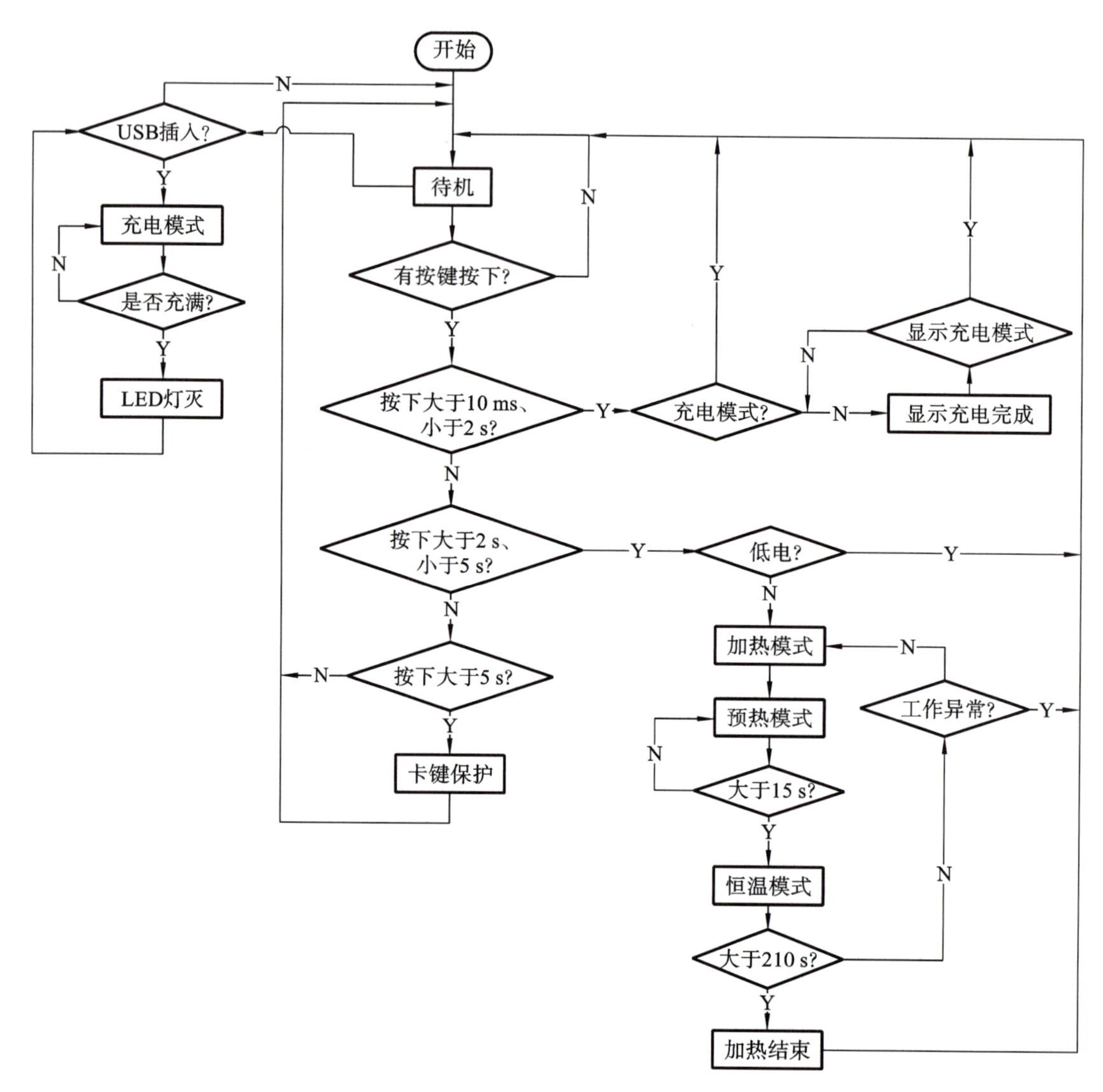

图 3-91 MC 电磁烟具软件设计示意图

表 3-6 Toop 系列烟具主要功能设计要求

序号	指标项目	技术指标要求	配套的硬件条件需求
1	发烟量	发烟量浓度高	设备的平均加热功率不低于 7 W
2	预热时间	预热时间低于 15 s	设备的最大加热功率不低于 15 W
3	续航时间	可以满足 10 支以上的连续抽吸	电池容量不少于 4.2 V/800 mAh
4	充电效率	在半小时内完成充电	充电功率不低于 5 V/2 A
5	抽吸稳定性	抽吸前后发烟稳定，不同烟支之间抽吸差异不明显	具备可以编程的控制系统，根据抽吸进行烟具功率输出的实时调控
6	设备体积	不高于 IQOS 2.4	小于 90 mm×50 mm×20 mm
7	设备重量	不高于 IQOS 2.4	小于 90 g

图 3-92　Toop 电磁烟具离体式发热体外观设计

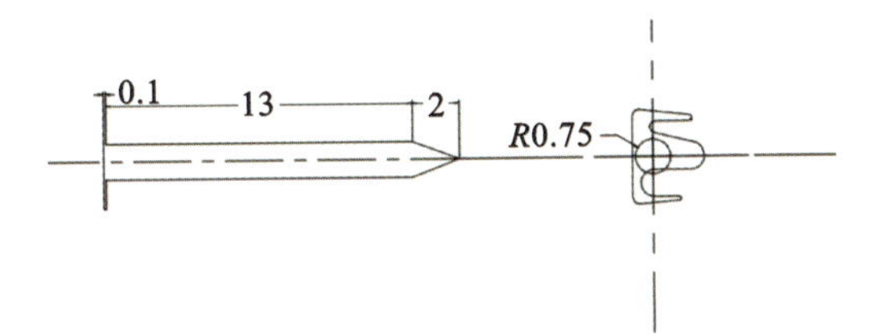

图 3-93　Toop 电磁烟具离体式发热体二维尺寸

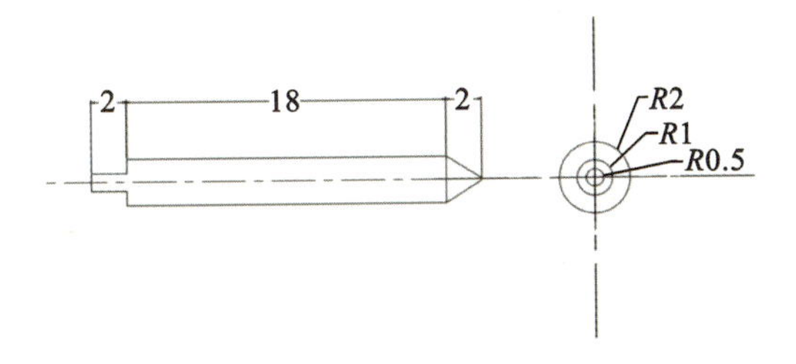

图 3-94　杯体式发热体二维尺寸

图 3-95　Toop 电磁烟具杯体式发热体外观

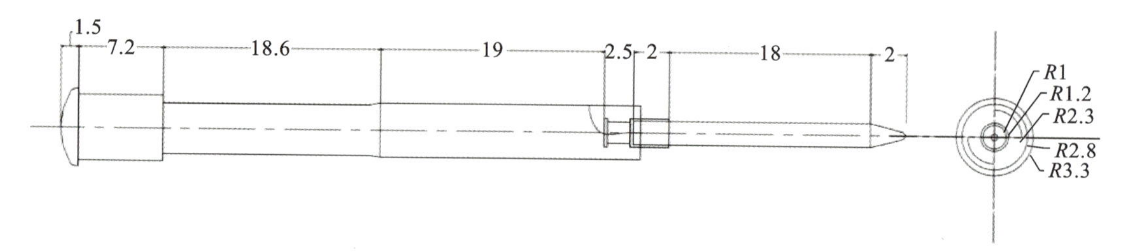

图 3-96　Toop 电磁烟具一体式发热体二维尺寸

图 3-97　Toop 电磁烟具一体式发热体外观

参考文献

[1] 汤建国，韩敬美，陈永宽，等. 新型烟草制品[M]. 成都：四川科学技术出版社，2020.

[2] KIM S C J，FRIEDMAN T C. A new ingenious enemy：Heat-not-burn products[J]. Tobacco Use Insights，2022，15：1179173X221076419.

[3] 艾小勇，赵阔，何景福，等. 加热烟草制品发展现状及展望[J]. 中国市场，2021，(01)：50-53.

[4] 李书杰，赵汉章，门晓龙，等. 国内加热不燃烧烟草制品发展现状与分析[J]. 科技与创新，2019，(21)：115-116.

[5] GALLART-MATEU D，DHAOUADI Z，DE LA GUARDIA M. Exposure of heat-not-burn tobacco effect on the quality of air and expiratory plume[J]. Microchemical Journal，2021：106733.

[6] AKIYAMA Y，SHERWOOD N. Systematic review of biomarker findings from clinical studies of electronic cigarettes and heated tobacco products[J]. Toxicology Reports，2021，8：282-294.

[7] ZNYK M，JUREWICZ J，KALETA D. Exposure to heated tobacco products and adverse health effects，a systematic review[J]. International Journal of Environmental Research and Public Health，2021，18(12)：6651.

[8] KOPA P N，PAWLICZAK R. IQOS-a heat-not-burn (HnB) tobacco product-chemical composition and possible impact on oxidative stress and inflammatory response：A systematic review[J]. Toxicology Mechanisms and Methods，2020，30(2)：81-87.

[9] RATAJCZAK A，JANKOWSKI P，STRUS P，et al. Heat not burn tobacco product-a new global trend：Impact of heat-not-burn tobacco products on public

health,a systematic review[J]. International Journal of Environmental Research and Public Health,2020,17(2):409.

[10] LI X,LUO Y,JIANG X. Chemical analysis and simulated pyrolysis of tobacco heating system 2.2 compared to conventional cigarettes[J]. Nicotine & Tobacco Research,2019,21(1):111-118.

[11] SIMONAVICIUS E,MCNEILL A,SHAHAB L,et al. Heat-not-burn tobacco products:A systematic literature review[J]. Tobacco Control,2019,28(5):582-594.

[12] J-P.科蒂,F.费尔南多,F.波拉特.电加热烟雾产生系统和方法:CN200980108948.6[P].2012-07-18.

[13] D.鲁肖,O.格雷姆,J.普洛茹.具有加热器组件的浮质生成装置:CN201280052506.6[P].2017-05-31.

[14] J.普洛茹,O.格雷姆.具有改进的温度分布的气雾产生装置:CN201280060098.9[P].2017-03-08.

[15] 安德鲁·P.威尔克,本杰明·J.帕普罗茨基,杜安·A.考夫曼,等.用于加热可抽吸材料的装置:CN201780040300.4[P].2019-03-01.

[16] 米切尔·托森.布置成加热可抽吸材料的设备和形成加热器的方法:CN201780028361.9[P].2018-12-21.

[17] 理查德·赫普沃斯,科林·迪肯斯,卡纳·尤特里.气溶胶供应系统及方法:CN201780047583.5[P].2019-04-02.

[18] 安德鲁·杰克逊·西萨鲍夫·杰尔,亨利·托马斯·里丁斯,约翰·休斯·雷诺兹,等.吸烟制品:CN85106876[P].1986-09-03.

[19] 安德鲁·杰克逊·西萨鲍夫·杰尔,亨利·托马斯·里丁斯,约翰·休斯·雷诺兹,等.碳燃料元件及制备碳燃料元件的方法:CN90103438.X[P].1991-05-22.

[20] 周顺,王孝峰,张亚平,等.一种碳加热低温加热型卷烟的制备方法:CN201510760131.4[P].2017-03-22.

[21] 李丹,彭波,梅文浩,等.一种化学加热低温卷烟:CN201310297632.4[P].2017-07-21.

[22] 李斌,詹望成,邓楠,等.一种基于水合反应的新型卷烟制品的加热源及其应用:CN201710784329.5[P].2018-01-05.

[23] 孔浩辉,陈森林.基于化学自发热反应的非燃烧型卷烟用铁系发热源组合物及应用:CN201510401820.6[P].2018-03-30.

[24] 郑新章,郑路,洪群业.新型烟草制品专利技术研究[M].武汉:华中科技大学出版社,2019.

[25] 雷萍,秦云华,张柯,等.炭加热卷烟技术发展及风险评估[M].武汉:华中科技大学出版社,2022.

[26] 2021年度全球新型烟草制品市场白皮书(上)[J].新烟,2022,1:12-24.

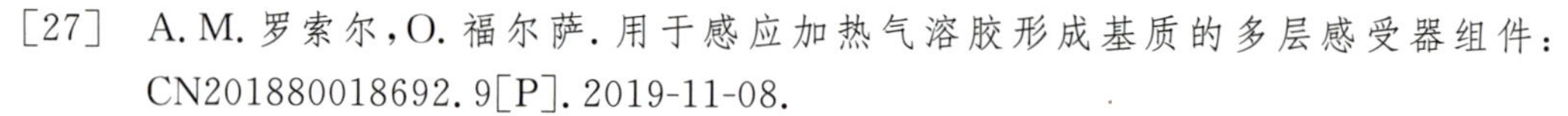

[27] A. M. 罗索尔,O. 福尔萨. 用于感应加热气溶胶形成基质的多层感受器组件:CN201880018692.9[P]. 2019-11-08.
[28] A. M. 罗索尔,O. 福尔萨. 用于感应加热气溶胶形成基质的多层感受器组合件:CN201880021337.7[P]. 2019-11-15.
[29] O. 福尔萨. 气溶胶生成制品:CN201780022539.9[P]. 2018-11-23.
[30] J. P. M. 皮伊南伯格,O. 米洛诺夫,Y. 克里普费尔. 用于制造可感应加热的气溶胶形成基材的方法:CN201680034467.5[P]. 2018-05-11.
[31] O. 福尔萨,O. 米洛诺夫. 感受器组件和包括所述感受器组件的气溶胶生成制品:CN201780047001.3[P]. 2019-03-15.
[32] O. 米洛诺夫,I. N. 奇诺维科. 具有内部感受器的气溶胶生成制品:CN202011264837.9[P]. 2022-01-08.
[33] J. C. 库拜特,A. 马尔加特. 包括可加热元件的气溶胶生成制品:CN201980019840.3[P]. 2020-11-06.
[34] I. 普雷斯蒂亚,D. 桑纳,C. 阿格斯蒂尼,等. 用于制造可感应加热的烟丝条的方法:CN201680019220.6[P]. 2017-12-01.
[35] D. 萨纳,J. 施米特. 用于生产气溶胶生成制品的组件的方法和设备:CN201780068893.5[P]. 2019-06-25.
[36] D. 萨纳,C. 阿格斯蒂尼. 用于制造可感应加热的气溶胶形成条的方法和装置:CN201880025523.8[P]. 2019-11-29.
[37] D. 萨纳,I. 普雷斯蒂亚,C. 阿格斯蒂尼. 用于制造可感应加热的气溶胶形成杆的方法和设备:CN201880027402.7[P]. 2019-12-06.
[38] O. 米洛诺夫,R. 曼齐尼,J. C. 库拜特,等. 包括气溶胶形成杆段的可感应加热的气溶胶生成制品以及用于制造此类气溶胶形成杆段的方法:CN201980050316.2[P]. 2021-04-09.
[39] O. 米洛诺夫. 用于加热气溶胶形成基质的感应加热装置:CN201580007754.2[P]. 2016-10-05.
[40] O. 米洛诺夫. 用于产生气雾的感应加热装置和系统:CN201580000916.X[P]. 2016-02-03.
[41] R. 安东诺普洛斯,J-L. 弗林格里. 具有容器的气溶胶生成系统:CN201880025304.X[P]. 2019-12-03.
[42] R. 赫哲尔,H. 李. 具有充电装置的气溶胶生成系统:CN201780093720.9[P]. 2020-04-17.
[43] R. 安东诺普洛斯,J-L. 弗林格里. 具有电连接器的气溶胶生成系统:CN201880025357.1[P]. 2019-12-03.
[44] O. 福尔萨,O. 米洛诺夫,I. N. 奇诺维科. 感应加热装置、包括感应加热装置的气雾递送系统和操作该系统的方法:CN201580000864.6[P]. 2016-02-03.
[45] I. N. 奇诺维科,O. 米洛诺夫,O. 福尔萨. 感应加热装置、包括感应加热装置的气溶胶递送系统及其操作方法:CN201580015503.9[P]. 2016-11-23.

[46] 托马斯·P. 布兰蒂诺,安德鲁·P. 威尔克,詹姆斯·J. 弗拉特,等. 用于加热可抽吸材料的装置和系统:CN202211055832.4[P]. 2022-11-04.
[47] HORROD,DANIEL M,WHITE,et al. Tubular Heating Element Suitable for Aerosolisable Material:EP2018085684[P]. 2019-07-04.
[48] 杜安·考夫曼,托马斯·P. 布兰蒂诺. 感应加热装置:CN201780064241.4[P]. 2019-06-04.
[49] 理查德·赫普沃斯,帕特里克·莫洛尼,瓦利德·阿比·奥恩. 气溶胶供给系统:CN201880066361.2[P]. 2020-05-26.
[50] 朴相珪,李承原,李宗燮. 气溶胶生成装置:CN201980026969.7[P]. 2020-11-27.
[51] 李载珉,朴相珪,安挥庆,等. 包括感应线圈的气雾产生装置:CN202080001770.1[P]. 2021-04-02.
[52] 李承原,金龙焕,尹圣煜,等. 气溶胶生成装置和气溶胶生成系统:CN202080005382.0[P]. 2021-10-26.

第四章

电磁感应加热卷烟产品

从1985年开始，菲莫、雷诺、英美等国外大型烟草企业相继开展了新型卷烟研发工作，并按加热方式不同形成了三种技术体系：电加热新型卷烟、燃料加热新型卷烟和化学反应加热新型卷烟。其中，电加热新型卷烟具有加热温度可控、加热方式灵活、使用方便、时尚等优点，更容易迎合不同消费者的消费习惯，被消费者所接受。现有的电加热新型卷烟多为电阻加热型新型卷烟，通过电加热的方式给电阻式加热器加热，再通过电阻式加热器以热传递的方式对烟支进行烘烤加热。但在实际使用过程中发现，电阻加热型新型卷烟存在控制精度不高、控制滞后、加热不均匀等问题。

电磁加热原理即在高频感应线圈中通入高频交变电流，高频交变电流在线圈内产生高频交变磁场，高频交变磁场的磁力线穿过铁磁性金属材料时在金属内部产生环状涡流，小电阻大电流的涡流热效应释放大量的热量使金属材料快速发热，进而加热烟草。电磁加热需有通电线圈产生磁场，铁质等可以产生磁感应效应的材料置于线圈产生的磁场中产生热量，置于线圈中的金属感应体是热源。与常规电阻型烟具相比，电磁加热型新型卷烟烟具存在以下显著优点。

①节能效果好，热损失小，效率高。由于感应线圈与被加热金属并不直接接触，能量通过电磁感应进行传递。

②升温快。由于加热器件的电阻很小，较小的感应电动势便可产生较强的涡流，从而可在感应金属内产生大量的热；由于热量散失少，热效率高，芯基材受热升温快。

③发热均匀。电磁式加热器发热均匀，可实现对烟支的均匀烘烤加热。

2019年，英美烟草上市了电磁周向加热卷烟产品 Glo Pro，电磁加热烟具逐渐进入大众视野。2021年，韩国烟草推出了中心式电磁加热烟具 Lil Solid，菲莫国际推出了电磁加热烟具 IQOS Iluma 系列，电磁加热烟具因其独特优势逐步占据了加热卷烟大部分市场。

4.1　IQOS Iluma 系列

4.1.1　IQOS Iluma

4.1.1.1　产品简介

IQOS Iluma 是菲莫国际推出的第四代旗舰型烟具，于 2021 年正式上市，售价为 149 美元。作为一款革新型产品，IQOS Iluma 解决了 IQOS 前几代烟具的三大缺点：加热片易损坏、清洁与维护难、加热式烟草的异味问题。IQOS Iluma 沿用了传统型号 IQOS 3.0 Duo 的设计，其树脂充电盒触感柔软、手感舒适。IQOS Iluma 配备了专用烟支 TEREA，使用其他烟支无法启动烟具。

4.1.1.2　产品参数与功能

IQOS Iluma 外观沿用了传统机型 IQOS 3.0 Duo 的设计，如图 4-1 所示。两种烟具均采用充电器与加热杆分离的设计。它们的区别在于加热系统、加热件、充电时间、配件类型、烟具尺寸和质量等，如表 4-1 所示。

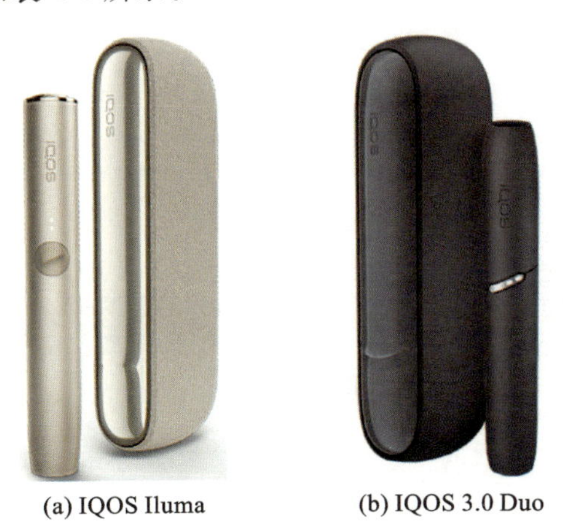

(a) IQOS Iluma　　(b) IQOS 3.0 Duo

图 4-1　IQOS Iluma 与 IQOS 3.0 Duo 外观对比

表 4-1　IQOS Iluma 与 IQOS 3.0 Duo 参数对比

比较项目	IQOS 3.0 Duo	IQOS Iluma
加热系统	电阻加热系统	电磁感应系统
加热件	中心片式加热	烟支内置加热片
电池容量	2900 mAh	2380 mAh

续表

比较项目	IQOS 3.0 Duo	IQOS Iluma
充电时间	120 min	135 min
烟具尺寸	114.7 mm×46.3 mm×22.88 mm	121.5 mm×47 mm×23.4 mm
质量	130 g	147 g

IQOS Iluma 取消了烟具内的加热片，推出了独有的智能核心感应系统，就是利用磁力加热内部的系统。加热杆可连续抽吸 2 支烟，抽吸结束后放回充电器充电，总续航为 20 支烟。烟具预热时间为 15 s，设定口数为 14 口，设备在 14 口后或 6 分钟后结束加热。如图 4-2 所示，机身共有棕绿色、鹅卵石米色、鹅卵石灰色、天蓝色、日落红等 5 种颜色。

图 4-2 IQOS Iluma 配色

如图 4-3 所示，每套 IQOS Iluma 配备有充电器、加热杆、充电线和电源适配器。

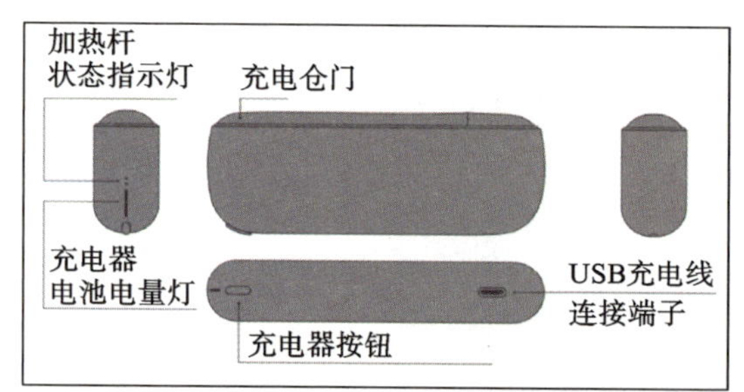

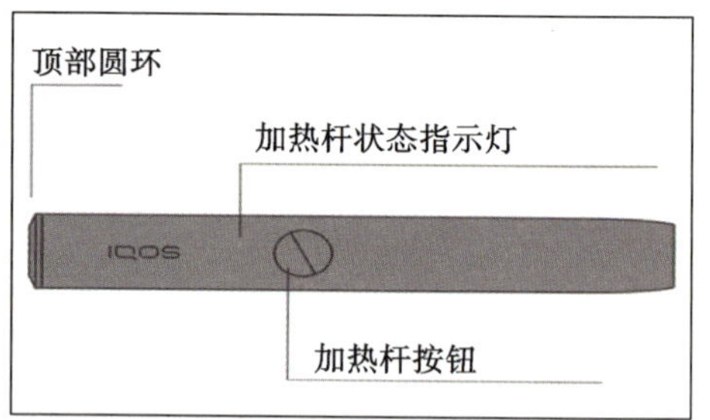

图 4-3 IQOS Iluma 加热烟具

IQOS Iluma 具备智能手势(提升、双击)、自动启动、自动停止、灯光装饰的变更、警报功能等可启用或禁止的高级功能。

智能手势(双击)：在使用过程中可以轻敲烟杆 2 次，通过振动来通知剩余的使用时间。通知分 4 个阶段，每 25%通知一次。

智能手势(提升)：在不使用的情况下，倾斜烟杆时指示灯会亮起，可以确认剩余的可使用次数。

如图 4-4 所示，加热杆状态指示灯向自己倾斜(抬起)或按住加热杆按钮几秒钟来检查可以使用的次数。如果一个指示灯闪烁，表示可以再抽一支；如果两个指示灯闪烁，表示最多可以连续抽两支。将加热杆装入充电器后，可以通过按充电器按钮查看充电进度和加热杆可以使用的次数。如果灯带是直的（全亮），表示已充满电；灯带线缩短，表示电量减少。在使用 IQOS Iluma 系列时，将专用烟弹插入加热杆后无须操作，智能感应自动加热，也可以长按电源按钮手动加热。在使用的过程中，如果烟弹松动或者从加热杆中取出，就会自动停止加热。

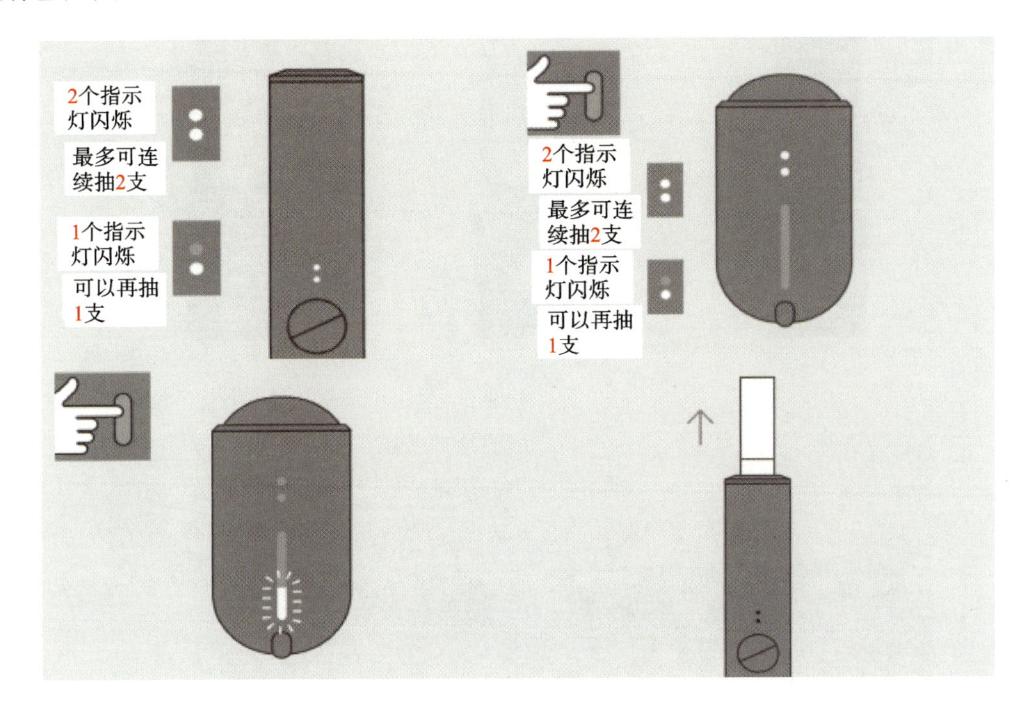

图 4-4　烟具感应灯显示

4.1.1.3　产品特点

IQOS Iluma 加热元件是烟支内部的金属元件（感受器）。烟支插入烟具时，加热杆自动感应，做好加热准备，预热阶段开启。如图 4-5 所示，加热杆为 IQOS Iluma 的核心部件，加热杆启动后，电流流经加热杆内扁平线圈，使线圈产生磁场，当烟支烟芯段暴露在这种磁场中时，感受器将释放热量，进而加热烟支。如图 4-6 所示，加热杆内部结构包括电池仓、充电基座、支撑架、烟支腔、主板连接片。

烟支腔由外向内分别设置有第一层高温胶纸、储热均匀层、电磁屏蔽层、第二层高温胶纸（位于线圈外层）、第三层高温胶纸（位于线圈匝与轴向延伸的线圈带之间）、线圈。烟支腔与主支架通过主板连接片相连。

加热杆内部结构有如下特点：

①为整体承载支架；

②PCB 板分区叠式布局；

③焊片式电连接；

④紧配设计。

优点：配合紧密且保密性高，气密性强且气道与机芯隔绝，增加机器的使用寿命；返修

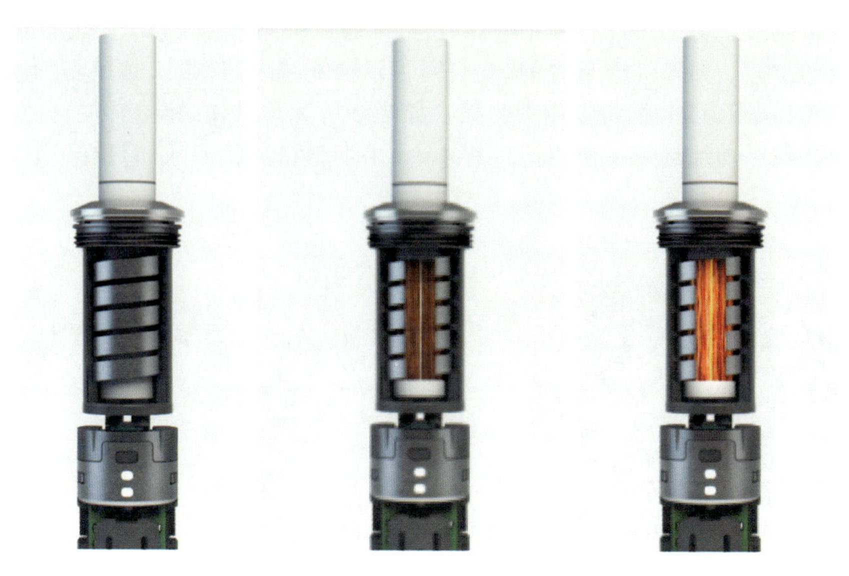

图 4-5　加热杆工作原理

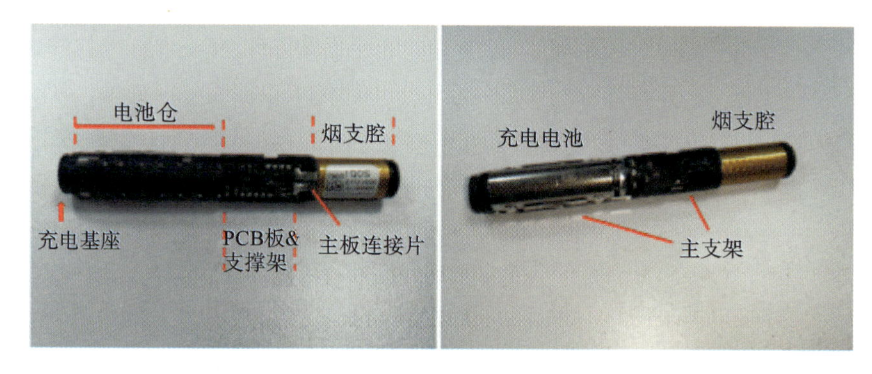

图 4-6　加热杆内部结构

方便，可用热风枪吹热螺纹胶，使螺纹胶软化后扭开螺圈，取出机芯进行维修。

线圈支架上缠绕扁平银线(银线电导率较大，热量消耗较小，截面尺寸为 2.4 mm×0.1 mm，缠绕五圈)。

如图 4-7 所示，金属涂布碳纤维电磁屏蔽层用于屏蔽磁场，减少能量泄露，有以下特点：

①为碳纤维增强高分子(CFRP)复合物；

②与磁性金属的结合可以增强电子在导电网络中的传输；

③厚而轻；

④多层结构；

⑤可以提高机械性能、防腐蚀性能。

如图 4-8 所示，加热杆内电磁线圈为表面镀银的铜带线圈，有以下特点：

①为高频感应加热线圈(矩形截面螺旋感应线圈可降低损耗，增加能量)；

②银可以增加材料延展性，有利于烟具的小体积、紧凑设计；

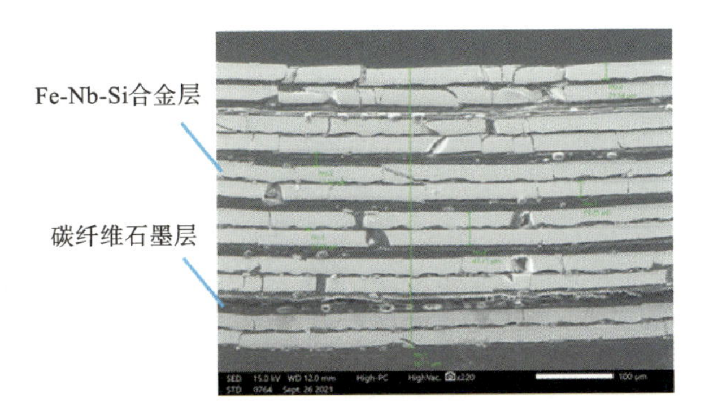

图 4-7　电磁屏蔽层

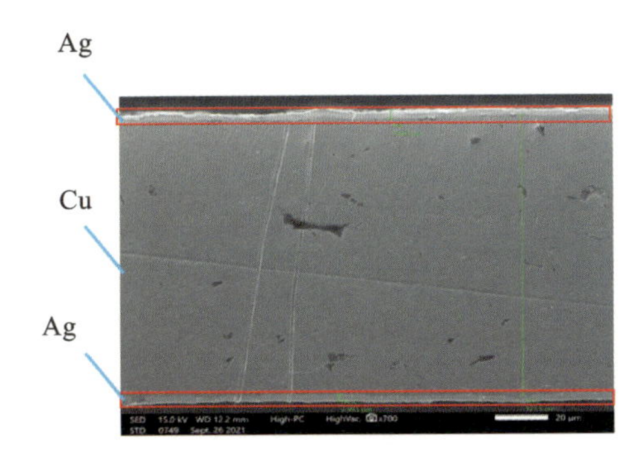

图 4-8　电磁线圈

③银可以提高截止频率和能量，更能适配高频应用场合；

④氧化银仍有高导电性。

如图 4-9 所示，烟支腔结构技术优势如下：

①倾斜的肋可以防止烟支意外脱落；

②施加于发烟段整个表面的压力减小，可以降低烟支断裂的风险；

③与烟支腔壁接触面积减小，可以减少通过壁的热量损失，降低壁上形成冷凝物的风险，使加热温度分布均匀，避免清洁烟支腔；

④保持肋对支撑段（烟支最硬部分）施加最高压力，既紧持烟支，又保证气密性。

图 4-9　烟支腔结构设计

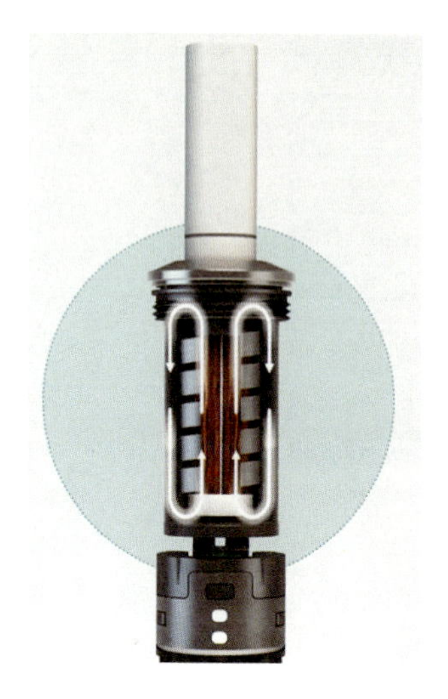

图 4-10 加热杆内气流通道

如图 4-10 所示，加热杆设置在烟支腔内侧壁上的波纹状变径气流通道的特点如下：

①空气从花瓣形烟支插孔的空隙进入烟支腔；

②一部分空气由突起的保持肋肋间形成的空隙流入烟支腔底，经腔底凸台之间的空隙后向上，经烟支前置过滤段(堵头)进入烟支内部，携带发烟段雾化产物向烟支嘴端行进；

③另一部分空气由烟支支撑段的打孔处径向进入烟支；

④两路气流在支撑段混合后，经降温段和吸嘴段后被吸入。

4.1.2 IQOS Iluma Prime

菲莫国际 2021 年推出 IQOS Iluma Prime，为 IQOS Iluma 系列高端款，售价为 199 美元。如图 4-11 所示，其加热杆结构和功能与 IQOS Iluma 相同，主要区别在于充电器设计。IQOS Iluma Prime 采用铝合金机身结合不同材质的外壳，外壳配件及烟杆金属环均可根据个人需求进行定制。IQOS Iluma Prime 与 IQOS Iluma 参数对比如表 4-2 所示。

(a) IQOS Iluma Prime

(b) IQOS Iluma

图 4-11 IQOS Iluma Prime 与 IQOS Iluma 外观对比

表 4-2 IQOS Iluma Prime 与 IQOS Iluma 参数对比

参数	IQOS Iluma Prime	IQOS Iluma
产品定位	旗舰机型	标准型号
机器类型	加热杆与便携充电器	加热杆与便携充电器
充电器尺寸/mm	117.2×44.7×22.2	121.5×47×23.4
充电器质量/g	141	116.5
加热杆尺寸	长 101 mm、宽 14.5 mm	长 10 mm、宽 14.5 mm
加热杆质量/g	30.5	30.5

续表

参数	IQOS Iluma Prime	IQOS Iluma
加热杆每次充电后的连续使用次数/次	2	2
充电器满电续航连续抽吸支数/支	20	20
充电器充电时间/min	135	135
加热杆充电时间/s	110	110
USB	Type-C	Type-C
加热杆电池规格	12350,250 mAh	12350,250 mAh
单次抽吸限制	6 分钟或 14 口	6 分钟或 14 口
售价	199 美元	149 美元

如图 4-12 所示，IQOS Iluma Prime 共有杰德绿、金卡其、奥西迪亚黑、青铜色等 4 种颜色。

图 4-12　IQOS Iluma Prime 配色

4.1.3　IQOS Iluma One

4.1.3.1　产品简介

IQOS Iluma One 是菲莫国际推出的第四代烟具，于 2022 年上市。一体化的机型在降低成本的同时提高了产品的便携性。IQOS Iluma One 采用 IQOS Iluma 系列技术，每次充电可连续使用 20 次，无须清洁，适配 TEREA 烟支。

4.1.3.2　产品参数与功能

区别于 IQOS Iluma 的加热杆与便携充电器的分体式设计，IQOS Iluma One 为加热系统与一个 1728 mAh 的电池结合在一起的一体化机型，器具结构精巧，取消了加热针，抽吸后无须清洁器具，极大提高了产品的便携性。IQOS Iluma One 与 IQOS Iluma 外观对比如图 4-13 所示。IQOS Iluma One 的加热原理与 IQOS Iluma 相同，都是通过器具内部感应线圈产生磁场加热烟支内部感受器，从而加热烟支。两款烟具具体参数对比如表4-3所示。

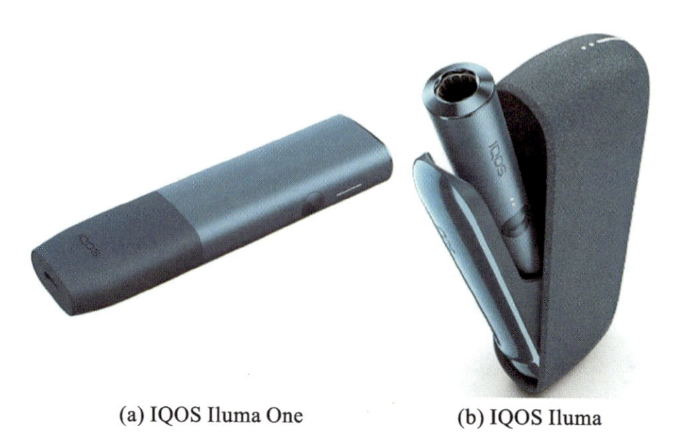

(a) IQOS Iluma One　　(b) IQOS Iluma

图4-13　IQOS Iluma One与IQOS Iluma外观对比

表4-3　IQOS Iluma One与IQOS Iluma参数对比

参数	IQOS Iluma One	IQOS Iluma
上市时间	2022年	2021年
机器类型	一体式机型	加热杆与便携充电器
机器尺寸/mm	121.6×30.6×16.4	121.5×47×23.4
产品质量/g	91	147
电池容量/mAh	1728	2380
连续使用次数/次	20	2
充电器满电续航连续抽吸支数/支	20	20
充电时间/min	90	135
加热方法	SMART CORE电磁感应	SMART CORE电磁感应
USB	Type-C	Type-C
预热时间/s	20	15
单次抽吸限制	6分钟或14口	6分钟或14口
售价	99美元	149美元

4.1.3.3　产品特点

(1)工作一个循环时间：预热时间为20 s，抽吸360 s(按时间计)或抽吸14口(按口数计)结束。

(2)电磁感应加热，烟杯式设计，没有加热芯，插烟更顺畅。

(3)烟支插入取出的结构设计比较简洁，易操作。

(4)带振动功能,开始加热、预热完成及快结束时都会振动提示。

(5)电磁发热的工作电流小,组件设计精巧,表面温度不高,手握舒适。

(6)电池动力加强到 1728 mAh,可续航 20 支烟弹且可连抽。

4.1.4　适配烟支与使用评价

4.1.4.1　TEREA 烟支

IQOS Iluma 系列使用 TEREA 烟支,TEREA 与市面上销售的前几代加热卷烟的一大区别就在于,其将金属加热片置于烟支内部,同时在发烟段前面增加一个堵头。这样做的好处是使加热片与发烟基材接触更加紧密、加热更加均匀,并可解决长久以来被消费者诟病的清洁问题。

如图 4-14 所示,TEREA 烟支设计为 5 段式结构。

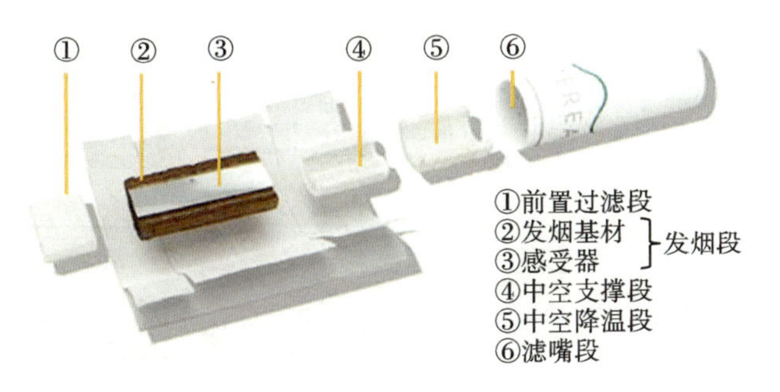

图 4-14　TEREA 烟支内部结构

前置过滤段:堵头,感受器封堵、限位和保护件。

发烟段:内置感受器。

中空支撑段:小中空。

中空降温段:大中空,打孔。

滤嘴段:过滤。

TEREA 烟支与万宝路/IQOS HEETS 烟支参数对比如表 4-4 所示。

表 4-4　TEREA 烟支与万宝路/IQOS HEETS 烟支参数对比

烟支	前置过滤段	发烟段	支撑段	降温段	滤嘴段
TEREA	长 5 mm	长 12 mm(感受器长 12 mm,宽4 mm,厚 60 μm)	长 8 mm,内径为 3.5 mm,壁厚为 3.26 mm	长 8 mm,内径为 5.2 mm,壁厚为 1.64 mm	长 12 mm
万宝路/IQOS HEETS	无	长 12 mm	长 8 mm,内径为 3.4 mm,壁厚为 3.61 mm	长 18 mm	长 7 mm

TEREA 口味丰富，大致上分为烟草原味、果味、薄荷味三种单独口味或者混合口味，如图 4-15 所示。Mauve Wave：丰富的果味，带有清新的薄荷醇和温和的森林水果香气。Coral Tide：成熟桃子的芳香果味，带有花香和淡淡的薄荷醇香气。Teak：醇厚奶油味，带有奶油和坚果的香气。TEREA Warm Fuse：浓郁的烟草混合物，带有一丝酸味。TEREA Soft Fuse：醇厚的烟草混合物，带有一些奶油味。TEREA Yellow：淡淡的辣味，温和、芳香的烟草混合物，带有辛辣的香气。TEREA Bronze：丰富、温馨的味觉体验，温和、芳香的烟草混合物，带有可可和干果的味道。TEREA Turquoise：清爽的味觉体验，新鲜、清凉的薄荷醇在轻度烘烤的烟草混合物中，具有细腻、辛辣的香气。TEREA Amber：均衡的烘焙口感体验，带有淡淡的木头和坚果的香味。

图 4-15 TEREA 烟支口味

4.1.4.2 使用评价

好评：抽吸更容易，没有不愉快的味道，显著抑制了加热的气味，烟雾量增加（包括前两口），解决了不同口味的串味问题；无须清洁维护，常规版易于操作使用。

差评：味道、香气变淡，抽吸有次数限制；内置铝片，有垃圾分类问题；加热可能产生有害物，可能被婴儿和宠物误食。

Prime 版增加了操作步骤：双手打开皮套，确认方向，确认卡位“咔嗒”声。Prime 烟杆是金属制成的，掉在地上易有刮痕，价格贵，但规格与前代无太大变化。

4.2　Glo 系列

4.2.1　Glo Pro

4.2.1.1　产品简介

Glo Pro 是由英美烟草推出的第三代一体式加热烟具，于 2019 年上市，售价为 69 美元。如图 4-16 所示，Glo Pro 烟具黑色机身，有金色线条与 logo 点缀。烟具内置感应线圈，感应线圈产生交变磁场使烟杯升温，进而加热烟支，热量传递路径为从烟支圆周向烟支轴线辐射。Glo Pro 可以提供两种抽吸模式，分别为标准模式与增强模式。标准模式加热时间更长，但加热温度较低；增强模式缩短了加热时间，但提供了更高的加热温度，以满足不同消费者的抽吸习惯。

图 4-16　Glo Pro

4.2.1.2　产品参数与功能

Glo Pro 是 Glo 系列的第三代周向加热烟具。如图 4-17 所示，沿烟杯圆周放置的铜丝线圈产生交变磁场，交变磁场加热金属管，从而加热烟支。机身设置有独立按键，通过灯带与振动显示烟具状态。烟具参数如表 4-5 所示。烟具使用方法：推开防尘盖，插入烟支，长按按键 2 s，马达振动，开始预热，预热结束后马达再次振动提示，可以开始抽吸。为满足消费者的不同抽吸需求，Glo Pro 提供标准模式与增强模式。标准模式的预热时间为 20 s，加热时间为 4 min；增强模式的预热时间仅为 10 s，加热时间为 3 min，同时配置有更高的加热温度。两种模式的区别主要在于增强模式追求将发烟材料在更短的时间内集中加热，以获得较为强劲的抽吸体验。Glo Pro 底部设置有清洁盖，将清洁盖轻推弹开后，可以用毛刷深入清洁。烟具顶部防尘盖与底部清洁盖如图 4-18 所示。

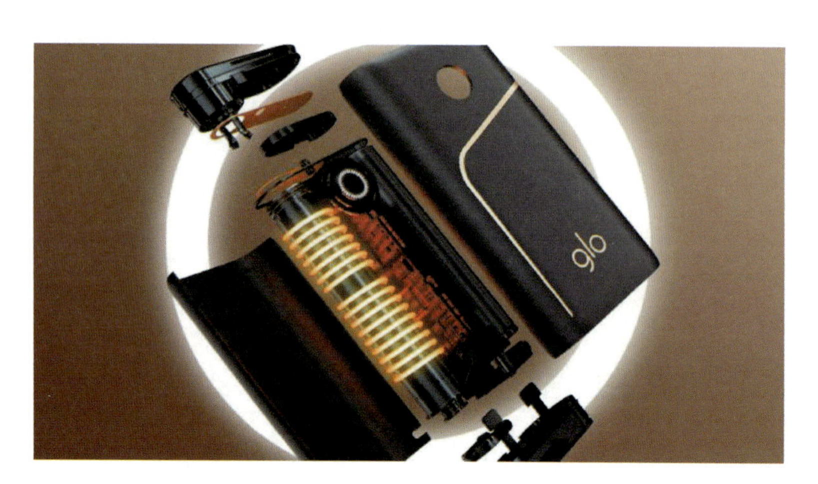

图 4-17　Glo Pro 工作原理

表 4-5　Glo Pro 产品参数

参数	Glo Pro
上市时间	2019 年
机器类型	一体式机型
充电接口类型	Type-C
机器尺寸/mm	82×43×21
产品质量/g	98
电池容量/mAh	3000
连续使用次数/次	4
充电器满电续航连续抽吸支数	标准模式 25 支，增强模式 20 支
充电时间/min	120
加热方法	电磁周向加热
加热时间	标准模式 4 min，增强模式 3 min
预热时间	标准模式 20 s，增强模式 10 s
平均加热温度/℃	280
售价	69 美元

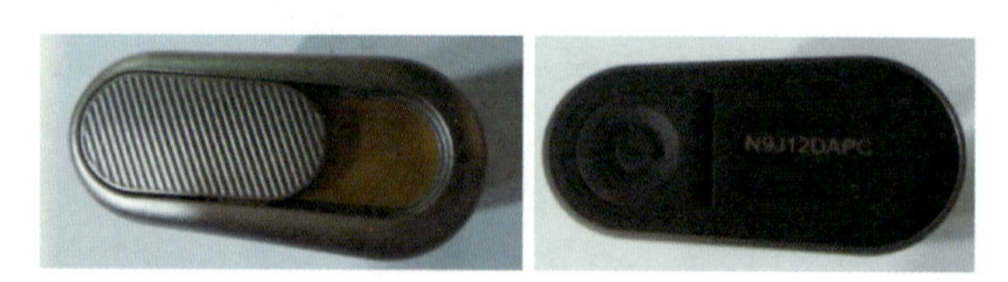

图 4-18　烟具顶部防尘盖与底部清洁盖

4.2.1.3　产品特点

如图 4-19 所示，Glo Pro 底部扭簧安装于清洁盖中，与下背盖通过销钉连接，内部安装弹扣，外周安装 O 形圈，组成下盖组件模块。

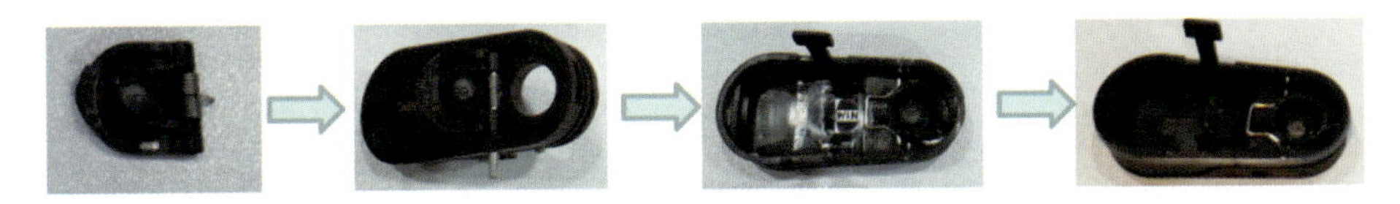

图 4-19　下盖组件模块内部结构

如图 4-20 所示，PEEK 管顶部定位件装入 PEEK 管，穿入铜丝线圈，烟支底部定位件装入 PEEK 管底部定位件，套上硅胶圈（电磁屏蔽），组成了内部硬件组件模块。内部硬件组件模块有如下特点：

①电池正负极金属弹片穿过支架与主板直接焊接，取消电线，更简洁；

②加热金属管管壁单边厚 0.1 mm；

③加热方式为电磁感应加热，加热效率高。

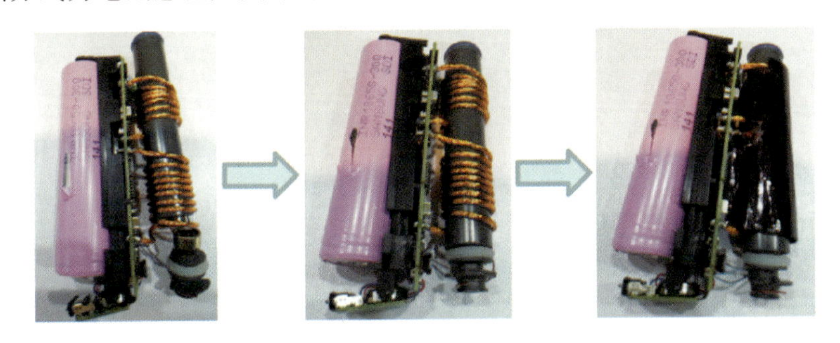

图 4-20　内部硬件组件模块

如图 4-21 所示，Glo Pro 为结构模块式设计，采用电磁场加热方式，使用 PEEK 管隔热。其核心部件及特点如下。

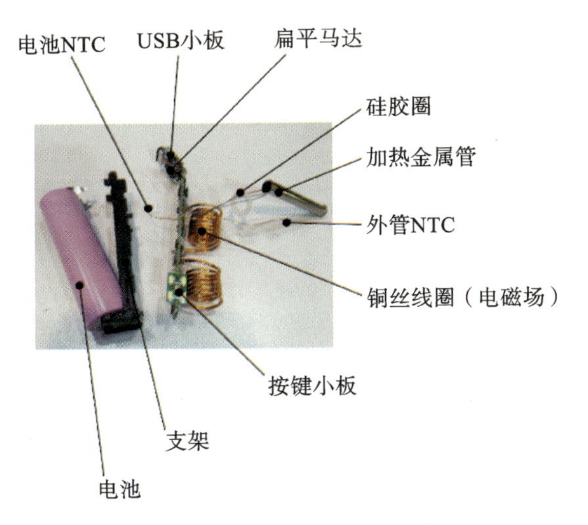

图 4-21　Glo Pro 结构模块式设计

(1)电池:钢壳,三星 18650。

(2)加热元件:以电磁加热的方式加热金属管。

(3)控制板:以 STM32 芯片为核心,有以下控制特点。

①采用电磁加热金属管的方式,升温迅速。

②通过图 4-22 的加热温度曲线可以看出,在前 10 s,温度迅速升至约 200 ℃,在接下来的 60 s 左右,温度缓慢持续上升到约 248 ℃,在接下来的 120 s 左右,温度稳定在 248 ℃,在接下来的 80 s 左右,温度缓慢下降至约 208 ℃。

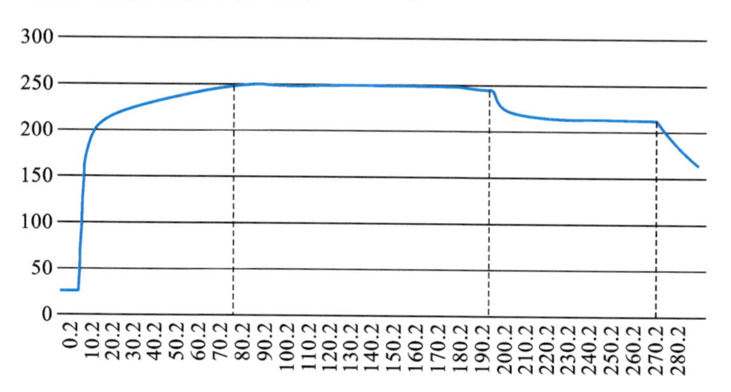

图 4-22 加热温度曲线

③预热时间约 20 s,干烧一个循环的时间约 240 s。

④充电规格:Type-C 接口,5 V/2 A。

⑤带马达振动功能,开机、预热完成及一个循环快结束时都会振动提示。

⑥PCB 板上的布局优点是 LED 和按键小板以直接焊接的方式和主板连接,省去了连接器和排线。

⑦预热阶段,四个 LED 在按键处成一个圆圈逐一呼吸 3 次后常亮,待四个 LED 都常亮,同时马达振动一下,表示预热完成,可以开始抽吸。马达再振动一次表示加热循环快结束,但右上角的 LED 没有马上熄灭,此时不会马上关机降温,而是再持续 15 s 左右,待右上角的 LED 也熄灭后才关机。

⑧Type-C 充电小板和主板采用软硬结合板的方式,便于弯折,方便组装,强度、可靠性也很高。

产品优点:预热时升温速度快,2 A 的充电电流充电较快,软硬结合板的方式便于组装,强度和可靠性也比较高。

产品缺陷:软硬结合板的方式成本相对较高,不便维修。

借鉴意义:软硬结合板的方式在一些需要弯折组装两块板子的情况下可以借鉴使用。

4.2.1.4 配套烟支与使用评价

Glo Pro 加热方式由电阻式加热升级为电磁加热,与烟支直接接触的加热组件并未产生结构性变化,因此 Glo 系列前几代周向加热烟支依然适配 Glo Pro。针对 Glo Pro 烟具,本书主要介绍其适配烟支 Neo Nano 和 Vogue Sticks,如图 4-23 所示。Neo Nano Boost Royale 是蓝莓薄荷味,由甜浆果混合而成。Neo Nano Boost Tropic 是热带水果口味,含有新鲜的薄荷醇。Neo Nano Fruit Boost(Boost Scarlet)是水果味与甜奶油味的结合。Neo Nano Berry Boost(Dark Fresh)融合了新鲜浆果和薄荷醇的味道。Neo Nano Ruby Boost (Boost Red)由美味的浆果胶囊和烟草混合而成,具有清爽的味道。Neo Nano Mint Click 由浓郁的烟草和带有新鲜薄荷醇味道的胶囊混合而成。Vogue Sticks ROYAL RED 含有带有浓郁的新鲜红色浆果味道的爆珠。Vogue Sticks ARCTIC BOOST 具有浓郁的薄荷醇味道,能使使用者感受到北极冬季的气息。Vogue Sticks SILKY TOBACCO 为限量版精选烟草,味道浓郁。

(a) Neo Nano Boost Royale　(b) Neo Nano Boost Tropic　(c) Neo Nano Fruit Boost

(d) Neo Nano Berry Boost　(e) Neo Nano Ruby Boost　(f) Neo Nano Mint Click

(g) Vogue Sticks ROYAL RED　(h) Vogue Sticks ARCTIC BOOST　(i) Vogue Sticks SILKY TOBACCO

图 4-23　Glo Pro 适配烟支

使用评价:有部分消费者认为改用电磁加热后,烟支烘烤更加通透,烟雾量也有提升,但是抽吸过程中的异味依然存在。

4.2.2 Glo Pro Slim

4.2.2.1 产品简介

Glo Pro Slim 是由英美烟草推出的一体式加热烟具，于 2021 年上市，售价为 89 美元。Glo Pro Slim 是 Glo Pro 的便携版本，在外观结构上使用更轻薄的设计。Glo Pro Slim 的加热方式为电磁周向加热，机身单独按键，通过振动反馈器具使用状态。器具满电续航 16 支烟，可连续抽吸 3 支烟弹。Glo Pro Slim 依然提供标准模式与增强模式两种抽吸模式。标准模式加热时间更长，但加热温度较低；增强模式缩短了加热时间，但可以提供更高的加热温度以满足不同消费者的抽吸习惯。烟具适配烟支与 Glo Pro 相同。

4.2.2.2 产品参数与功能

Glo Pro Slim 为 Glo 系列最优雅简洁的设计，如图 4-24 所示。机身采用扁平设计，便于握持，兼具美观和便携性。器具使用方法非常便捷，推开防尘盖，插入烟支，长按按键 2 s，马达振动，开始预热，预热结束后马达再次振动提示，可以开始抽吸。按键上方配备有一长条形 LED 灯，以显示烟具使用状态。为满足消费者的不同抽吸需求，Glo Pro Slim 配备有标准模式与增强模式。标准模式的预热时间为 20 s，加热时间为 4 min；增强模式的预热时间仅为 10 s，加热时间为 3 min，同时配置有更高的加热温度。两种模式的区分主要在于增强模式追求将发烟材料在更短的时间内集中加热，以获得较为强劲的抽吸体验。

图 4-24 Glo Pro Slim 外观

Glo Pro Slim 的参数如表 4-6 所示。

表 4-6 Glo Pro Slim 的参数

参数	Glo Pro Slim
上市时间	2021 年
机器类型	一体式机型
充电接口类型	Type-C
机器尺寸/mm	98×44×15.5
产品质量/g	74

续表

参数	Glo Pro Slim
电池容量/mAh	2000
连续使用次数/次	3
充电器满电续航连续抽吸支数/支	16
充电时间/min	120
加热方法	电磁周向加热
加热时间	标准模式 4 min,增强模式 3 min
预热时间	标准模式 20 s,增强模式 10 s
平均加热温度/℃	280
售价	89 美元

4.2.2.3 产品特点

尽管 Glo 大受欢迎,但其简单的风格令人乏味。Glo Pro Slim 的目标是创造一种能够在 THP 市场上脱颖而出的新设计。以前的产品的问题是,尽管它们是移动设备,但它们大多太厚,携带起来很不方便。Jiyun Kim 工作室通过采用一种新颖的扁平电池改进了加热发动机,并使用铝制机身创造了一种独特的便携设备,解决了这一问题。如图 4-25 所示,Glo Pro Slim 不仅在结构上进行了轻量化设计,还采用了富有青春活力的颜色,以获得年轻消费群体的青睐。

图 4-25 Glo Pro Slim 外观

如图 4-26 所示,Glo Pro Slim 烟具的清洁也非常方便,它取消了 Glo Pro 的清洁盖推拉弹扣设计,采用清洁盖直接拔出设计,可用清洁刷直接从器具底部伸入清洁烟杯。

4.2.2.4 配套烟支与使用评价

Glo Pro Slim 适用 Neo Nano、Vogue Sticks 烟支。消费者反映:Glo Pro Slim 烟具握持感好,设计轻薄,便于携带;烟具外观颜值高,颜色富有青春活力;烟具加热效率高,抽吸感受好;受限于周向加热,烟气中仍带有一丝杂味,影响抽吸体验。

图 4-26 Glo Pro Slim 烟具清洁

4.2.3 Glo Hyper Plus

4.2.3.1 产品简介

Glo Hyper Plus 是由英美烟草推出的一体式加热烟具，于 2021 年上市，售价为 59 美元。烟具结构设计合理，包含三种颜色，并配备了锂离子电池(3000 mAh)。产品还配备了一个充电单元、一根 USB C 型电缆、一把清洁刷和一套说明书。Glo Hyper Plus 的加热方式为电磁周向加热，机身单独按键，通过振动反馈器具使用状态。Glo Hyper Plus 提供标准模式与增强模式两种抽吸模式。标准模式加热时间更长，但加热温度较低；增强模式缩短了加热时间，但可以提供更高的加热温度以满足不同消费者的抽吸习惯，带来更多口感体验。器具在标准模式下满电续航 20 支烟，在增强模式下满电续航 25 支烟，可连续抽吸 3 支烟弹。烟具适配 Neo Demi 烟支。

4.2.3.2 产品参数与功能

Glo Hyper Plus 是 Glo 系列的周向加热烟具(见图 4-27)，在烟杯圆周放置铜丝线圈产生电磁场，通过交变电磁场加热金属管，从而加热烟支。Glo Hyper Plus 提供了两种独特的模式(Standard 和 Boost)，可以改变温度、循环长度和加热时间。与 Glo Pro 最大的区别是，Glo Hyper Plus 只适用于 Neo Demi 加热烟支，而不是像其他 Glo 设备一样适用 Neo、Dunhill Neo Stiks 或 Kent Neo Stiks。这意味着，即使该设备很好，你使用它的决定也基于你是否喜欢可用的 Neo Demi 加热烟支的口味。

图 4-27 Glo Hyper Plus

在使用 Glo Pro 的过程中，我们注意到有一种明显的滴答作响的声音，这来自 Glo 使用的感应加热技术。Glo Hyper Plus 也使用感应加热，但噪声不如 Glo Pro 明显。机身设置有独立按键，通过灯带与振动显示烟具状态。Glo Hyper Plus 烟具参数如表 4-7 所示。

表 4-7 Glo Hyper Plus 烟具参数

参数	Glo Hyper Plus
上市时间	2021 年
机器类型	一体式机型

续表

参数	Glo Hyper Plus
充电接口类型	Type-C
机器尺寸/mm	83×46×23
产品质量/g	111
电池容量/mAh	3000
连续使用次数/次	3
充电器满电续航连续抽吸支数	标准模式 20 支,增强模式 25 支
充电时间/min	120
加热方法	电磁周向加热
加热时间	标准模式 4 min,增强模式 3 min
预热时间	标准模式 20 s,增强模式 10 s
加热温度	标准模式 238 ℃,增强模式 250 ℃
售价	59 美元

烟具使用方法如下。

标准模式的使用方法如下:

①插入加热烟支;

②按住控制按钮 3 s;

③加热开始时会感觉到一次振动,显示灯会一个接一个地亮起来,预热大约需要 20 s;

④加热完成后,所有的灯都会亮起,设备会振动,可以开始抽吸,加热循环持续 4 min,运行温度维持在 238 ℃;

⑤当循环即将结束,除一盏显示灯外,其他显示灯都熄灭时,会出现警告振动,器具将关闭,最后一盏显示灯关闭;

⑥取出加热烟支。

增强模式的使用方法如下:

①插入加热烟支;

②按住控制按钮 5 s,3 s 后会感觉到一次振动,继续按下控制按钮,5 s 后会再感觉到两次振动;

③加热开始时,显示灯将以圆形方式闪烁(有点像加载符号),预热大约需要 10 s;

④加热完成后,所有的显示灯都会亮起,设备会振动两次,可以开始抽吸,加热循环持续 3 min,运行温度维持在 250 ℃;

⑤当循环即将结束,除一盏显示灯外,其他显示灯都熄灭时,会出现警告振动,器具将关闭,最后一盏显示灯关闭;

⑥取出加热烟支。

Glo Hyper Plus 配有清洁刷,可以从底部打开清洁盖,将清洁刷伸入器具,对抽吸产生的残留物进行清洁。官方建议每抽吸 20 支烟弹清洁 1 次器具。

4.2.3.3 产品特点

Glo Hyper Plus 外观与 Glo Pro 相似,为明亮的颜色设计。如图 4-28 所示,器具具备黑檀黑、活力蓝、搪瓷白三种配色,结构设计美观紧凑。器具内置磁感线圈,通过加热烟杯内金属管加热烟支,预热速度快,加热效率高。烟具提供 Standard 和 Boost 两种抽吸模式,通过改变加热温度、预热时间、抽吸时间,为消费者提供多元化的抽吸体验。

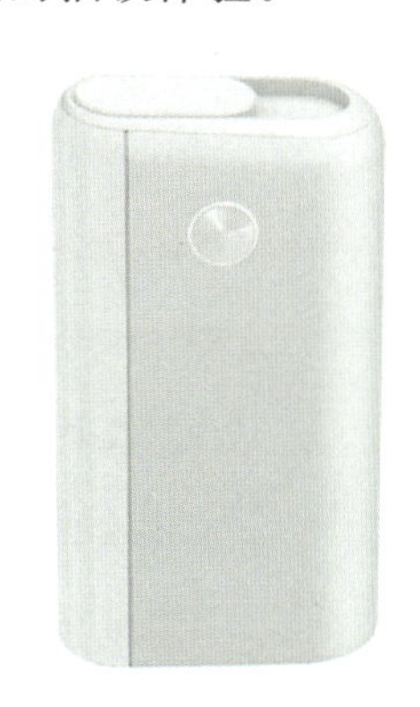

图 4-28 Glo Hyper Plus 配色

4.2.3.4 配套烟支与使用评价

与 Glo 系列其他产品不同的是,Hyper 系列仅适配 Neo Demi 烟支。英美烟草生产的烟支主要分为 Neo Stiks 和 Neo Demi 两个系列。两个系列最大的区别是 Neo Stiks(包括 Neo、Kent Neo Stiks 和 Dunhill Neo Stiks)都可以互换使用,但只能用于原始的 Glo 设备、Glo Series 2、Glo Series Mini、Glo Pro 和 Glo Nano,不能在 Glo Hyper 中使用。Neo Demi 可以用于 Glo Hyper,但不能用于任何其他 Glo 设备。这意味着 Neo Demi 不能与 Neo Stiks 互换使用。

至于味道的强度,Neo Stiks 有相当广泛的范围。Neo Stiks 系列中的每一款产品都提供了不同级别的强度。消费者可以根据自己的个人喜好选择不同的烟支品类。

Neo Stiks 在世界各地都可以买到,但能买到哪一种取决于所在的地区。Neo 主要在欧洲和亚洲销售。Kent Neo Stiks 主要在东亚销售,尤其是日本。Dunhill Neo Stiks 主要在东欧销售。Neo Demi 的销售范围也相当广泛,可以在欧洲和亚洲买到。

Neo Stik 和 Neo Demi Slim 的口味很相似,但它们并没有真正重叠,即使官方标注的味道是一样的,它们的实际味道仍然略有不同,如 Neo Ruby Boost 和 Neo Demi Ruby Boost。

英美烟草没有透露其加热卷烟中的尼古丁含量。然而,部分制造商表示,Neo Demi 的烟草含量比 Neo Stiks 多 30%。

就尺寸而言，Neo Demi 和 Neo Stiks 确实有所不同，Neo Demi 的直径更小一些，这就是它们不能互换使用的原因。下文介绍一些 Neo Demi 烟支的口味，如图 4-29 所示。

(a) Green Click　(b) Vanilla Mint　(c) Red Moon

(d) Smooth Tobacco　(e) Creamy Tobacco　(f) Classic Tobacco

(g) Terracotta Tobacco　(h) Ruby Boost　(i) Berry Click

图 4-29　Neo Demi 烟支口味

Green Click(Beryl Click)有一种温和的烟草味，带有一个爆珠，内含一种甜薄荷的味道。Vanilla Mint 有一种新鲜的薄荷醇味道，带有一个爆珠，内含甜而芳香的香草味。Red Moon 是多汁的樱桃与淡淡的蓝莓的结合，回味清爽。Smooth Tobacco(Satin Tobacco)具有精选烟草的温和风味，带有细腻的蜂蜜味。Creamy Tobacco(Terracota Tobacco)具有浓郁的精选烟草味道和奶油味。Classic Tobacco 是经典精选烟草的平衡风味，带有一些温热的辛辣味。Terracotta Tobacco 有一种浓郁的烟草味，带有淡淡的奶油味。Ruby Boost (Red Boost)含有浆果味的胶囊，味道浓郁，口感清爽。Berry Click (Violet Click)有一个浆果味的胶囊，有丰富的味道。

4.2.4 Glo Hyper X2

4.2.4.1 产品简介

2022 年,英美烟草公司在东京推出了 Glo Hyper X2 烟草加热设备。

图 4-30 Glo Hyper X2

Glo Hyper X2 以 2021 年推出的 Glo Hyper Plus 技术为基础,将先进的感应加热技术封装在一个更小、更轻的设备中。如图 4-30 所示,新款 Glo Hyper X2 提供了可以更快加热的单独升压(boost)功能、圆环形电池状态 LED 指示灯、一个有保护作用的虹膜状快门(iris-shaped shutter)和大胆的配色,适配现有的用于 Glo Hyper 系列的 Neo Demi 烟支。

英美烟草公司首席营销官在一份声明中表示:"Glo Hyper X2 是我们最新、最先进的加热烟草产品,它的推出是我们在打造未来品牌的过程中转型的又一个关键里程碑。"

4.2.4.2 产品参数与功能

Glo Hyper X2 是英美烟草 Glo 系列的电磁周向加热烟具,在烟杯内部放置铜丝线圈产生电磁场,通过交变电磁场加热金属管,从而加热烟支。器具配备有 Glo 系列独有的两种抽吸模式,即标准模式(享受平衡的劲头)、增强模式(高温高速加热,快速享受)。与以往 Glo 系列不同的是,Glo Hyper X2 针对两种模式设置了两个独立按键,方便用户操作。Glo Hyper X2 的加热温度和前几代 Hyper 系列烟具也有所不同,标准模式加热温度提升到 250 ℃,增强模式加热温度提升到 270 ℃。如图 4-31 所示,烟具还配备了全新的旋拧式防尘盖,可以通过旋拧快速打开或关闭仓门,保护设备免受灰尘和碎屑的影响。Glo Hyper X2 的参数如表 4-8 所示。

图 4-31 Glo Hyper X2 旋拧式防尘盖

表 4-8　Glo Hyper X2 的参数

参数	Glo Hyper X2
上市时间	2022 年
机器类型	一体式机型
充电接口类型	Type-C
机器尺寸/mm	78×43×21
产品质量/g	102
电池容量/mAh	3250
连续使用次数/次	2
充电器满电续航连续抽吸支数	标准模式 20 支，增强模式 25 支
充电时间/min	210
加热方法	电磁周向加热
加热时间	标准模式 4 min，增强模式 3 min
预热时间	标准模式 20 s，增强模式 15 s
加热温度	标准模式 250 ℃，增强模式 270 ℃
售价	59 美元

烟具的两种抽吸模式的使用方法也略有不同。

标准模式的操作步骤如下：

①旋转旋拧式防尘盖，打开烟杯仓门，插入烟支；

②长按下方按钮 3 s；

③机器振动一次，然后开始加热；

④等待 20 s，LED 灯全亮，可以开始抽吸。

增强模式的操作步骤如下：

①旋转旋拧式防尘盖，打开烟杯仓门，插入烟支；

②长按上方按钮 3 s；

③机器振动两次，然后开始加热；

④等待 15 s，LED 灯全亮，可以开始抽吸。

Glo Hyper X2 是需要定期清洗的加热卷烟设备。

如图 4-32 所示，具体清洁操作步骤如下：

①使用后冷却 5 min；

②转动设备上方的防尘盖，打开仓门；

③打开设备下部的清洁门；

④用附带的刷子上下清扫，清扫的标准是“每使用 20 次就清洗一次”。

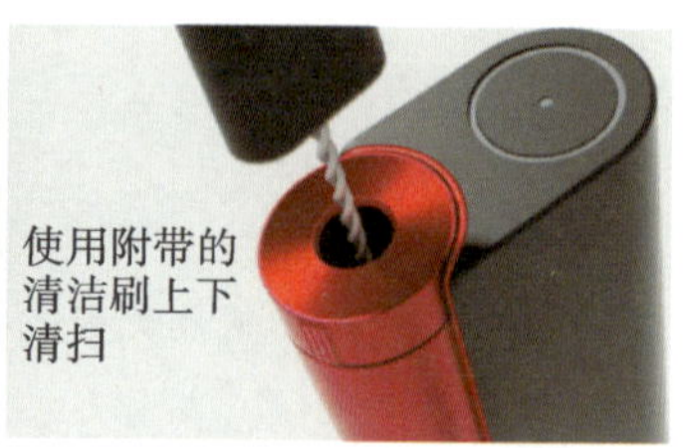

图 4-32　烟具清洁方法

4.2.4.3　产品特点

Glo Hyper X2 采用了先进的感应加热技术，将加热组件、控制系统、电池组等封装在一个更小、更轻的设备中。整体结构紧凑、优雅、美观。用于更快加热的单独升压功能、电池状态 LED 指示灯、保护性虹膜形状快门和大胆的新配色构成了新的 Glo Hyper X2 产品。

如图 4-33 所示，烟具装配标准模式与增强模式两个独立按键。用户只需按一下按键，即可在标准模式和增强模式之间切换。

Glo Hyper X2 在器具上部设置了圆环形状 LED 显示灯，用于指示器具使用进度、充电状态。

烟具设置了独有的旋拧式仓门，旋转旋拧式防尘盖即可快速、整齐地打开和关闭仓门，保护设备免受灰尘和碎屑的影响。

Glo Hyper X2 配色多样，如图 4-34 所示，有薄荷蓝绿撞色、橘橙色、白金撞色、黑红撞色、橄榄绿等多种配色，配色风格充满青春活力，深受消费者喜爱。

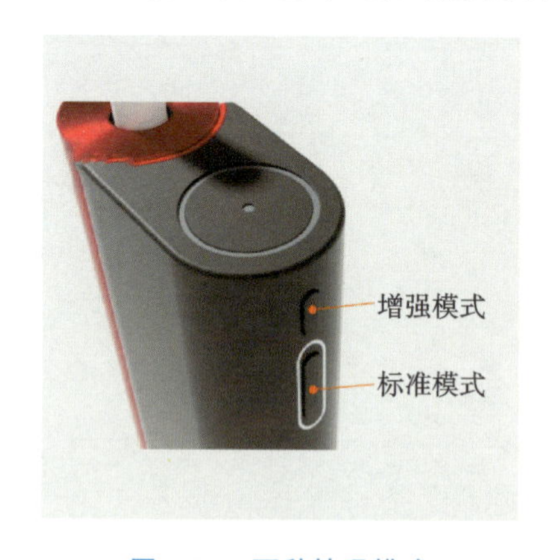

图 4-33　两种抽吸模式

图 4-34　Glo Hyper X2 配色

4.2.4.4　配套烟支及使用评价

Glo Hyper X2 依然沿用 Glo Hyper 系列的 Neo Demi 烟支。

用户评价：Glo Hyper X2 外观设计精致，结构紧凑；配色多样，可以根据自己的风格挑选喜欢的颜色；旋拧式防尘盖好用，同时带来一丝趣味；器具有两个抽吸模式按钮，使用方便。

4.2.5　Glo Hyper Pro

4.2.5.1　产品简介

英美烟草在日本发布的新款加热卷烟设备 Glo Hyper Pro 于 2023 年 12 月 18 日开始销售，并从 2024 年 1 月 5 日起在日本全国便利店和部分 AEON 店铺上市。英美烟草首席营销官表示："我们感到自豪的是，如今，超过 880 万成年消费者正在使用 Glo。Glo Hyper Pro 这一最新版本是我们迄今为止最先进的产品，用户体验得到了很大改善。我们继续倾听消费者的意见，并改进我们的产品，使他们发现使用 Glo 是一种令人满意的方法。英美烟草旨在支持吸烟者改用这些降低风险的产品。"

Glo Hyper Pro 为一体机设计，机身材料为铝合金与塑胶复合材料，机身配备按键、屏幕与拨盘旋钮。

4.2.5.2　产品参数与功能

Glo Hyper Pro 为 Glo 系列最新一代一体式机型，器具上配备了口味选择转盘，转动转盘即可选择加热模式，它支持两种加热模式，即标准模式和增强模式。按住设备侧面的按钮直至设备振动，设备将开始加热。此外，Glo Hyper Pro 采用了号称追求更高水平的满意度的新 HEATBOOST 技术，采用电磁周向加热，同时采用计口数加热方式，一次使用大约可以使消费者抽吸 14 口。标准模式的抽吸时间为 4 分 30 秒，增强模式的抽吸时间为 3 分钟。标准模式下的工作时间比 Glo Hyper X2 长 30 s。Glo Hyper Pro 的参数如表 4-9 所示。

表 4-9　Glo Hyper Pro 的参数

参数	Glo Hyper Pro
上市时间	2023 年
机器类型	一体式机型
充电接口类型	Type-C
机器尺寸/mm	97.3×37.1×21
产品质量/g	90
电池容量/mAh	2580
连续使用次数/次	3
充电器满电续航连续抽吸支数	标准模式 20 支，增强模式 25 支
充电时间/min	90
加热方法	电磁周向加热
加热时间	标准模式 4.5 min，增强模式 3 min
预热时间	标准模式 20 s，增强模式 15 s
加热温度	标准模式 250 ℃，增强模式 270 ℃
售价	3980 日元

4.2.5.3 产品特点

如图 4-35 所示,Glo Hyper Pro 采用直观易握的高级设计,有四种不同的颜色:红宝石黑、黑宝石黑、海蓝宝石蓝和翡翠绿。与 Glo Hyper X2 相比,Glo Hyper Pro 的尺寸缩小,质量减轻,很容易放入口袋。其与前几代 Glo 系列最大的区别是,机身配备了 EasyView 屏幕,这是 Glo 系列首次在加热烟具上装配电子屏幕,AMOLED 显示屏提供器具状态通知,如充电状态、故障排除信息和烟具使用进度。

图 4-35 Glo Hyper Pro 配色

Glo Hyper Pro 在电池容量为 2580 mAh 的情况下,标准模式可续航 20 支烟弹,加热效率与能量利用率均有提升。

4.2.5.4 配套烟支与使用评价

Glo Hyper Pro 沿用 Glo Hyper 系列的 Neo Demi 烟支。

使用评价:Glo Hyper Pro 机身更加小巧,重量也更轻,握持感受好;机身屏幕可以更直观地反映烟具使用状态及电池续航情况,配合机身顶部的旋钮,可以更加方便地选择抽吸模式;此款烟具依然存在清洁问题,给正常使用带来很多不便。

4.3 Lil 系列

2020 年,韩国烟草与全球卷烟业界龙头企业菲莫国际达成了协议,一起攻占全球新型烟草市场——它们共同签订了 Lil 系列的海外销售产品供应合同。两家公司在俄罗斯首次推出加热卷烟器具 Lil Solid 和其专用烟支 Fiit，又于 2021 年在哈萨克斯坦、塞尔维亚和亚美尼亚等地推出 Lil Solid。

韩国烟草在 2022 年 12 月 9 日推出具有人工智能(AI)功能的新产品 Lil Aible，充分体现出韩国烟草对竞争对手新产品上市的迅速反应。因为如果不算 2022 年 5 月上市的普及款低端加热卷烟，这是韩国烟草在 2 年后才推出的新款旗舰型产品。该产品通过智能手机的专用应用程序与卷烟设备连接，可以记录吸烟次数和吸烟时间等。另外，产品还增加了分析吸烟习惯的 AI 功能。

4.3.1　Lil Solid 2.0

4.3.1.1　产品简介

2021 年 7 月，韩国烟草与菲莫国际合作推出了烟草加热设备 Lil Solid 2.0。该设备为 2020 年 9 月推出的 Lil Solid 的升级款，在韩国设计和生产，与用于 IQOS 的 HEETS 和其他烟草棒兼容。根据操作原理，Lil 类似于 IQOS——该设备可以将烟草加热到 300～350 ℃，并且不会将其点燃。因此，烟棒中的烟草不会燃烧，而是释放出烟草气溶胶，被使用者吸入。该设备改变了原有的加热方式，由原有的电阻式加热更新为电磁感应加热，并且加大了电池容量，器具续航由原来的 20 支变更为 25 支，可连续抽吸 3 支烟弹。

4.3.1.2　产品参数与功能

Lil Solid 2.0 为电磁感应加热一体式机型，使用针式加热，通过电磁线圈产生交变磁场加热中心加热棒来加热烟支。Lil Solid 2.0 一次充满电可以使用 25 次，每次加热时间为 5 分钟，每次抽吸口数为 14 口。Lil Solid 2.0 的参数如表 4-10 所示。

表 4-10　Lil Solid 2.0 参数

参数	Lil Solid 2.0
上市时间	2021 年
机器类型	一体式机型
充电接口类型	Type-C
机器尺寸/mm	106×31×22
产品质量/g	99
电池容量/mAh	2950
连续使用次数/次	3
充电器满电续航抽吸支数/支	25
充电时间/min	120
加热方法	电磁中心加热
加热时间	5 min
预热时间	25 s
加热温度/℃	300～350
售价	99 美元

如图 4-36 所示，Lil Solid 2.0 为一体式机型，机身有独立按键，有珍珠白、赤陶红、宝石蓝、玛瑙黑四种配色。

图 4-36 Lil Solid 2.0 配色

首次使用 Lil Solid 2.0 前，必须激活设备。激活方式有两种，分别是给设备充电或者长按按钮 2 s。Lil Solid 2.0 配备有指示灯和振动功能显示烟具使用状态。当剩余 3 口或 30 s 时，设备将振动一次并且指示灯将短暂闪烁。在使用结束时，设备会关闭，使用者无须按任何按钮。为了在使用后取出烟支，使用者必须先将烟支朝一个方向旋转 3 次以上再将其取出，可以防止烟草残留物进入器具。

Lil Solid 2.0 不需要充电盒，是一款独特的一体式设备，通过顶部的开口直接进行烟草消费。其操作模式类似旧的 IQOS 多功能机（该设备已停止使用），只需打开（或滑动）防尘盖并插入烟弹，Lil Solid 2.0 兼容 Fiit、HEETS 烟支。Lil Solid 2.0 可以通过加热来清洁，在 5 s 内快速按下按钮 5 次，指示灯将闪烁橙光并闪烁 1.5 min，在此过程中，设备的金属加热针会快速升温到较高温度，加热残留在加热针上的烟支残留物，等到指示灯熄灭，设备将振动两次，表示烟具清洁结束。

4.3.1.3 产品特点

区别于 Lil Solid 的电阻式加热，Lil Solid 2.0 使用了金属针式电磁感应加热技术，如图 4-37 所示。器具内部有一个金属绕组，在电流的影响下产生电磁场，电磁波加热针头的表面。这种加热技术使金属针上的受热比电阻式的导热更加均匀，从而烟支的受热效率也得到了提升。

如图 4-38 所示，Lil Solid 2.0 将指示灯集成到机身的唯一按键上，通过显示不同颜色来反映烟具的不同使用状态。指示灯为蓝色表示电池电量为 60%～100%，指示灯为冷蓝色表示剩余电量为 30%～60%，指示灯为橙色表示剩余电量不到 30%，指示灯为红色表示电池电量耗尽。

图 4-37　针式加热

图 4-38　器具指示灯

如图 4-39 所示，设计人员对烟具做了简化设计，将滑动式的防尘盖集成到烟具的烟支提取器上。烟支提取器与机身完全分离，通过磁吸连接。消费者可以轻推烟支提取器取下烟支，也可以将烟支提取器拿下来，更加方便地清洁烟具。值得一提的是，烟具自带的清洁器（见图 4-40）变成了双面设计：从一侧看，它像一把清洁抹刀，用于清洁加热元件；从另一侧看，它像一把刷子，用来清洁棒室。

图 4-39　烟支提取器

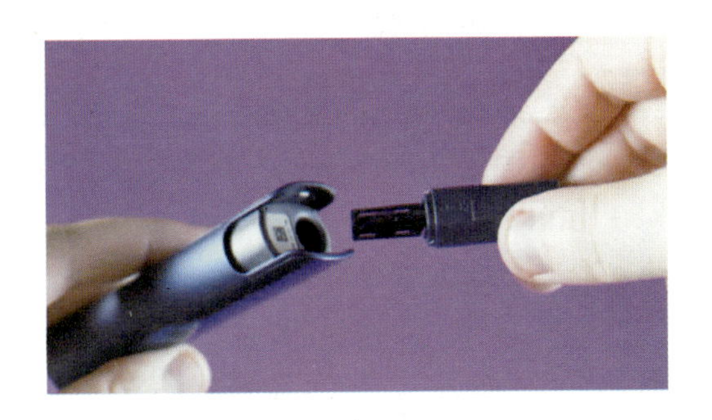

图 4-40　烟具清洁器

Lil Solid 2.0 机身尺寸对比上一代略有缩小，但机身质量增加。机身侧面为可拆卸的磁性面板，易于维修更换。消费者可以根据自己的喜好自行选择配色。

4.3.1.4　配套烟支与使用评价

Lil Solid 2.0 适配 Fiit、HEETS 等中心加热型烟支。下面对 Fiit 烟支（见图 4-41）做简要介绍。Fiit SPRING 是一种平衡的烟草混合物，具有清新的薄荷醇和奶油水果的味道，专为 Lil Solid 打造，与 IQOS 3.0 Duo 及更早版本的设备完全兼容。Fiit VIOLA 是一种平衡的烟草混合物，具有凉爽的薄荷醇效果和多汁的浆果味。Fiit MARINE 是一种精制、平衡的薄荷醇烟草，带有淡淡的草药味。Fiit ALPINE 有一种浓郁的薄荷醇味道，能产生清凉感。Fiit REGULAR SKY 有一种纯烟草的味道，轻盈而不引人注目。Fiit REGULAR DEEP 是一种浓郁的烟草混合物，辅以陈酿麦芽的味道。Fiit TROPIC 是一种平衡的烟草混合物，具有清新的薄荷醇和热带水果的味道。Fiit CRISP 是一种温和的烟草混合物，具有清新的薄荷醇和柑橘味。Fiit REGULAR 是一种带有坚果味的芳香烟草混合物。

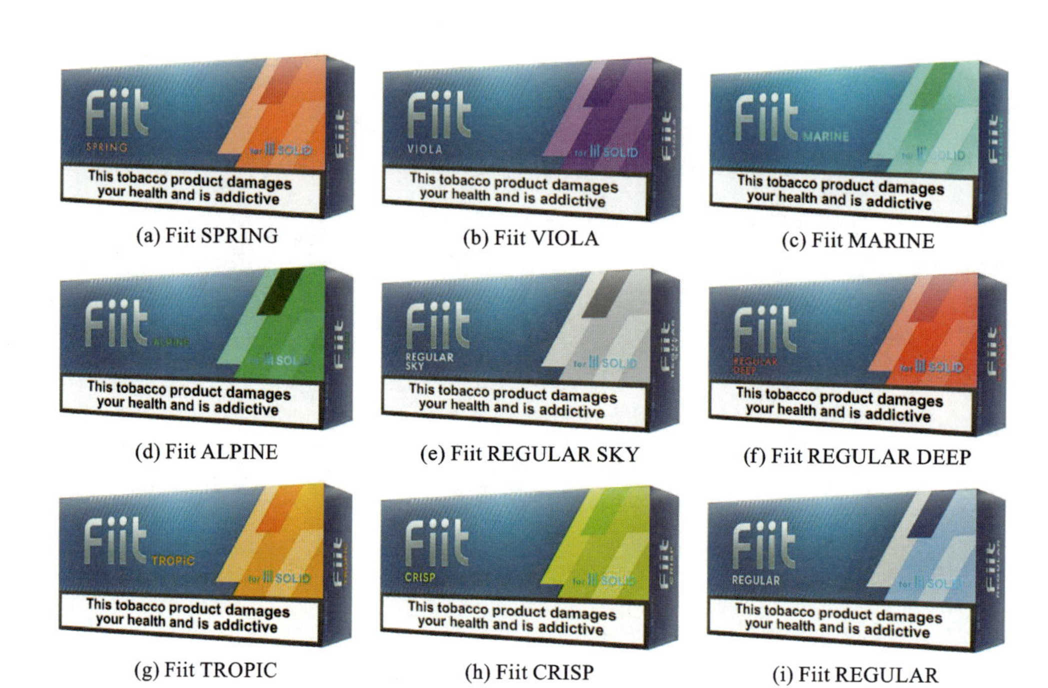

(a) Fiit SPRING　(b) Fiit VIOLA　(c) Fiit MARINE
(d) Fiit ALPINE　(e) Fiit REGULAR SKY　(f) Fiit REGULAR DEEP
(g) Fiit TROPIC　(h) Fiit CRISP　(i) Fiit REGULAR

图 4-41　Fiit 烟支

使用评价：Lil Solid 2.0 机身大气简洁，握持感好，但是侧面的镜面盖板容易留下指纹；对比 Lil Solid 器具，加热效率提升，续航 25 支烟弹使使用幸福度明显提升，但是抽吸过程中最后几口的烟雾量衰减，影响抽吸体验；这种中心加热式的烟具在使用一段时间后，烟草残留物会凝固于加热针上，难以清理，影响加热效率。

4.3.2　Lil Solid EZ

4.3.2.1　产品简介

Lil Solid EZ 是由韩国烟草联合菲莫国际推出的一体式加热烟具，于 2023 年上市。新的 Lil Solid EZ 设备易于使用，符合人体工程学。Lil Solid EZ 是 Lil Solid 2.0 的轻量化设计，极大地减小了烟具的尺寸与质量（仅重 78 g），是 Lil Solid 系列最轻的烟具。烟具加热方式为电磁中心加热，适配 Fiit、HEETS 及其他中心加热烟支。

4.3.2.2　产品参数与功能

Lil Solid EZ 为电磁感应加热一体式机型，使用针式加热，通过电磁线圈产生交变磁场加热中心加热棒来加热烟支。一次充满电可以使用 25 次，每次加热时间为 5 分钟，或者计口数为 14 口。产品具体参数如表 4-11 所示。

表 4-11　Lil Solid EZ 参数

参数	Lil Solid EZ
上市时间	2023 年
机器类型	一体式机型

续表

参数	Lil Solid EZ
充电接口类型	Type-C
机器尺寸/mm	104.9×30×21.5
产品质量/g	78
电池容量/mAh	2600
连续使用次数/次	3
充电器满电续航抽吸支数/支	25
充电时间/min	120
加热方法	电磁中心加热
加热时间	5 min 或 14 口
预热时间	25 s
加热温度/℃	300～350
售价	99 美元

如图 4-42 所示，烟具有玫瑰金色、绿色、黑色、蓝色、白色五种配色。

图 4-42　Lil Solid EZ 配色

操作步骤如下：

①新设备处于睡眠模式，长按 2 s 或将充电器连接到充电口唤醒设备。

②按下按钮 2 s，直到出现振动；预热大约持续 25 s，预热过程的持续时间会根据使用环境变化。

③剩最后 30 s 或最后 3 次抽吸时，设备将振动一次，LED 灯将以冰蓝色闪烁直到

结束。

④拔出烟支时，向一个方向旋转烟丝棒 3 次以上，然后将烟支拔出设备。

4.3.2.3 产品特点

(1)轻量化设计。

对比上一代产品 Lil Solid 2.0，Lil Solid EZ 仅重 78 g，尺寸也有所减少，电池容量为 2600 mAh，但是产品依然续航 25 支烟弹并可连续抽吸 3 支，这意味着产品单支烟弹的消耗能量减少。轻量化的设计提升了消费者的握持感受，并且易于携带。

(2)优化抽吸感受。

Lil Solid EZ 为中心针式加热，通过机身电磁绕组加热中心金属针来加热烟支。这种电磁感应的方式使加热针受热均匀，使烟支受热均匀，使烟支抽吸稳定性好。Lil Solid EZ 将指示灯集成到机身的唯一按键上，通过显示不同颜色来反映烟具的不同使用状态。指示灯为蓝色表示电池电量为 60%～100%，指示灯为冷蓝色表示剩余电量为 30%～60%，指示灯为橙色表示剩余电量不到 30%，指示灯为红色表示电池电量耗尽。

4.3.2.4 配套烟支与使用评价

Lil Solid EZ 配套烟支沿用 Lil Solid 系列的 Fiit、HEETS 以及其他中心加热烟支。

使用评价：Lil Solid EZ 质量轻，它的易用性、可靠性和便利性使其成为那些重视质量并享受每一次吸入的人的理想选择。

4.3.3 Lil Aible

4.3.3.1 产品简介

2022 年 11 月 9 日，韩国烟草在首尔威斯汀朝鲜酒店推出了新的加热卷烟产品(Lil Aible)，于 2022 年 11 月 16 日在首尔的 8500 家便利店、韩国烟草的 5 家线下旗舰体验店，以及韩国烟草的独家在线商城销售。

韩国烟草共推出两款 Lil Aible 产品(基本款 Lil Aible 和高端款 Lil Aible Premium)，售价分别为 110000 韩元(约合人民币 583 元)和 200000 韩元(约合人民币 1061 元)，如图 4-43 所示。上市前，不少新型烟草业内人士预测，由于 Lil Aible Premium 定价过高，很有可能受到消费者的冷落。出人意料的是，在上市首日，更畅销的版本是高价位的 Lil Aible Premium，即带有 OLED 触摸屏的高端版。Lil Aible Premium 在线上预售仅一天就售罄，过半消费者来线下店主要是寻找这款产品。

2023 年 1 月 30 日，韩国烟草和菲莫国际达成一项为期 15 年(至 2038 年 1 月 29 日)的长期协议。韩国烟草将继续向菲莫国际提供无烟产品，菲莫国际将在除韩国以外的市场销售。此次协议内容包括在韩国国内上市的 Lil Solid、Lil Hybrid、Lil Aible 等现有加热不燃烧烟草产品和专用烟支(分别为 Fiit、Miix、AIIM)，以及将在今后推出的其他创新产品。

(a) Lil Aible　　(b) Lil Aible Premium

图 4-43　基本款 Lil Aible 效果图和高端款 Lil Aible Premium

4.3.3.2　产品参数与功能

(1)型号与颜色。

两种型号:Lil Aible 和 Lil Aible Premium。四种颜色:超蓝、空气白、珐琅红和棕褐色,如图 4-44 所示。便利店只出售超蓝、空气白两种颜色的产品。

图 4-44　不同颜色的 Lil Aible 和 Lil Aible Premium 效果图

(2)产品基本功能。

Lil Aible 未配备触摸屏,而是通过不同的点亮模式通知用户不同的内容,允许通过侧面的按键轻松操作设备。Lil Aible Premium 配备有高分辨 OLED 触摸屏,允许用户更轻松地控制各种功能。

Lil Aible 采用一体化设计,插入烟支处延续了 Lil Hybrid 的设计,滑开盖子即可插入烟支。Lil Aible 支持 Type-C 接口快速充电,电池容量为 3000 mAh,这是高功率电池和快充技术在加热卷烟上的首次应用。Lil Aible 靠侧面的一个按钮操作，预热时间大概为 35 s。

Lil Aible 保持了以往产品的自动加热、自清洁、连续使用 3 支烟等便利功能。

Lil Aible 得益于其 AI 技术，可以显示产品充满电和预热烟支需要的时间，以及剩余的电量和可抽吸的次数。在使用时，随着抽吸，基本款中间的灯会逐渐熄灭以显示剩下可供抽吸的量，而高端款则会直接显示剩下的抽吸口数。每根烟支大概抽 14 口，到还剩 3 口的时候机器会振动。

Lil Aible 用户可通过蓝牙使产品与手机连接，在韩国烟草的专用 APP 上查看消息、电话通知、天气和日历信息。

Lil Aible 采用的人工智能物联网（AIoT）技术分为三个系统来加强三个方面的功能，即采用 Preheating AI、Puff AI 和 Charging AI 来处理优化加热、抽吸和充电的需求。

4.3.3.3 产品特点

(1)AI 技术。

Lil Aible 的核心竞争力在于其加入了人工智能技术，三大 AI 技术增强了其环境适应性与人机交互能力。

Puff AI：根据使用情况提供额外的抽吸次数或时间（最多 3 次，最长 45 s）。

Preheating AI：根据使用环境控制加热温度，提供最佳的用户体验。

Charging AI：分析典型使用情况，并在电池电量不足时提示充电。

(2)适配不同类型的烟弹。

Lil Aible 可以适配三种类型的烟弹（烟草薄片型烟弹、烟草颗粒型烟弹、带爆珠型烟弹），可以直接为这三种类型的烟弹选择合适的使用模式。

(3)触手可及的高级体验。

一次触摸即可访问设备功能菜单，并可通过应用程序进行智能控制。从电话、消息到应用程序通知，将设备通过蓝牙连接到智能手机后，消费者可以实时查看所有内容。此外，使用 L'Real Enable Premium 独家应用程序，可以定位设备位置。

(4)使用便利。

插入专用烟弹后，不用等待就可以使用设备。由于采用了无残留物的外部加热技术，清洁工作轻而易举。设备最多可以连续使用三次，无须等待。设备可靠性高，可以减轻消费者的担忧。设备的正面采用康宁大猩猩玻璃 Victus，十分高级。时尚的弧形边缘设计使设备具有引人注目的外形和舒适的握持体验。

4.3.3.4 配套烟支与使用评价

(1)适配烟支。

Lil Aible 可使用 3 种类型的 AIIM 烟支，分别为 AIIM REAL、AIIM GRANULAR 和 AIIM VAPOR STICK，共 6 种口味，如图 4-45 所示。每包烟（共 20 支）售价为 4800 韩元（约合人民币 25 元）。

AIIM 烟支包括只含有烟叶碎片以还原本味的 AIIM REAL、含有烟草颗粒和载体的

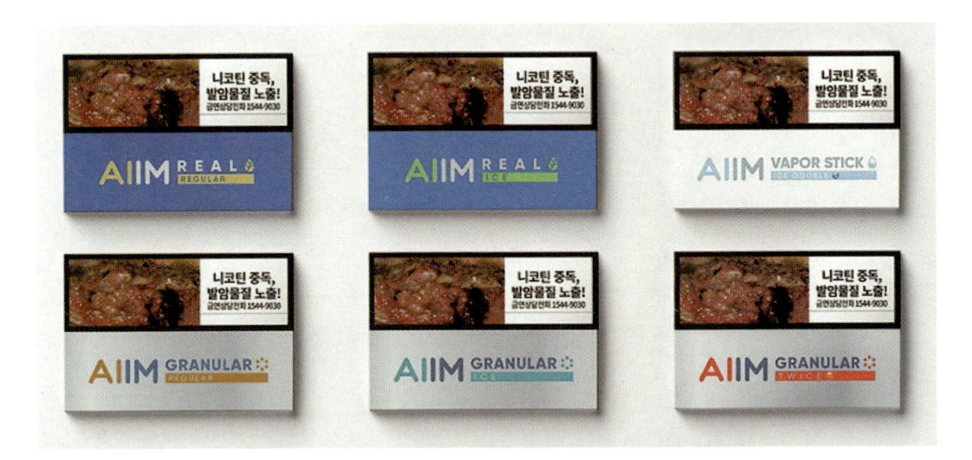

图 4-45　AIIM 烟支的烟盒(小盒)外观图

AIIM GRANULAR、含有载香载体和爆珠的 AIIM VAPOR STICK,如图 4-46 所示。Lil Aible 可兼容上述 3 种烟支,根据每种烟支加热条件的不同,通过设备菜单选择对应不同烟支的加热模式。烟支如图 4-46 所示。

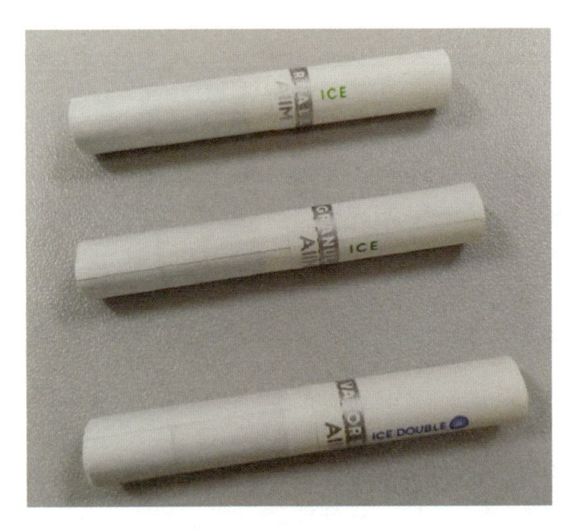

图 4-46　AIIM 烟支外观图

AIIM 烟支为四段式结构,包括前置堵头、雾化/发烟段、中空段和滤嘴段,如图 4-47 至图 4-52 所示。

图 4-47　AIIM REAL 拆解图

图 4-48　AIIM REAL 发烟段拆解图

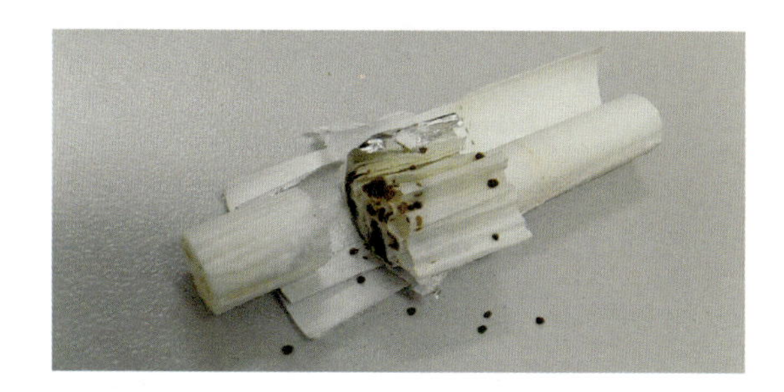

图 4-49　AIIM GRANULAR 拆解图

图 4-50　AIIM GRANULAR 发烟段拆解图

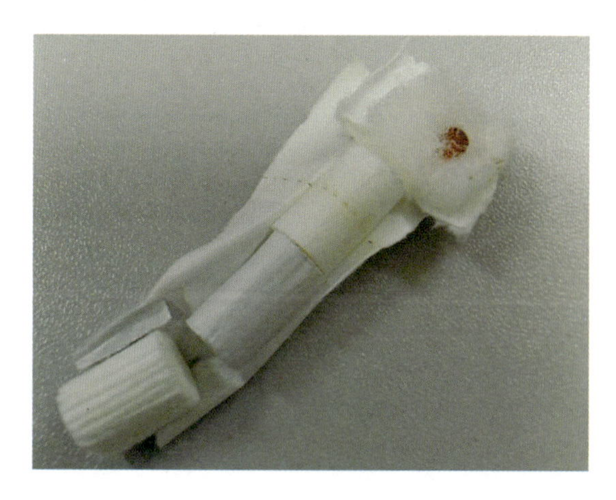

图 4-51　AIIM VAPOR STICK 拆解图

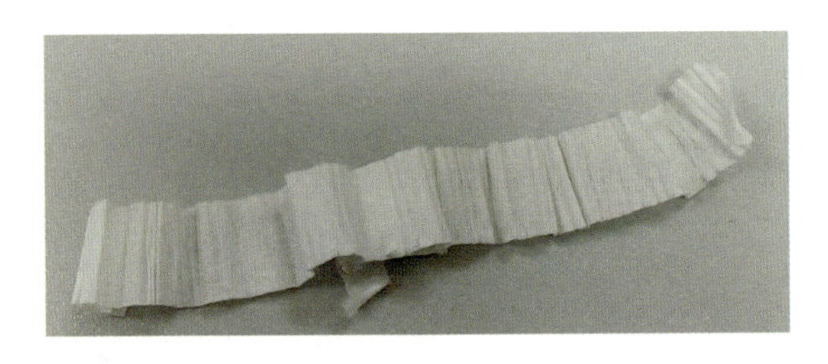

图 4-52　AIIM VAPOR STICK 雾化段拆解图

(2)用户评价。

对于 Lil Aible Premium,有部分用户表示其秒表、短信和来电显示等功能在有智能手机在身边的时候并不是很实用;也有部分用户表示,Lil Aible Premium 搭载了大部分其需要的手机功能,未来在 Aible 软件版本完善的情况下自己可以不再使用手机。有用户认为在拥有 Lil Hybrid 的情况下没必要升级成 Lil Ailble,特别是对于调味薄荷醇口味的爱好者来说,Lil hybrid 的烟油在击喉感方面比 Lil Aible 的 AIIM 烟支更加出色。目前 AIIM 烟支中消费者反馈最好的是薄荷味的 VAPOR STICK 雾化烟支,因为它附带的爆珠可以带来丰富的口感。

4.4　中烟产品

4.4.1　MC Aurora 2.0

4.4.1.1　产品简介

云南中烟的 MC 系列以电阻式加热为主,为弥补电阻式加热烟具能量利用率低、响应时间长、稳定性和安全性欠佳等问题,云南中烟于 2016 年开始研发电磁加热烟具产品。MC Aurora 2.0 是云南中烟设计的一体式烟草加热设备,还未上市。

4.4.1.2　产品参数与功能

MC Aurora 2.0 为一体式机型,如图 4-53 和图 4-54 所示。MC Aurora 2.0 的机身尺寸为 95.5 mm×28.4 mm×21.4 mm,具有一颗机械按键,采用 Type-C 充电接口,有提烟器;选用 16450 电芯,电芯容量为 900 mAh;采用针式发热体,采用针外热电偶计口数。烟具充满电可续航 12 支烟。充电时间为 60 min。控温精度为±1%,预热时间为 15 s。烟具操作方法:长按开机键 3 s 开始预热,抽吸 255 秒或 13 口自动停止,烟具停止加热时振动提示;长按开机键 3 s,烟具随时中止加热;吸烟结束后 10 s 无操作自动进入待机状态。烟具具有电量指示功能。

烟具功能说明如表 4-12 所示。

图 4-53　烟具外观

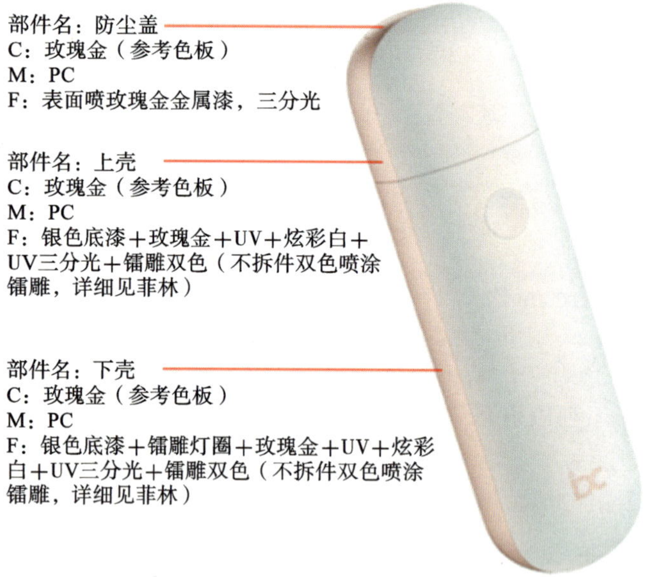

部件名：防尘盖
C：玫瑰金（参考色板）
M：PC
F：表面喷玫瑰金金属漆，三分光

部件名：上壳
C：玫瑰金（参考色板）
M：PC
F：银色底漆＋玫瑰金＋UV＋炫彩白＋UV三分光＋镭雕双色（不拆件双色喷涂镭雕，详细见菲林）

部件名：下壳
C：玫瑰金（参考色板）
M：PC
F：银色底漆＋镭雕灯圈＋玫瑰金＋UV＋炫彩白＋UV三分光＋镭雕双色（不拆件双色喷涂镭雕，详细见菲林）

图 4-54　外观工艺

表 4-12　烟具功能说明

功能	说明
首次使用启动	无
加热开始	长按开机键 3 s 开始预热
预热	预热 15 s(根据烟支实际确定)
吸烟功能	255 s 或 13 口自动停止(根据烟支实际确定)

续表

功能	说明
恒温/待机模式	吸烟结束后 10 s 无操作自动进入待机状态
提示功能	振动提示和指示灯提示
过吸保护功能	255 s 或 13 口自动停止并振动提示(根据烟支实际确定)
充电功能	Type-C
低压保护功能	低于 3.6 V 停止工作
边充边吸功能	不支持边充边吸
强制停止	长按开机键 3 s,烟具结束加热

提示功能说明如表 4-13 所示。

表 4-13 提示功能说明

提示功能	说明
开始加热	烟具振动表示开始加热
预热	指示灯环呼吸表示预热状态,预热结束振动提示
吸烟	指示灯环常亮表示吸烟状态,255 s 或 13 口后熄灭,吸烟结束振动提示
恒温/待机模式	指示灯环闪烁 3 下表示自动关机
过吸保护功能	255 s 或 13 口后自动停止时指示灯环熄灭并振动提示
充电	插入 Type-C 充电时指示灯白灯闪烁表示正在充电,指示灯白灯常亮表示充满电,指示灯白灯常亮 10 秒后熄灭表示充电结束
电量指示	短按开机键 1 下,3 颗指示灯亮起表示电量大于 60%,2 颗指示灯亮起表示电量为 20%~60%,1 颗指示灯亮起表示电量小于 20%(可抽 1~2 支烟),1 颗指示灯闪烁表示电量低(无法启动)
低压/低电量	短按开机键 1 下或长按开机键 3 s,指示灯 1 秒闪烁 3 下表示低压/低电量
故障显示	任何操作时,指示灯环 5 秒闪烁 10 次表示机器故障;长按开机键 3 秒关机后振动提示

4.4.1.3 产品特点

MC Aurora 2.0 输出电流为 1~6 A,通过功率 *LC* 谐振产生交变电能量,再通过电感线圈产生交变磁场切割特殊合金材料,从而产生热量,加热新型卷烟烟支,有以下优点:

①预热快于市面产品(常规电阻式加热预热至 350 ℃需要 20 s,电磁加热只需 10 s);

②能量转换率高(电阻式加热加热 1 支烟的耗电量为 75~150 mAh,电磁加热加热 1 支烟的耗电量为 60 mAh);

③温度控制方式与常规电阻式加热差别不大,不影响口感,预热时间短,能量转换率高,消费者接受度高;

④采用单片机来智能控制发热体温度，稳定可靠；

⑤充电采用 Type-C 接口和快充方式，操作更方便，更快捷有效，更能适应现代快节奏的生活。

4.4.2 Toop-zero 巅

4.4.2.1 产品简介

Toop-zero 巅为安徽中烟研发的一体式加热卷烟烟具，采用磁粒均热技术，利用磁感交流变频原理引发粒子碰撞发热，实现非接触式能量递送，递送能量均匀、稳定。受热体热能均匀分布，触发有效物质均匀有序释放，可调可控的能量传递通量保障温度区间内的稳态加热。便携可充电的微型电磁能量发射器、精美简洁的受热空腔，与能量接受体完美组合。磁粒均热技术一体化设计，在 Toop-zero 巅的消费体验中得到完美的实现和彰显。Toop-zero 巅既保留了纯正的烟气和口味，也诠释了安全、便捷的新感觉。

4.4.2.2 产品参数与功能

Toop-zero 巅的加热方式为电磁感应加热，通过器具内的电磁绕组加热独立的感应元件来加热烟支。器具采用磁粒均热技术，即利用交流电源将电能转换成电磁能，经能量发射器发射，使能量均匀分散于加热介质中的能量接受体，使其表面的粒子高速运动而摩擦产生热，完成电磁能向热能的转换，实现介质的均匀受热。

这一产品技术包括两个关键概念：第一是磁粒，第二是均热。磁粒是可以接受电磁能量的微粒，均匀分散在烟草物料中，在这一条件下，微粒能均匀地接受电磁能，并转换为相同效应的热能，实现对加热介质的均匀加热。

产品设计参数如表 4-14 所示。

表 4-14　产品设计参数

指标项目	技术指标要求	配套的硬件条件需求
发烟量	发烟量大	设备的平均加热功率不低于 7 W
预热时间	预热时间低于 15 s	设备的最大加热功率不低于 15 W
续航时间	可以满足连续抽吸 10 支以上	电池容量不少于 4.2 V×800 mA
充电效率	在半小时内完成充电	充电功率不低于 5 V×2 A
抽吸稳定性	抽吸前后的发烟稳定，不同烟支抽吸差异不明显	具备可以编程的控制系统，根据抽吸情况进行烟具功率输出的实时调控
设备体积	不大于 IQOS 2.4	不大于 90 mm×50 mm×20 mm
设备重量	不大于 IQOS 2.4	不大于 90 g

Toop-zero 巅采用一体式的感应元件，感应元件与机身分离设计，便于拆卸。一体式感应元件设计方案以一体式加热腔体及空气流道方案为基础，将热受体元件放置于感应元件支架上，在使用中将热受体装配件放置于空气流道底部配合使用。器具外观与一体式热受体外观如图 4-55 所示。一体式热受体几何尺寸如表 4-15 所示。

图 4-55　器具外观与一体式热受体外观

表 4-15　一体式热受体几何尺寸

材料代码	针尖/mm	针梗/mm	针座/mm
M50	φ2-φ0.3×2	φ2×18	φ2×2

Toop-zero 巅设备隔热方案是给感应线圈设置隔热腔体，主要是将设备外壳与加热腔体之间的空气腔体增大，增加空气腔体内空气体积，以达到隔热的目的。同时，采用导热性较好的石墨烯材料对设备内部能量集中部位的能量进行扩散，从而达到提高降温速率的目的。设备隔热方案实物图如图 4-56 所示。

图 4-56　设备隔热方案实物图

4.4.2.3　产品特点

(1)烟草利用率优化。

烟草制品(包括当前兴起的新型烟草)存在加热不均匀的现象，烟支前后端、周边和中心的热量分布不一致。磁粒均热技术将会改变部分食品的加工模式，也会带来烟草消费体验模式的转变。首先，磁粒均热技术具有提升烟草制品抽吸质量的作用。磁粒均热技术真正实现了在烟草物料内部均匀产热，可以让烟草物料在理想的温度下进行烟气的释放，香气质量更高，可以使抽吸的稳定性差异从源头得到消除，实现烟草产品品质的有力提升。其次，磁粒均热技术具有降低烟草制品危害性的作用。磁粒均热技术能够更加均匀与稳定地控制烟草物料的加热温度，消除烟草物料发生阴燃的隐患，减少烟气有害成分的释放，避免加热元件导致的烟草碳化结垢与烟油积累问题，进一步降低了烟草制品的危害性。

除了直接可见的技术收益，磁粒均热技术还为烟草制品的创新带来了新的空间。由于磁粒均热技术使用非接触式的能量传递方式，微粒式加热介质包容在烟草物料中。这一技术特征使产品设计摆脱了诸多束缚，可以灵活地采用不同的产品形式，既可以保留传统卷烟的产品设计，又可以使用其他创新性的产品形态，带来更多创新性的消费体验，为产品设计打开创新之门。

(2)清洁方式优化。

Toop-zero 巅采用一体式热受体，热受体与机身分离设计，热受体可从器具底部清洁盖中取出，使清洁的效率得到有效提升。

4.4.3 TIANZI 复合式电磁加热烟具

4.4.3.1 产品简介

TIANZI 复合式电磁加热烟具是由四川中烟研发的一体式电磁加热烟具，是使用外围电磁加热、中心热传导双加热技术设计的加热不燃烧烟具。产品整体为盒式结构，大小适中，手感舒适。

4.4.3.2 产品参数与功能

烟具总体结构图如图 4-57 所示。

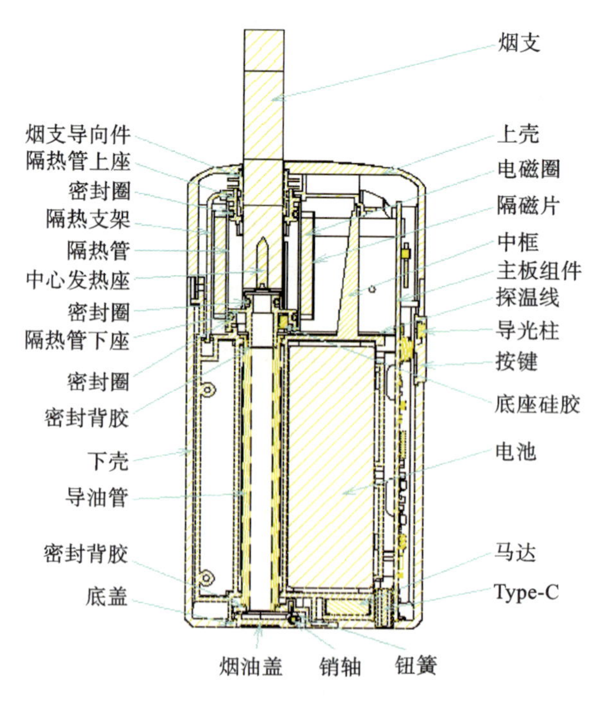

图 4-57 烟具总体结构图

烟具设计参数如表 4-16 所示。

表 4-16　烟具设计参数

项目	额定值	备注
内置电池型号	JS16450	
容量/mAh	1000	
额定负载电压/V	3.3～4.2	输出电压随电池电压和负载阻值的变化而变化
放电截止电压(空载)/V	3.3±0.1	
充电电压/V	4.8～5.2	
充电时间/h	≤1	
标准充电电流/mA	≤1500	
通配充电器	标准 5 V/2 A 电源适配器	
循环充放电次数/次	≥300	
热电偶测温	220～240 ℃,预热过程温度为 240 ℃,保温阶段温度为 220 ℃	
电池满电下吸烟支数/支	≥10	
加热片使用寿命/次	≥5000	
产品质量/g	≤60	
工作环境温度范围及贮存环境	0～45 ℃	充电和工作温度
充电接口	采用国际通用 Type-C 接口,接口参数符合 IEC 62680-3 的规定	
电池安全性	电池符合锂离子电池安全国家标准 GB31241—2014 的规定	有电池安全性检测报告
材料安全性	加热器各均质材料应符合 GB/T 26572—2011 的规定,符合电子电气产品中限用物质的限量要求	
具备防儿童开启功能	应符合 GB/T 25163—2010 的规定	
自由跌落安全性	电子烟自由跌落后,不应出现断裂、起火或爆炸现象;如果电子烟带有安全系统,应保持功能正常	
加载烟支后吸阻稳定	设计值为(1100±100) Pa	吸阻测试台检测

表 4-17 所示为该产品软件实现的功能、方法及现象，包括充电、开机、关机、单次加热时间、电池节能、加热器充满指示、加热器低电保护、PCBA 过热保护、电池过热保护、预热振动提示、预热时间限定、按键触觉反馈 12 项产品软件功能。

表 4-17　产品软件功能

功能	方法	现象
充电	将 5 V 适配器插入主机 Type-C 接口	指示灯闪烁提示，红灯指示低电量，蓝灯指示有 50%以上电量，绿灯指示有 80%以上电量
开机	连按三次按键，机器振动开机，开始加热	马达振动，指示灯闪烁，20 s 后马达再次振动，进入保温状态，指示灯常亮
关机	加热结束后自动关机；开机状态时长按按键关机	关机后指示灯熄灭
单次加热时间	一次加热时间为(190±10) s	指示灯常亮，加热结束前 10 s 振动提示，10 s 后指示灯灭，机器关机
电池节能	停止抽烟，万用表检测电流值	抽烟停止后进入休眠状态，静态功耗有效值小于 50 μA
加热器充满指示	加热器充满转灯电流≤100 mA	灭灯指示
加热器低电保护	电池放电至低压，连按三次按键开机	红灯闪 3 次提示低压
PCBA 过热保护	如果 PCBA 温度超过 60 ℃，开机加热或在加热过程中时，会关机保护	红灯快闪 3 次提示短路
电池过热保护	如果电池表面温度超过 50 ℃，开机加热或在加热过程中时，会关机保护	红灯快闪 3 次提示开路
预热振动提示	加入电动小马达	预热开始时，机身振动提示
预热时间限定	加热片工作时的预热时间为 20 s	加热开始后，等待(20±2) s 即可抽吸
按键触觉反馈	按下按键	指示灯亮

4.4.3.3　产品特点

(1)产品外观特点：

①外观简洁大方，设计新颖，采用类长方体外形。

②采用楞面斜切过渡的设计细节。

③上下壳体采用黄金分割美工线装饰。

④采用铝材作为基础外观，采用阳极氧化工艺。

(2)产品功能特点：

①具备 Type-C USB 充电接口，可接插外部电源设备。

②机械按键和指示灯一体设计。

③无烟支提取机构，旋转即可取烟。

④底部进气通道和焦油排出管一体设计。

烟具的外观效果正面图和侧面图如图 4-58 和图 4-59 所示。

图 4-58　烟具外观效果正面图

图 4-59　烟具外观效果侧面图

烟具外壳采用 6063 铝材阳极氧化工艺，塑胶件部分采用金属烤漆。烟具配色如图 4-60所示。

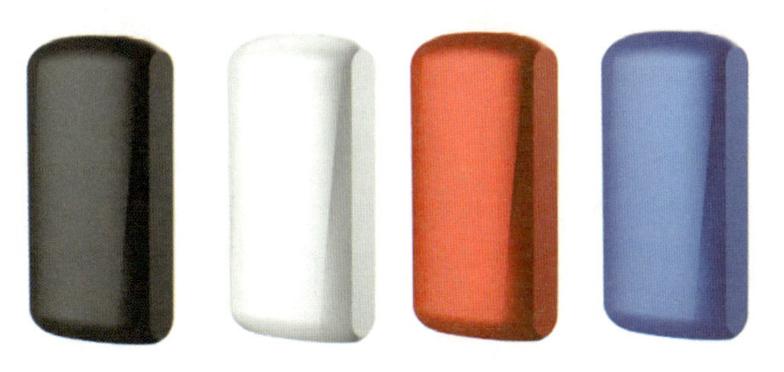

图 4-60　烟具配色

(3)多层隔热设计。

为了防止电磁感应过程中散发的大量热量传至外壳表面，给消费者带来不适的烫手感，产品内部采用 PEEK＋空气多层隔热散热技术，如图 4-61 所示。第一层隔热为发热金属管和 PEEK 管内壁的空气流动隔热，第二层为 PEEK 管隔热(PEEK 材料具有耐 260～300 ℃高温属性，同时具有隔热降温效果)，第三层为 PEEK 管外壁与金属外壳之间的空气流动隔热。三层隔热结构设计有效地减少了热量向外传导。

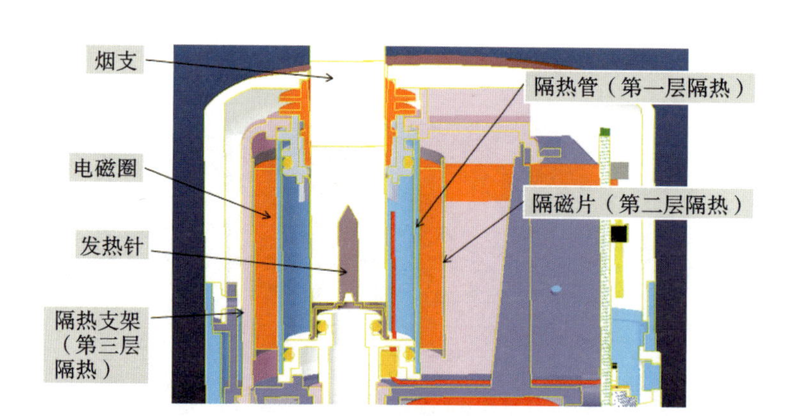

图 4-61　多层隔热设计图

(4)磁屏蔽结构设计。

为防止电磁线圈磁通量向外泄露，外壳与线圈之间采用隔磁片对电磁进行隔断。图4-62为磁屏蔽结构设计图。由图可知，隔磁片包裹在电磁圈外围，并紧密贴在一起。隔磁片是经过恒高温烧结而成的软磁性材料，具有高磁导率、低磁损因子。它是利用功能成分晶格电场热运动引起的电子散射以及电子与电子之间的相互作用，吸收电磁波能量并将其转化为热能，从而达到衰减电磁波的目的。

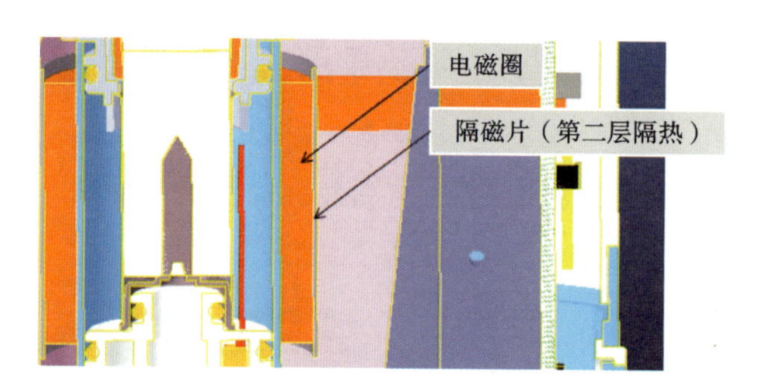

图 4-62　磁屏蔽结构设计图

(5)周向电磁发热+中心热传导一体结构设计。

目前市面上的电加热产品，无论是周向加热，还是中心加热，因为与烟支加热部分接触不充分，烟支始终无法被充分加热并挥发有效成分。为解决此问题，产品采用周向电磁发热+中心热传导的结构设计方案，如图 4-63 所示。为了让烟支内外都可以进行充分加热，同时避免中心温度过高问题，烟具中心采用的是热传导方式，而不是直接加热方式，使外围发热管的热量经过高导热率材料(铜)传导至中心铜棒，从而从烟支内部进行辅助加热。

为有效发挥电磁加热效率，周向发热管采用高导磁、导热的特种不锈钢，同时采用质量较轻的发热管，通过设计 0.1 mm 壁厚的圆管来减轻质量，从而提高发热效率。

中心导热棒采用黄铜制成，通过底部圆盘与外围加热管内壁的铆压过盈设计，将外围管的热量传导至中心棒，从烟支内部进行辅助加热。

(6)底部进气+焦油冷凝管一体结构设计。

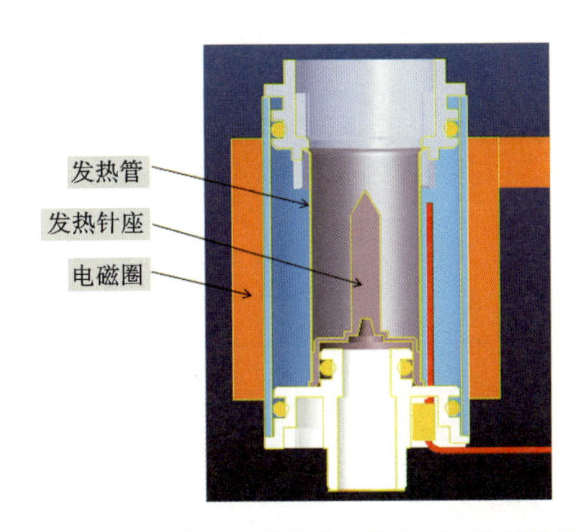

图 4-63　周向电磁发热＋中心热传导一体结构图

周向加热必须确保烟支与周向发热管内壁紧密贴合，因此无法让气流从烟支上部流入，必须采用底部进气方式，让气流从烟支底部直接经烟支内部烟丝空隙进入。

因周向加热烟支会产生较多高温焦油，烟具内部设计了较长的冷凝管进行焦油冷却，底部设计了防尘盖对焦油外泄进行缓冲阻隔。

4.4.4　配套烟支

4.4.4.1　再造烟叶型烟支设计

抽吸过程中，电磁加热器具发热体内置于烟草段，通过热量传递产生可抽吸气溶胶，气溶胶主要来源于烟草段负载的雾化剂、致香成分、烟碱等；抽吸间隙，加热过程持续进行。鉴于上述抽吸过程，适配性烟支需解决插拔的便利性问题，同时兼顾低烟气截留、强烟气降温需求。基于此，项目设计烟支方案如下。

(1)烟草段：为了改善烟支进入烟支容纳腔的便利性，烟芯材料采用轴向聚拢排布的薄片分条切丝的独特设计。

(2)滤嘴段：由于中心加热型烟具温度高达 300 ℃，滤棒设计应考虑降低烟气温度、降低烟雾阻隔、不影响感官质量等问题。在前期工作中，项目组尝试使用一元滤棒和二元复合滤棒，均未达到较好的效果。鉴于滤嘴段的功能性要求，本项目中心加热型烟具专用烟支设计采用“过滤段＋降温段＋冷凝雾化支撑段”三段式复合结构。

(3)为了探索获得最佳抽吸感受的烟支结构设计，我们采取了在烟支卷烟纸和接装纸上分别打上不同直径(直径分别为 0.1 mm、0.2 mm、0.3 mm)和不同数量(单圈或双圈)的通气孔的方式进行实验。实验表明，在卷烟纸上打通气孔具有降低烟气温度、调控烟气形态的作用，但容易导致烟香变淡、吸阻变小等情况。鉴于设计方案中已经具备较强降温能力的功能单元，我们针对打孔开展进一步研究。

(4)基于上述设计思路，烟支采用四元复合结构，如图 4-64 和表 4-18 所示。烟草段由卷烟纸包裹切条有序排列的专用再造烟叶组成，受热后，产生由气溶胶组成的烟气；支撑段材质为纸管或中空醋酸纤维丝束，支撑烟草段及降温段；降温段材质为 PLA 覆膜，能够降低烟气的温度；过滤段材质为醋酸纤维，能够过滤烟气内的杂质。

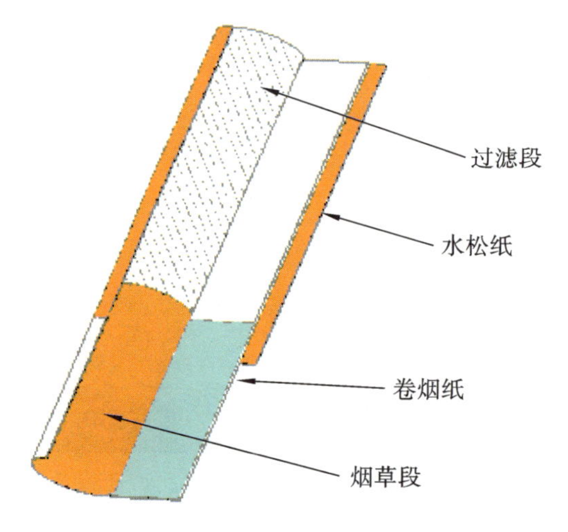

图 4-64　烟支结构示意图

表 4-18　电磁加热卷烟烟支结构尺寸设计

	烟草段/mm	支撑段/mm	降温段/mm	过滤段/mm
结构 1	13	7	17	8
结构 2	16	8	16	8

4.4.4.2　颗粒型烟支结构设计

颗粒型烟支结构如图 4-65 所示。颗粒型烟支包括颗粒段、阻隔段、降温段和过滤段。所有部件均依次密封于外层纸管中，颗粒段末端通过高透成形纸封装，无须打孔即可保证气流的通畅。阻隔段采用耐热材料，并做成齿轮形状，用于防止烟草颗粒掉落至降温段。降温段主要采用颗粒状降温材料来降低烟气温度。过滤段为低吸阻醋纤嘴棒。

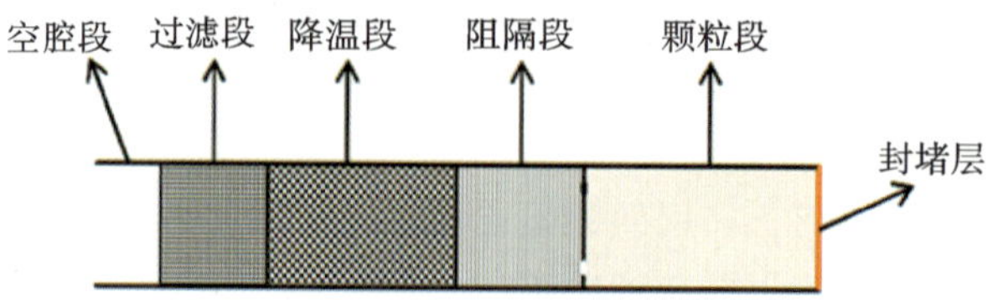

图 4-65　颗粒型烟支结构

参考网站

[1] https://heated.pro/en/iqos/kits/iqos-iluma/263-iqos-iluma-azure-blue.html.

[2] https://heated.pro/en/iqos/sticks/terea/430-terea-purple-mauve-wave-10-packs.html.

[3] https://heated.pro/en/glo/kits/glo-pro/141-glo-pro-black.html.

[4] https://vaporvoice.net/2022/05/19/bat-launching-glo-in-cyprus/.

[5] https://www.2firsts.cn/news/ying-mei-yan-cao-zai-yi-da-li-tui-chu-glo-hyper-pro-pei-bei-zhi-neng-ledxian-shi-ping.

[6] https://sticks.sale/us/iqos/kits/lil-solid-20/255-lil-solid-20-cosmic-blue.html.

第五章

电磁感应及感应加热卷烟新技术展望

5.1 简　　介

新时代的家用感应加热设备(本质上,感应加热卷烟也属于家用感应加热设备)为取代传统的电气和燃气加热设备铺平了道路。感应加热系统具有固有的优点,如更高的能量转换效率、更易清洁、加热时间更短,以及采用更高效率的清洁能源。与传统的加热技术(如电阻加热)相比,感应加热更有效且更高效。更重要的是,感应加热固有的安全性和对流方法在许多应用(如医疗)中非常有利。便携性、即插即用的特点意味着家用设备对感应加热的需求量很大。

感应加热中,工作线圈被施加高频交流电以产生交变磁场,被加热的材料(工件)置于交变磁场中。此时,需要注意两种不同的现象,即涡流损耗和磁滞损耗。根据焦耳加热定律,当工件短路或材料受热时,负载表面产生涡流。这种感应加热方法被大多数人接受。另一种与感应加热相关的加热方法为通过铁磁性材料的磁滞效应来加热。对上述加热方法更广泛的看法是,在这两种情况下,热量的损耗和大小直接取决于施加高频交流电的频率。因此,工作频率范围的选择影响产生热量的大小,进而影响应用。例如,家庭和工业应用的频率为几千赫,医疗应用的频率为几兆赫。目前,电磁加热卷烟的频率范围通常从几百千赫到几兆赫。功率变换器的拓扑结构选择、开关频率及性能特性决定了其对特定应用的适应性。因此,为了分析应用与变换器及其开关的兼容性,我们要进行详细的研究。感应加热系统的功率变换器拓扑结构和调制的一般结构如图 5-1 所示。

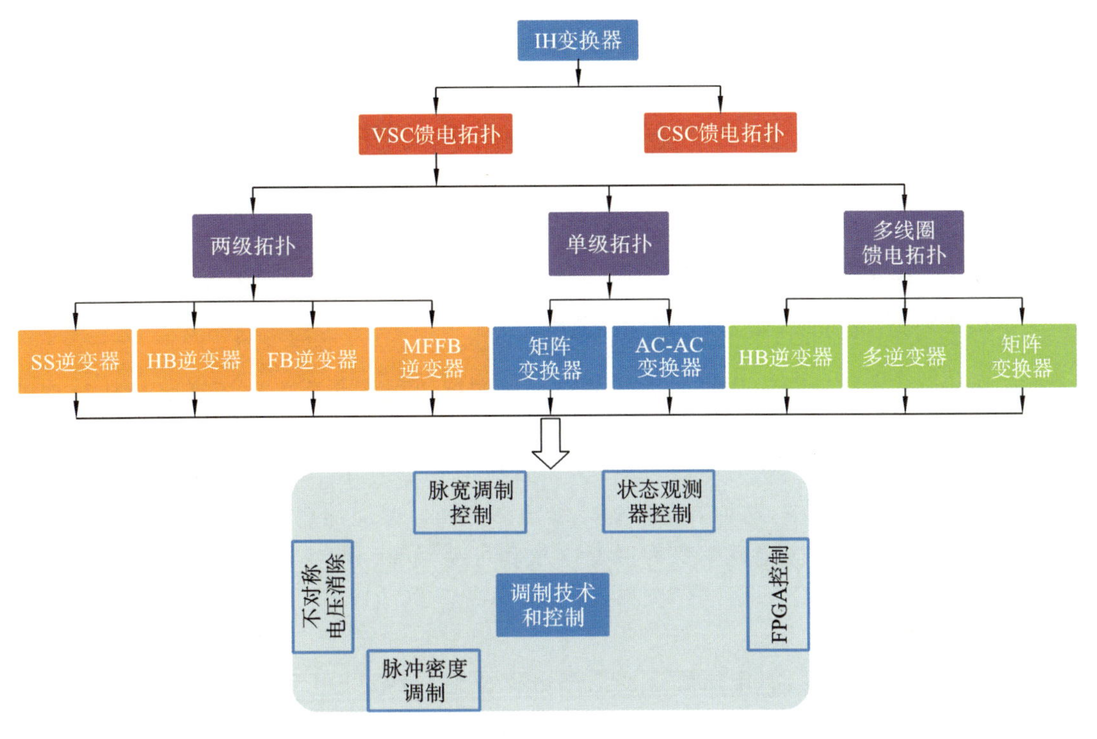

图 5-1　感应加热系统的功率变换器拓扑结构和调制的一般结构

传统交流电频率为 50 Hz，变换成高频电流才能产生更大的涡流。因此，我们可以使用各种功率变换方法。许多研究者认为两级功率变换方案具有高压调节、稳定性好等优点。变换的第一阶段通常通过全桥电路实现，50 Hz 的交流电由不受控的二极管桥式整流器整流。在第二阶段，高频逆变器使直流电逆变为高频交流电。在这两个阶段，滤波器设计对于提高整体效率和满足电能质量要求至关重要。许多研究解决了电压尖峰缓解(voltage spike mitigation)问题和其他符合电磁兼容性的电能质量问题。为了提高系统效率和减少半导体开关的数量，研究者已经开发出含有和不含电磁兼容(EMC)滤波器的单级感应加热拓扑结构。

从已有研究可以看出，提出一种能够减轻开关损耗和精确调节功率的新的控制算法是非常有意义的。新的数字 AVC-PDM 技术的发展可以克服传统控制方案的相关缺点。下文对新的控制方案与现有的调制方案进行了比较，一方面总结了功率变换器、调制技术和控制算法的最新进展，另一方面展示了以实现更高效率的高水平功率控制为目的的混合调制技术。

下文对感应加热技术进展的描述侧重于通用或共性技术进展。电磁感应加热卷烟作为便携式、小型化感应加热设备，同样面临相关的技术瓶颈和需要解决的问题，相关技术研究和产品研发人员可以通过了解下文的内容得到启发。

5.2 感应加热技术进展

5.2.1 感应加热变换器拓扑结构

电力电子技术的创新为感应加热技术的发展做出了巨大贡献。感应加热拓扑结构的核心是逆变器。根据提供给逆变器的输入，逆变器可有各种功率级变换，通常有两级变换，输入交流电将在第一级变换为稳压直流电，然后在第二级逆变。在某些应用中，交流电压直接加到感应加热系统中，这种方案称为单级功率变换。感应加热所需的涡流由逆变器提取，逆变器将固定电压、固定频率变为可变电压和可变频率。频率的变化对涡流大小有直接影响。由于涡流取决于频率，感应加热通常选择高于 20 kHz 的频率以避免可闻噪声，并根据应用情况升至 1 MHz。

如前所述，两类逆变器(电压源逆变器和电流源逆变器)可用于感应加热，以获得高功率密度。感应加热负载被建模为等效电阻和等效电感。感应加热的实际负载是等效电阻和等效电感的串联。电源、线圈的几何形状和流过线圈的电流决定了线圈的加热性能。此外，工作线圈与工件之间的距离和施加频率也会影响感应加热的性能。表 5-1 列出了这些负载参数在感应加热中的影响。

表 5-1 负载参数对感应加热的影响

因素	加热效果	注意事项
线圈几何形状	依赖于磁通密度	设计线圈的几何形状时应考虑加热问题
磁通集中器	通常优先用于高温场合	导致非均匀负载出现危险的温升
耦合距离	距离越小，热效应越强	均质负载有过热风险
频率	加热速率的有效性取决于频率	功率半导体可能具有较高的开关损耗，从而导致效率降低
感应器电流	感应器电流越大，加热越快	对于较低额定的系统，可能会发生过热

采用谐振变换器可使感应加热的频率控制更加有效。*RLC* 谐振回路是通过在电路中增加谐振电容器构成的。该电容器的主要用途是产生高频正弦交流电来加热负载。基于电容器与负载的串联或并联排列，该电路被称为串联谐振逆变器(SRI)或并联谐振逆变器(PRI)。一般来说，*RLC* 串联谐振电路主要用于电压源逆变器(VSI)馈电的感应加热系统，串联电容的存在可以保证通过感应器的平均电流为零。逆变器开关在超过谐振频率工作实现了零电压开关(ZVS)。*RLC* 并联谐振电路用于 CSI 馈电感应加热拓扑结构，减少了流经开关的电流，实现了零电流开关(ZCS)。我们可选择 PRI 用于需要大电流的场合。因此，软开关(ZVS 或 ZCS)可以减少开关损耗，从而提高系统的整体效率。

5.2.1.1　变换器的小信号建模

本部分描述了半桥串联谐振逆变器的小信号模型。SRI 馈电感应加热负载的等效电路(见图 5-2)可以使用以下状态方程进行建模。

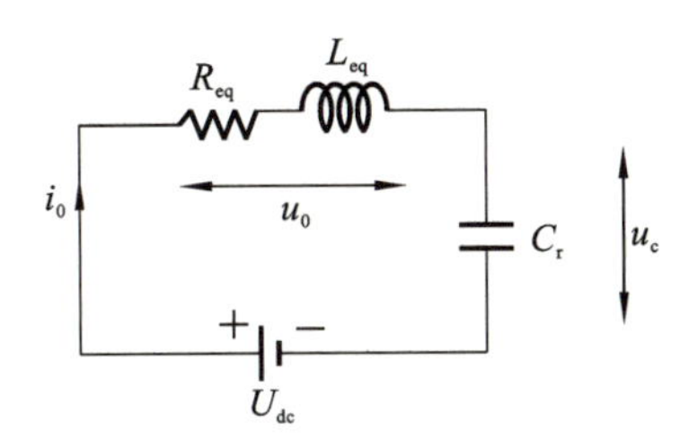

图 5-2　SRI 馈电感应加热负载的等效电路

将基尔霍夫电压定律(KVL)应用于图 5-2 所示电路,得到如下表达式:

$$L_{eq} = \frac{di_0}{dt} + u_c + i_0 R_{eq} = U_{dc}$$

$$C_r \frac{du_c}{dt} = i_0 \tag{5-1}$$

有功功率表示为

$$P_0 = \frac{R_{eq} i_0^2}{2} \tag{5-2}$$

经推导,输入、状态变量和输出都是扰动变量,其形式为

$$h(t) = H + \hat{h}(t) \tag{5-3}$$

式中:H 为工作点,$\hat{h}(t)$ 为小幅扰动。

最终,扰动输出功率为

$$\hat{P}_0 = R I_h \hat{i}_h + R I_v \hat{i}_v \tag{5-4}$$

因此,SRI 的输出功率相对于系统动力学的微小变化可以由上式得到。

5.2.1.2　AC-DC-AC 变换器拓扑结构

两级功率变换方案的总框图如图 5-3 所示。用于感应加热的各种逆变器拓扑结构有单开关(SS)谐振逆变器、半桥(HB)逆变器和全桥(FB)谐振逆变器。

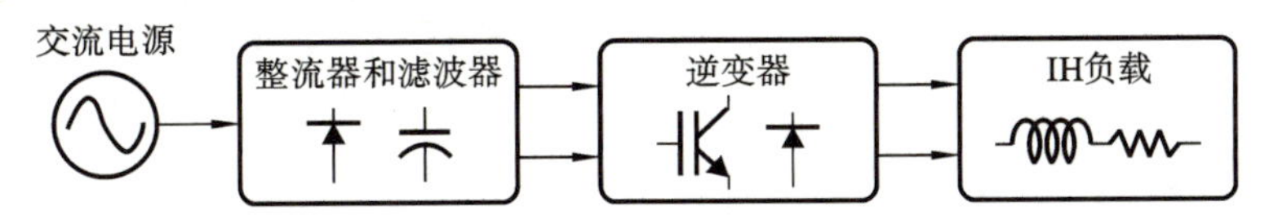

图 5-3　两级功率变换方案的总框图

SS 谐振逆变器用于功率要求小于 2 kW 的医疗领域。由于只有一个开关存在,传导损耗和开关损耗很低。简单的控制机制足以控制它。然而,这种拓扑结构的主要缺点是高开关应力,因为唯一的开关必须在开关期间维持电路的总功率容量。因此,这种拓扑结构很少用于大功率工业应用。

对于负载功率为 2～5 kW 的需求,使用高频逆变器。高频逆变器在家用加热中得到了应用。由于它有两个半导体开关,开关上的应力是相等的。近年,研究者采用开关辅助电容增强高频逆变器能比 FB SRI 更大地增加逆变器的功率密度。对于高功率感应加热应用,首选 FB 谐振逆变器,以共享开关应力并能均匀控制功率。该拓扑结构一般用于额定功率大于 5 kW 的工业应用。FB 多频 SRI 有一个中心抽头变压器,这种布局使负载频率是开关频率的两倍。

为了改善热分布和向多个负载供能,研究者开发了基于多线圈的感应加热系统。这些拓扑结构用于家用和工业领域。该拓扑结构采用普通高频和 FB 谐振逆变器拓扑结构,并进行了改进。多线圈馈电感应加热拓扑结构总体框图如图 5-4 所示。

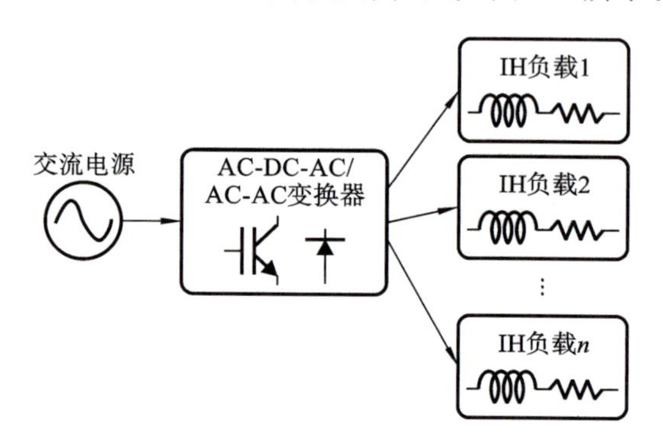

图 5-4　多线圈馈电感应加热拓扑结构总体框图

感应加热系统采用 HB 逆变器和 FB 逆变器相结合的方式,实现两个逆变器的运行。这种拓扑结构有利于单输入和多输出,因为两个逆变器共享一个特定的桥臂。如果在输出端连接一个或多个负载,则可以同时或独立地控制负载。对于多负载 HB SRI,在输出端连接的多个负载由逆变器的开关控制,开关根据电源管理算法实现同时控制。当负载并联时,负载之间的功率分布是均匀的。由于所有安装的负载需要相同的功率,这种拓扑结构有利于低功耗应用。针对大功率应用和功率独立控制的需求,研究者研制了串联谐振多路逆变器。该拓扑结构包含一个普通逆变器模块和一个谐振负载模块。逆变器模块与直流电源相互作用并将直流电转换为交流电,而与负载串联连接的开关则确保负载与逆变器的连接。因此,通过连接更多开关,负载可以进一步扩展。这种拓扑结构通常是家用的首选,因为电感器的成本更低、尺寸更小,使用广泛。随后,研究者提出了一种双半桥谐振逆变器,用共谐振电容提供电感负载。在这种拓扑结构中,一个共谐振电容用于两个不同的负载来控制输出功率,减少了电路中元件的数量。此外,它还为家用感应加热设备提供了一个经济高效的解决方案,如两个炉子同时加热两个锅。

5.2.1.3　直接 AC-AC 变换器拓扑结构

为了提高系统拓扑结构的效率和减少元件数量,研究者提出了单级 AC-AC 谐振变换器。图 5-5 显示了单级功率变换拓扑结构的总体框图。在这种拓扑结构中,50 Hz 交流电直接变换为高频交流电,忽略了整流器单元。典型的双级变换会向电源注入更多谐波,从而降低输入功率因数。为了克服这一问题,研究者提出了一种用于感应加热的单相矩阵变换器。这种拓扑结构在输入端维持正弦电流,并且逆变器开关在软开关条件下操作。

反并行双向 IGBT 开关式环形变换器也被用于感应加热。在这种拓扑结构中,研究者提出了将 50 Hz 交流电转换为高频交流电的非对称占空比 PWM 控制方法。谐振电容在

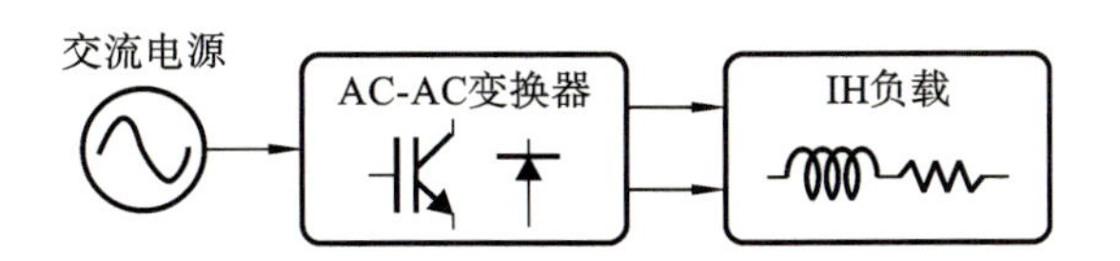

图 5-5 单级功率变换拓扑结构的总体框图

逆变器中辅助软开关。虽然矩阵变换器和环形变换器有许多优点，但其开关算法的设计仍然是一项艰巨的任务。近年，研究者提出了具有快速二极管整流特性的 HB 拓扑结构。这种拓扑结构只使用两个二极管来整流交流主电路，减少了传导损耗。此外，两个开关在打开和关闭期间都是用 ZVS 操作的。这种方案的优点是它有一个升压电感，在恒定的输出功率下，它可以将输出电压提高到输入电压的两倍，减少了通过开关的电流。为了减少控制输出功率的开关数量，研究者提出了一种改进的 HB SRI。这是一个新的拓扑结构，有助于提供更大的输出功率，包含一个单级 FB AC-AC 变换器。针对多输出功率，研究者提出了直接 AC-AC 变换器拓扑结构。研究者还提出了一种带有单输出直流环节逆变器的多输出谐振矩阵变换器，用于需要平滑功率控制的多种感应烹饪应用，降低了系统的整体成本，提高了系统的功率密度和效率。感应加热卷烟研究人员可以将拓扑结构的选择与产品所关注的参数联系起来。

图 5-6 显示了各种感应加热拓扑结构的效率比较。与其他两种拓扑结构相比，单级拓扑结构的效率更高。这是因为半导体开关的数量较少，并且没有功率级变换。

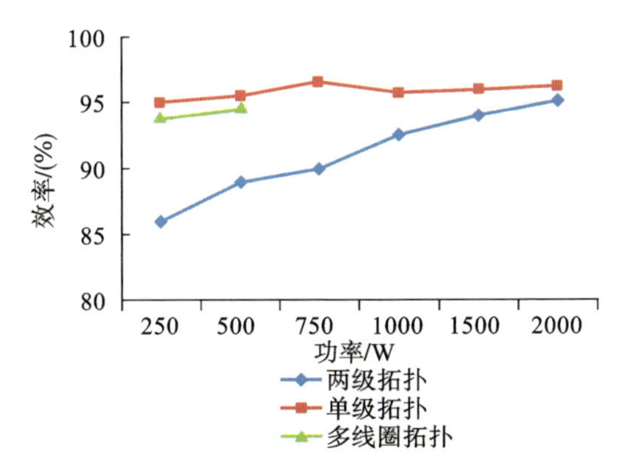

图 5-6 各种感应加热拓扑结构的效率比较

5.2.2 感应加热负载建模

5.2.2.1 感应加热负载的电学建模

在感应加热系统中，由于工作线圈和工件之间存在电隔离，能量的传递通过磁耦合进行。由于类似于具有次级电路的变压器动作，感应加热负载的电等效可以建模为具有短路次级的变压器。感应加热负载的电等效模型如图 5-7 所示。

基尔霍夫电压定律在等效电路中的应用如下：

$$\begin{aligned} U_{11} &= j\omega_S L_{11} I_{11} - jM\omega_S I_{22} \\ 0 &= -j\omega_S I_{11} M + (R_{22} + j\omega_S L_{22}) I_{22} \end{aligned} \tag{5-5}$$

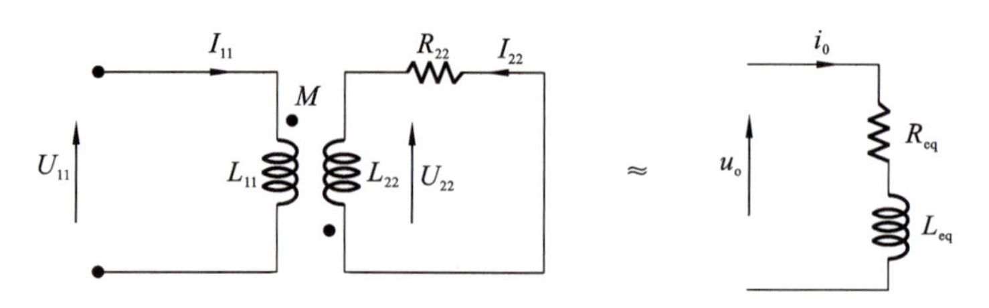

图 5-7 感应加热负载的电等效模型

其中，

$$\omega_S = 2\pi f_S \tag{5-6}$$

电流 I_{22} 表示为

$$I_{22} = \frac{j\omega_S M I_{11}}{R_{22} + j\omega_S L_{22}} \tag{5-7}$$

经推导并对实部和虚部化简，得到实部 R_{eq} 和虚部 L_{eq}：

$$R_{eq} = \frac{R_{22} M^2 \omega_S^2}{R_{22}^2 + L_{22}^2 \omega_S^2} \tag{5-8}$$

$$L_{eq} = L_{11} + \frac{L_{22} M^2 \omega_S^2}{R_{22}^2 + L_{22}^2 \omega_S^2} \tag{5-9}$$

互感为

$$M^2 = \frac{R_{eq}(R_{22}^2 + \omega_S^2 L_{22}^2)}{\omega_S^2 R_{22}} \tag{5-10}$$

上述 R_{eq} 和 L_{eq} 的表达式用于感应加热负载的等效电阻和等效电感的计算。

5.2.2.2 感应加热负载的热建模

集中质量(lumped mass)的能量方程为

$$C_p \frac{d\theta}{d\tau} = \frac{1}{\sigma}\left(\sqrt{\sigma\omega_S} - \frac{1}{2}\right) - 2\varepsilon_r\left(1 + \frac{R}{l}\right)(\theta^4 - 1) \tag{5-11}$$

其中，

$$C_p = \frac{\rho c}{(\rho c)_\infty} \tag{5-12}$$

长冈系数(Nagaoka coefficient)为

$$K_n = \hat{k}_n\left(1 - \frac{R^2}{b^2}\right) + \frac{R^2}{b^2} \tag{5-13}$$

其中，

$$\hat{k}_n = \frac{1 + 1.5353\beta^2 + 0.2737\beta^4}{1 + 1.035\beta} - \frac{8\beta}{3\pi} \tag{5-14}$$

长冈系数仅在线圈长度大于直径或 $2\beta \leqslant 1$ 时有效。趋肤深度由 $\delta = \sqrt{\frac{2}{\omega_S \mu\sigma}}$ 以及无量纲变量 $\beta = \frac{b}{l}$ 和 $\varepsilon = \frac{\delta}{R}$ 得出。

R_{eq} 和 L_{eq} 为

$$R_{eq} = \frac{2\pi}{\sigma}\left(\sqrt{\sigma\omega_S} - \frac{1}{2}\right) \tag{5-15}$$

$$L_{eq} = \frac{2\pi}{\sqrt{\sigma \omega_S}} \tag{5-16}$$

工作线圈和工件的尺寸是根据该部分讨论的函数计算的。

感应加热卷烟的研究在负载的电学建模和热建模方面有待加强，以指导理论研究和产品研发。

5.2.3　感应加热调制技术

调制技术在控制电源和负载的动态温度方面起着至关重要的作用。针对上述各种变换器拓扑结构，研究者发展了多种调制技术。

5.2.3.1　方波脉冲控制

方波脉冲控制（square pulse control）是感应加热系统中最常用的用于控制输出功率的调制技术。输出功率通过改变占空比或开关频率来控制。当负载变化时，功率半导体开关进入硬开关模式，使开关应力增大。此外，功率可以控制在额定功率的40%～60%。方波脉冲产生的流程图如图5-8所示。

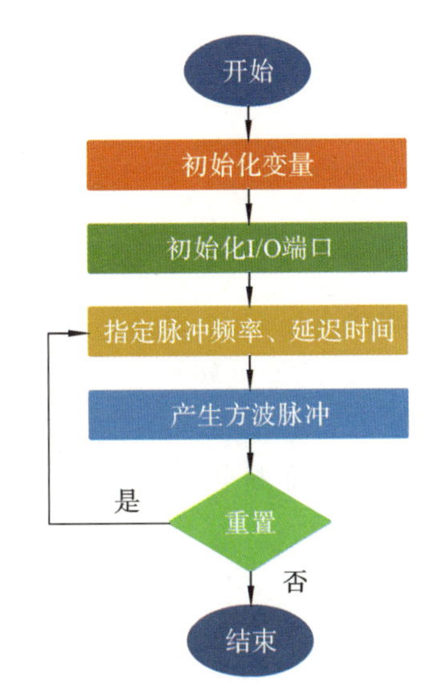

图5-8　方波脉冲产生的流程图

5.2.3.2　锁相环辅助PWM控制技术

最常用的带调制脉冲被应用于感应加热系统以控制输出功率。当负载变化时，功率半导体开关进入硬开关模式，使开关应力增大。为了克服这一问题，研究者采用了带有锁相环（PLL）和PI控制器的双回路控制。锁相环的第一回路控制用于跟踪谐振频率，以保持逆变器中的软开关，而外回路则控制输出功率。双回路控制使系统更加复杂，并使动态响应变慢。为了解决这一问题，需要开发一种适合软开关和功率控制的调制技术。锁相环辅助PI控制的总体框图如图5-9所示。锁相环辅助PWM控制技术的流程图如图5-10所示。

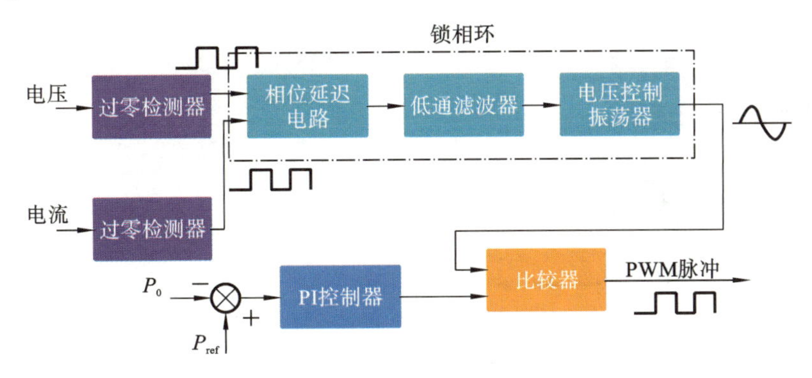

图5-9　锁相环辅助PI控制的总体框图

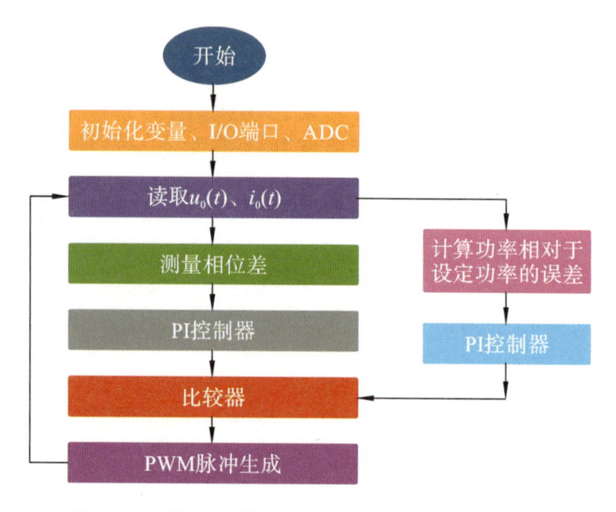

图 5-10　锁相环辅助 PWM 控制技术的流程图

5.2.3.3　脉冲密度调制

脉冲密度调制（PDM）是在不改变开关频率的情况下控制输出功率最常用的技术。PDM 脉冲的产生如图 5-11 所示。在这种控制技术中，开关脉冲的密度根据负载的要求变化。该方案的主要缺点是易受电磁干扰，因为该操作涉及两个不同的脉冲。PDM 控制技术的流程图如图 5-12 所示。

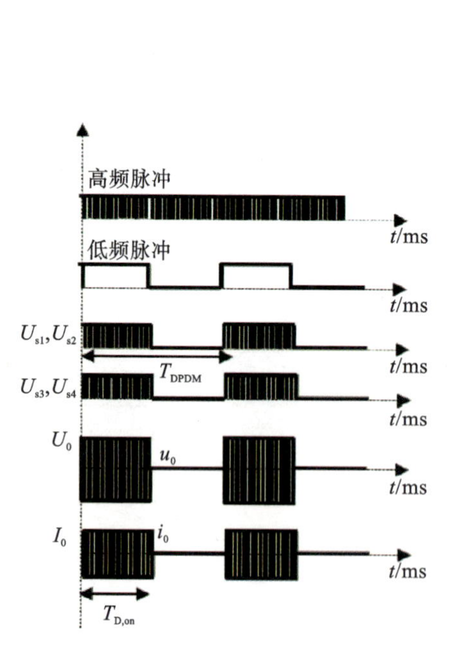

图 5-11　PDM 脉冲的产生

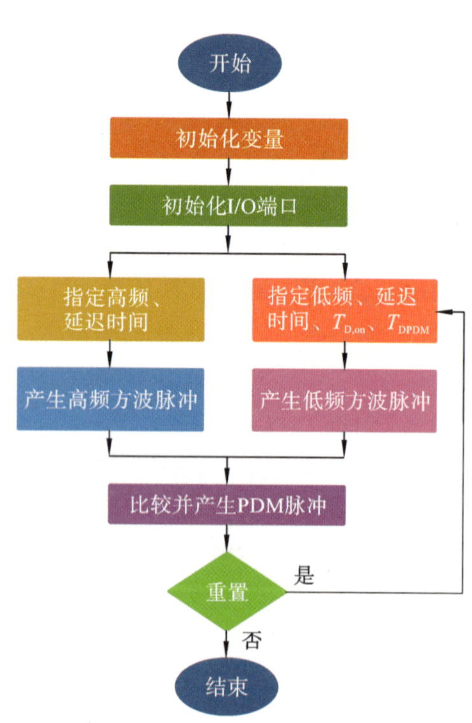

图 5-12　PDM 控制技术的流程图

5.2.3.4　不对称电压消除

对于软开关和功率控制动作，研究者发展了不对称控制。在这种控制方案中，输出电压波形是不对称的，导致电流过零的死区很大。此外，这种控制方案通过改变输出电压的均方根来控制输出功率。不对称电压消除(AVC)脉冲的产生如图 5-13 所示。电压波形的不对称会产生均匀的谐波。AVC 控制技术的流程图如图 5-14 所示。

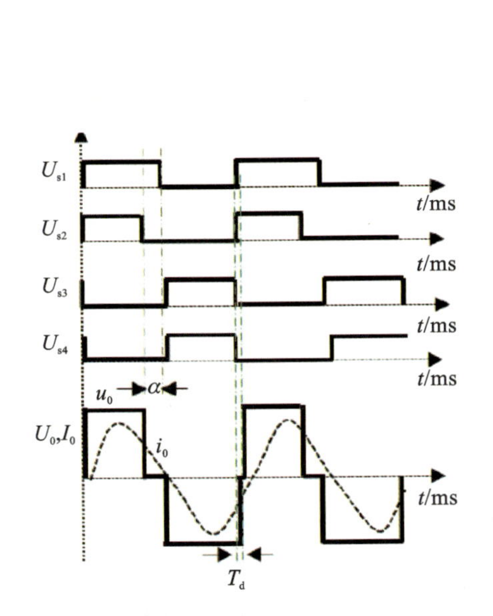

图 5-13　不对称电压消除(AVC)脉冲的产生

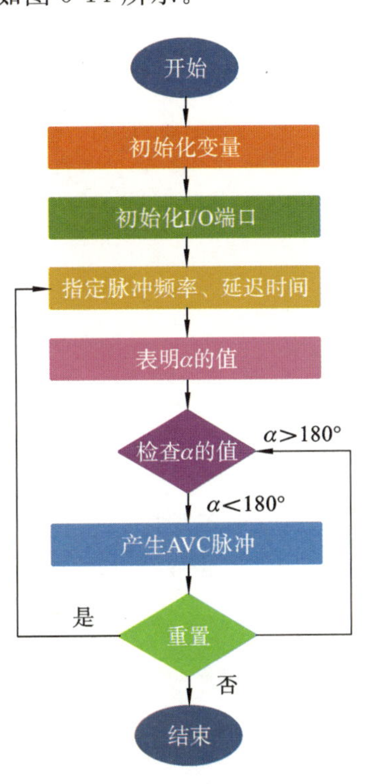

图 5-14　AVC 控制技术的流程图

5.2.3.5　相移控制

产生脉冲的相移(PS)控制方法如图 5-15 所示。该方法适用于各种功率调节方案。由于开关频率保持恒定，此控制方案不需要双回路控制。但是，当负载变化时，由于硬开关的存在，此控制方案会产生较多开关损耗。因此，为了降低开关损耗，提高控制调节范围，研究者提出了基于 PDM 的 PS 控制方法，可以获得更好的功率调节范围，但不能有效地利用输入功率。PS 控制技术的流程图如图 5-16 所示。

5.2.3.6　调制组合技术

对调制方案的各种研究有助于评估与之相关的问题。以功率控制平稳、开关损耗少、控制成本低、效率高为目标，研究者提出了其他新的控制方案，即采用现有调制技术的混合组合。软开关一般采用 AVC 控制技术，PDM 通过改变脉冲的密度来控制大范围的输出功率。为了验证其有效性，研究者开发了最常用的 FB 逆变器拓扑馈电感应加热系统，使用 RIGOL 示波器记录开关脉冲、输出电压和电流。AVC-PDM 控制技术的流程图如图 5-17 所示。

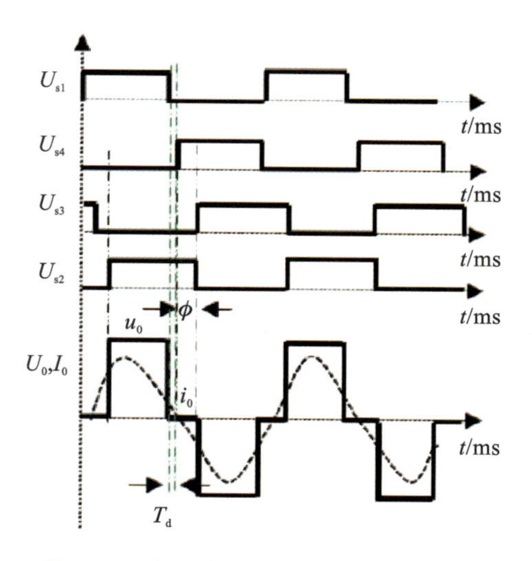

图 5-15　产生脉冲的相移(PS)控制方法

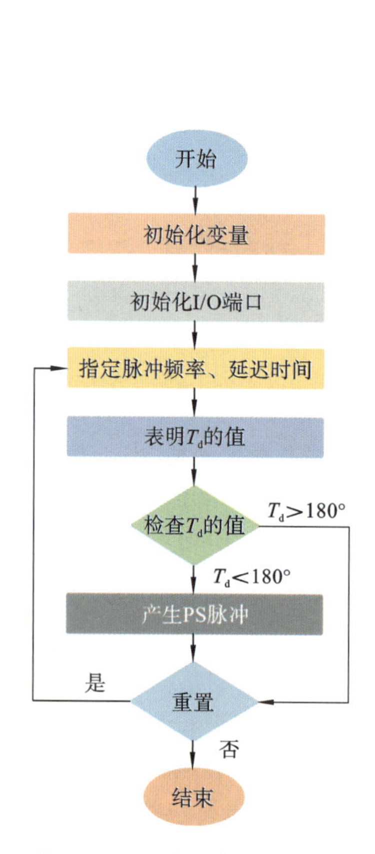

图 5-16　PS 控制技术的流程图

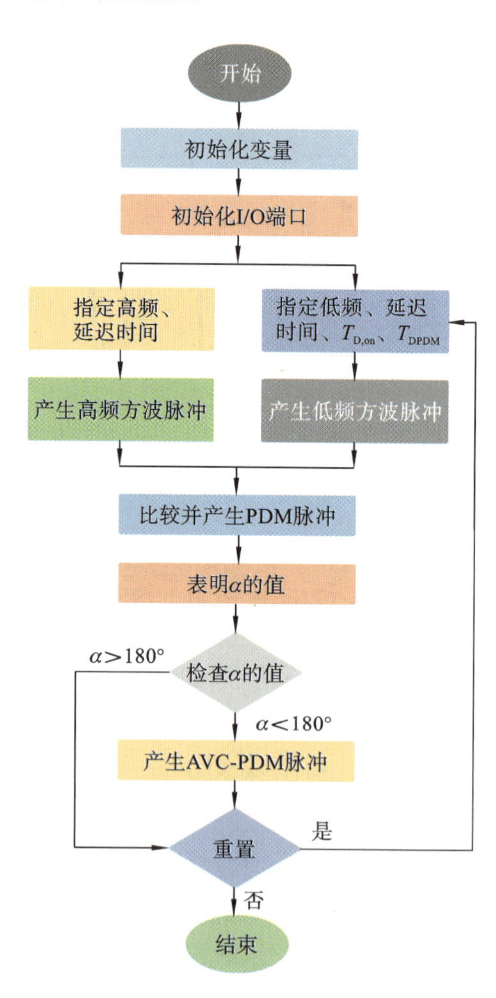

图 5-17　AVC-PDM 控制技术的流程图

各种调制仿真和实验波形如图 5-18 所示。图 5-18(a)至图 5-18(c)显示了方波脉冲控制下的开关脉冲、输出电压和电流波形。图 5-18(d)至图 5-18(f)显示了 PDM 控制下的开关脉冲、输出电压和电流波形。图 5-18(g)和图 5-18(h)显示了 AVC 控制下的开关脉冲、输出电压和电流波形。图 5-18(i)和图 5-18(j)显示了 PS 控制下的开关脉冲、输出电压和电流波形。图 5-18(k)和图 5-18(l)显示了 AVC-PDM 控制下的开关脉冲、输出电压和电流波形。

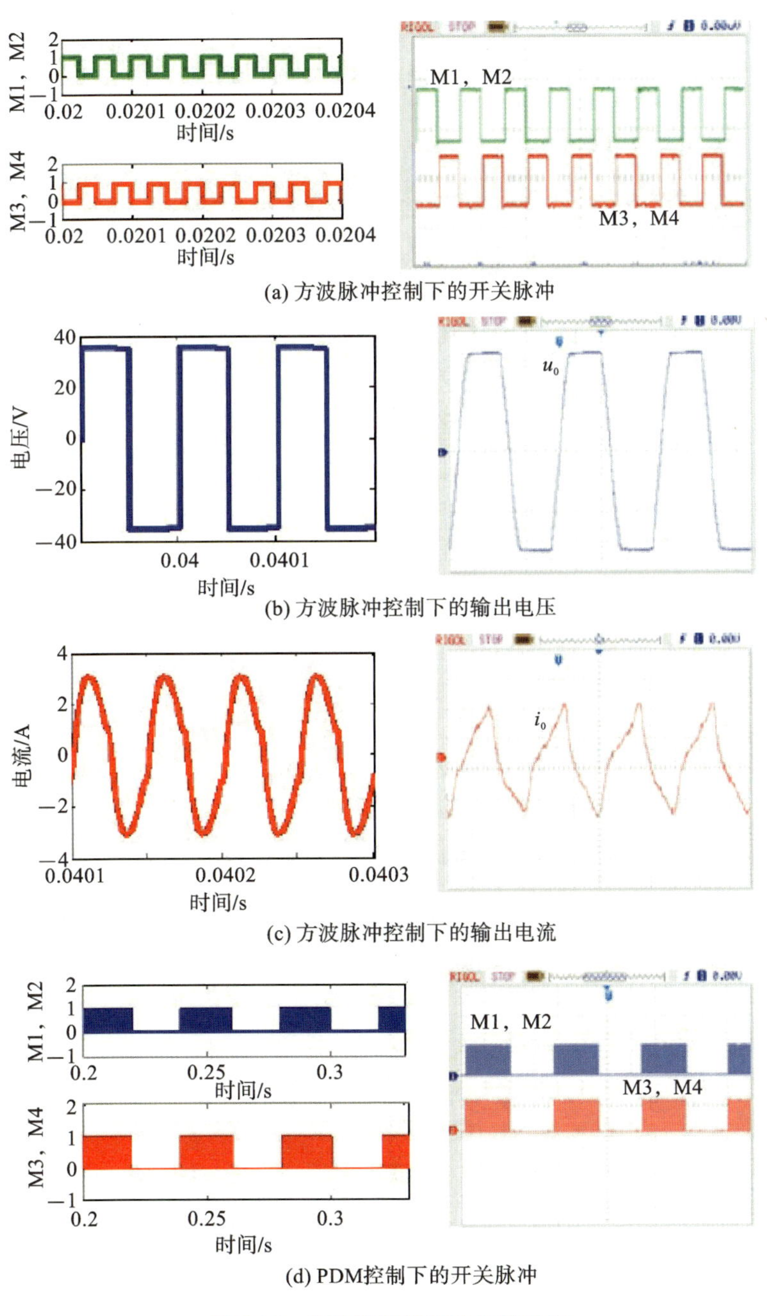

(a) 方波脉冲控制下的开关脉冲

(b) 方波脉冲控制下的输出电压

(c) 方波脉冲控制下的输出电流

(d) PDM控制下的开关脉冲

图 5-18　各种调制仿真和实验波形

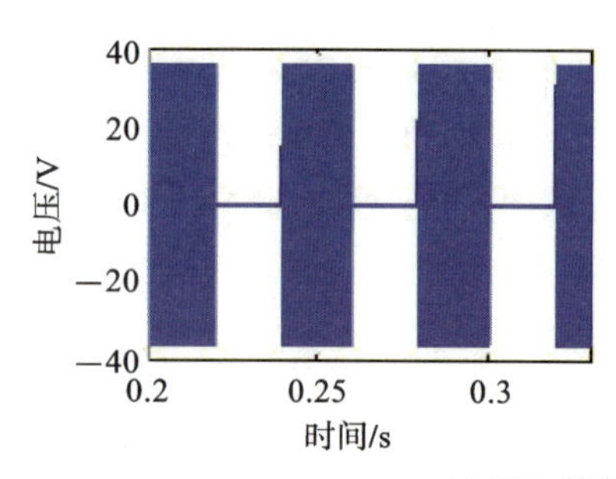

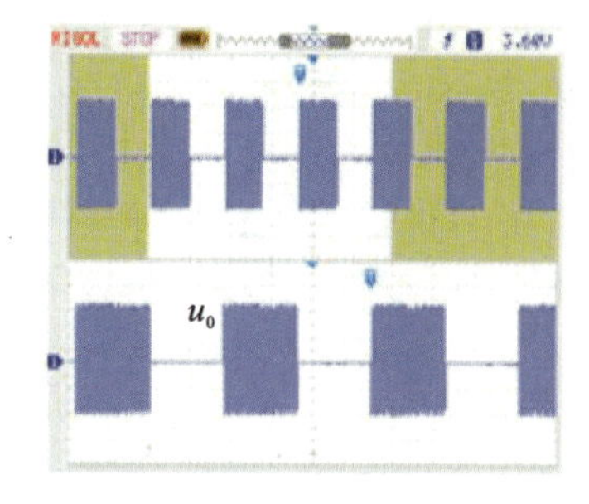

(e) PDM控制下的输出电压

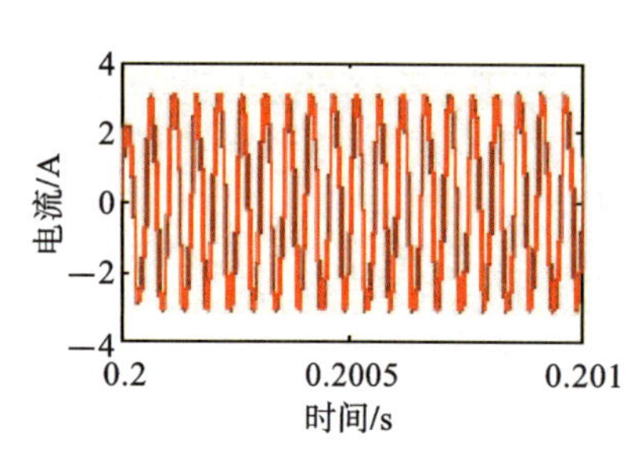

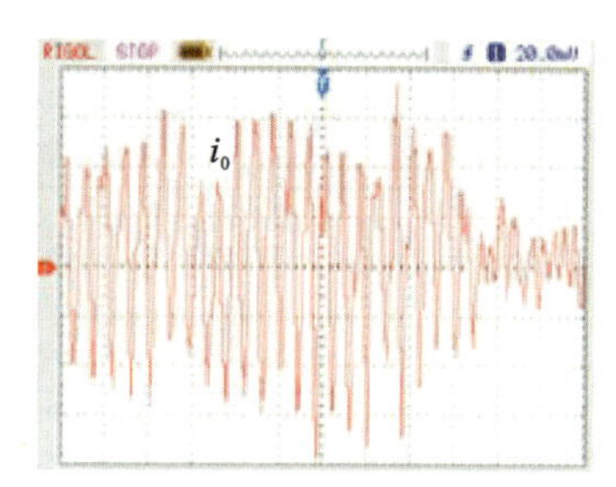

(f) PDM控制下的输出电流

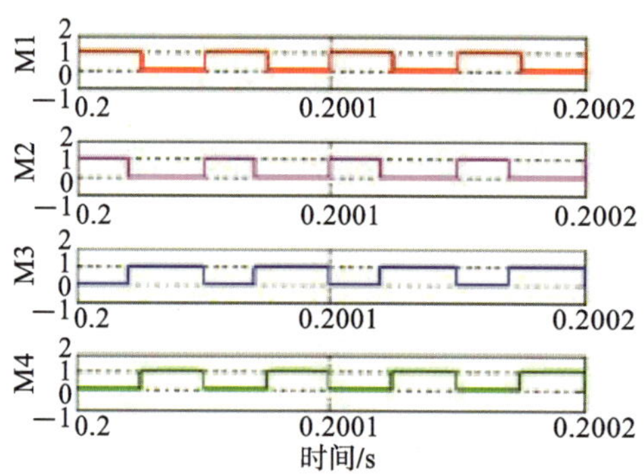

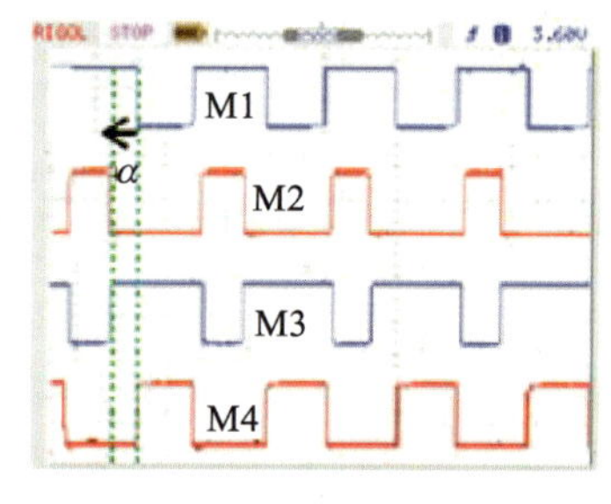

(g) AVC控制下的开关脉冲

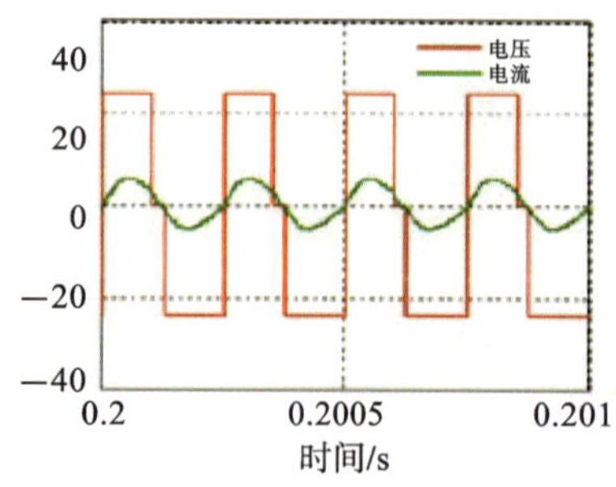

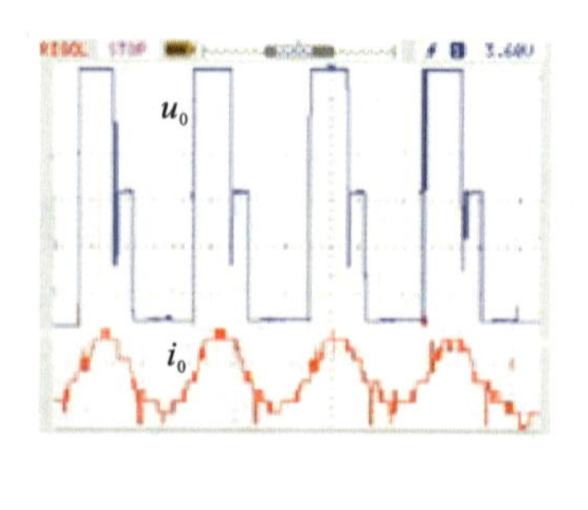

(h) AVC控制下的输出电压和电流

续图 5-18

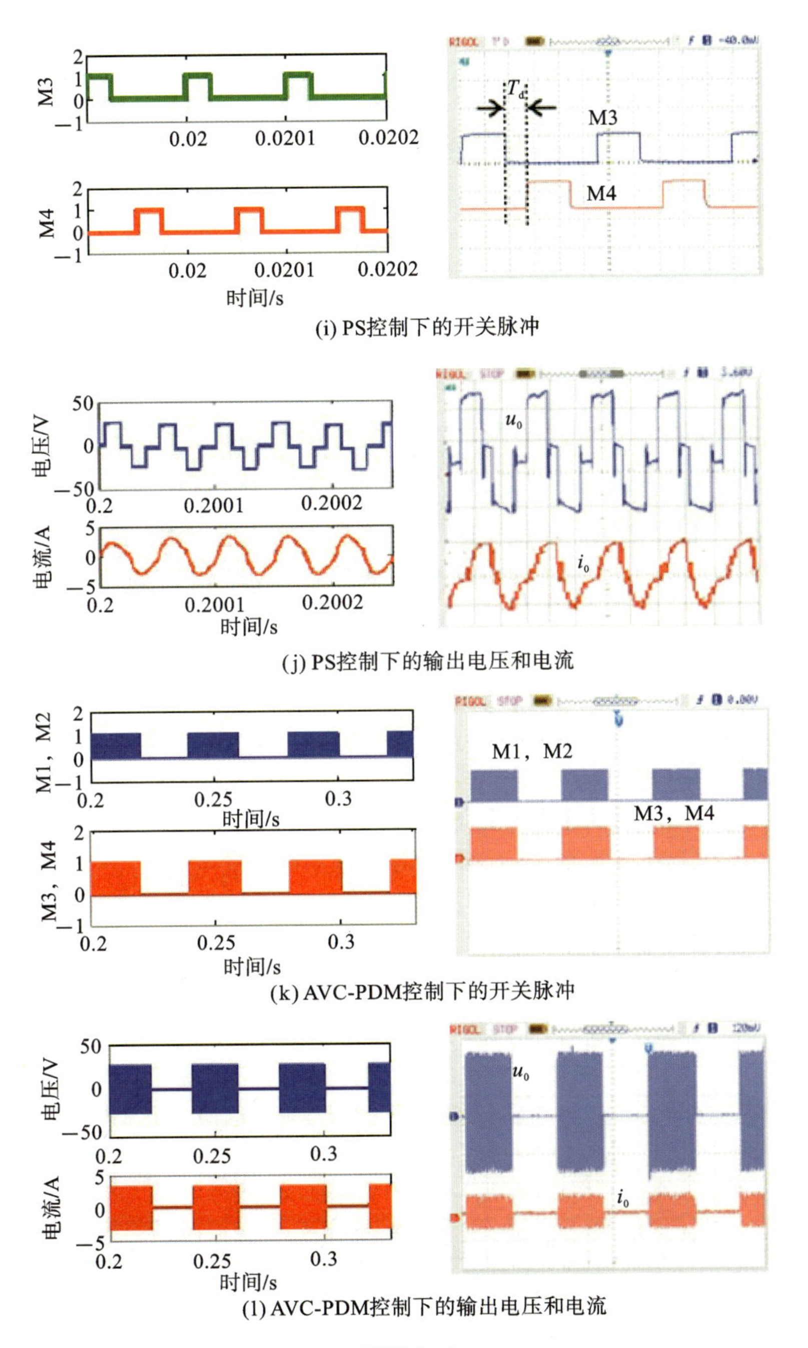

(i) PS控制下的开关脉冲

(j) PS控制下的输出电压和电流

(k) AVC-PDM控制下的开关脉冲

(l) AVC-PDM控制下的输出电压和电流

续图 5-18

各种调制技术的性能比较如表 5-2 所示。AVC-PDM 技术具有较好的效率和控制范围，是调制技术中最受青睐的技术。我们可以开发使用其他调制技术组合的感应加热系统，并且可以估计其性能。此外，这些调制技术可以应用于各种拓扑结构，并且可以提高感应加热系统的性能。感应加热卷烟调制技术改进优化仍是未来的重点。

表 5-2　各种调制技术的性能比较

调制技术	额定功率效率	功率控制范围	评价
方波脉冲	90%	40%～60%	硬开关；低效率
PDM	95%	10%～80%	平滑功率控制；低损耗；电磁干扰
AVC	93%	40%～90%	偶谐波；高效率
PLL	91%	10%～95%	低响应；近似谐振频率跟踪
PS	89%	20%～80%	输入功率利用率低；低效率
AVC-PDM	97%	0～95%	平滑功率控制；低开关损耗

5.2.4　感应加热控制技术

感应加热系统的预期性能只有通过有效的控制算法才能实现。在所有感应加热系统中，输出温度都必须根据负载的需求变化，输出电压或电流也应该满足负载的需求。

用于感应加热系统的各种控制方法在具有各种约束（如动态行为、负载瞬态、系统的稳态性能等）的硬件平台上进行测试。最初，所有的控制算法实际上都是用模拟处理器来实现的，这些处理器有潜在的分频器、运算放大器等。由于半导体技术的发展，快速、先进的处理器应运而生。在初期阶段，人们用微处理器处理计算算法，但当新的便携式微控制器出现在半导体市场时，范式发生了转变。缓慢、高配置、低功耗的现场可编程门阵列（FPGA）和数字信号处理器被开发出来。

基于 FPGA 的功率控制架构如图 5-19 所示。该控制方案通过对数字变换器进行模拟的输出电压和电流采样来实现在线功率测量，考虑采用测量数据的比特流执行期望的任务。该控制器能够进行噪声灵敏度分析和谐波分析，可以在 30～80 kHz 的频率变化范围内用 SRI 验证控制器的能力。经过适当校准，控制回路在不确定时段也能获得所需的输出。因此，基于 FPGA 的控制器为感应加热应用提供了准确和经济的解决方案。同样，还有一种基于 FPGA 的在线硬件回路仿真器，其架构如图 5-20 所示。该仿真器有助于获得逆变器的效率和硬开关范围，可以针对实测参数得到控制逆变器开关的优化方案。我们将获得的解与离线仿真和硬件进行了比较，从而验证了其准确性。

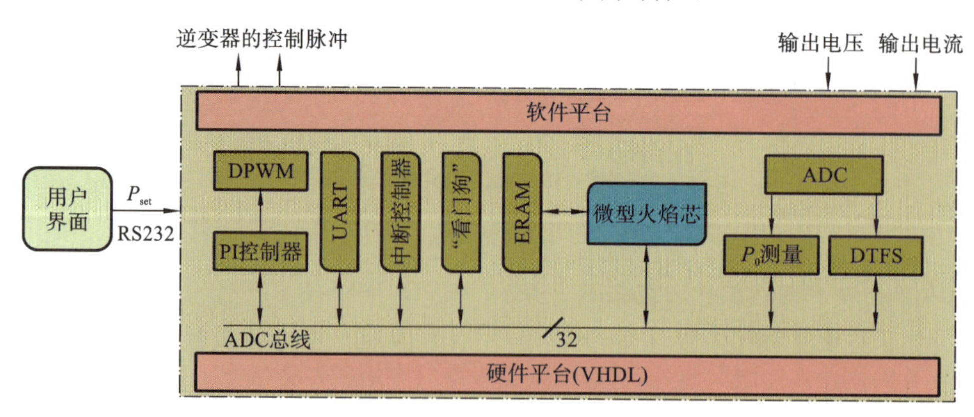

图 5-19　基于 FPGA 的功率控制架构

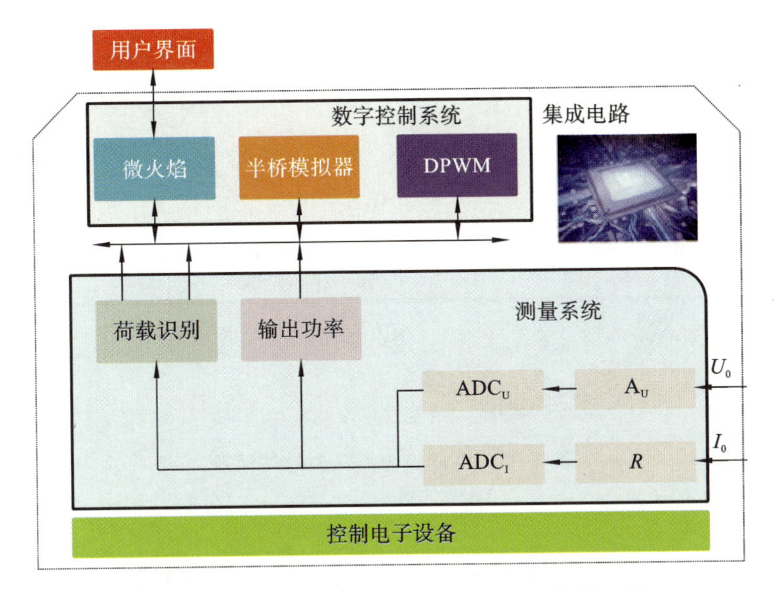

图 5-20　基于 FPGA 的在线硬件回路仿真器架构

感应加热卷烟控制算法仍是产品研发的短板，研究者需要加强这方面的研究力度。

5.2.5　感应加热能量效率改善技术

传统的感应加热线圈由于低磁场集中度以及电流趋肤效应与邻近效应的组合影响，表现出相对较低的能量效率，这一方面导致线圈电磁能量不能有效传递至加热元件，另一方面导致大量线圈电磁能量以功率损耗的形式被转化为热而在线圈中耗散，真正被加热元件利用而转化为热的电磁能量不足。该现象在现有感应加热卷烟中尤为突出。

为了提高感应加热卷烟的能量效率以充分集中磁通，减少线圈发热以避免复杂的冷却结构设计和隔热材料使用，同时有利于加热装置的小型化设计要求和制造的方便性，可采用软磁复合材料(SMC)或软磁可塑复合材料(SM^2C)作为磁通集中器，并与作为加热线圈的利兹线圈结合得到电感器。该设计的优势体现在两个方面。一方面，电感器磁通集中器材料包裹在线圈外围(见图 5-21)，可以有效减少杂散磁场，与加热元件的磁耦合将大幅增加；可以使流入线圈的电流减少，同时仍然保持相同的加热功率；可以降低线圈功耗，具有节能效果。另一方面，用利兹线圈代替铜材线圈并与软磁复合材料或软磁可塑复合材料结合时，在高频应用中，可以消除或显著降低趋肤效应和邻近效应引起的功率损耗，使热量更多集中在加热元件上，如图 5-22 所示。

SMC 或 SM^2C 等软磁材料在感应加热卷烟中的应用及新型磁通集中器的研发，对于改善现有加热卷烟能量利用效率低的缺陷至关重要。

5.2.6　感应加热装置小型化技术

便携式和穿戴式电子设备的兴起，促进了加热器小型化。加热卷烟的便携性和小型化也是人们关注的重点。此外，加热器尺寸缩小可以减少热质和功耗，从而实现更快的响应时间、更高的温度，并促进电池技术的进步。加热卷烟可借鉴其他领域的研究成果来促进

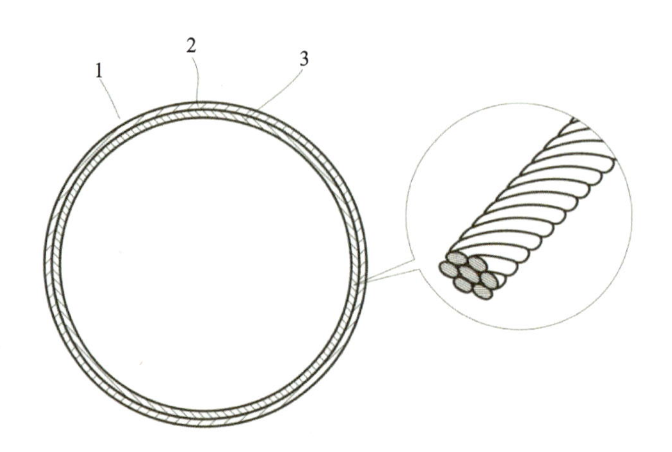

图 5-21　电感器垂直轴向的截面图

1—电感器；2—SMC 或 SM^2C 磁通集中器；3—利兹线圈

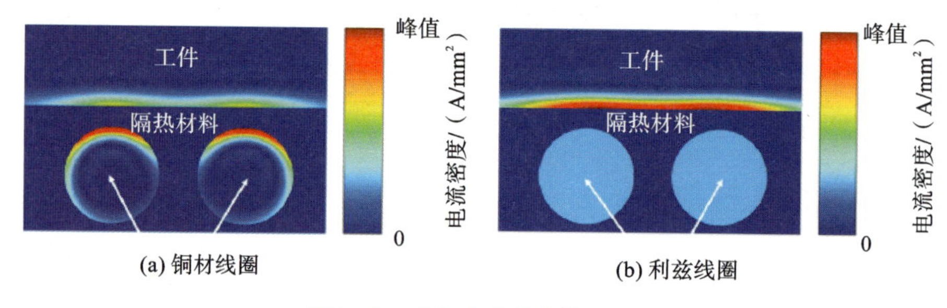

图 5-22　电流密度分布模拟图

产品小型化。

近年，有研究发现嵌入磁性纳米颗粒的聚二甲基硅氧烷（PDMS）在交流磁场下会产生热量。如图 5-23 所示，我们可以通过改变磁性颗粒和磁场强度来控制热量。然而，不需要的局部颗粒聚集会导致实验误差。有研究者开发了一种用于热疗治疗的无线激活微加热器温度调节器。微加热器采用电感-电容谐振电路实现无线谐振射频加热能力。微加热器集成了温度调节器和丙烯酸酯基复合断路器，以防止装置过热。

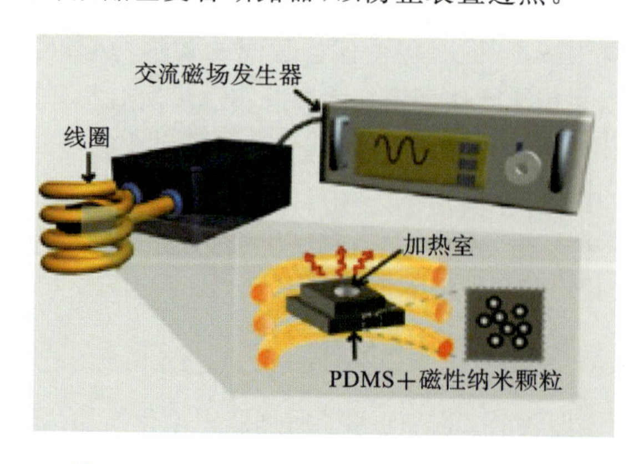

图 5-23　基于磁性纳米颗粒嵌入 PDMS 芯片的感应加热原理图

在微技术领域，柔性衬底有着广泛的应用。柔性电路主要使用聚酰亚胺或聚酯制造，因为减小了尺寸、减轻了重量、缩短了组装时间，成本更低，并且散热能力更好。近年，有研究者将无线、轻便、柔性电子元件用于植入式设备的小型化。有人研究出一种柔性感应加热装置，该装置集成了喷墨印刷导线和柔性聚合物薄膜，特别是金纳米油墨导线（厚度为 1.5 μm）和可生物降解的聚乳酸（PDLLA）薄膜（厚度为 5 μm），如图 5-24 所示。

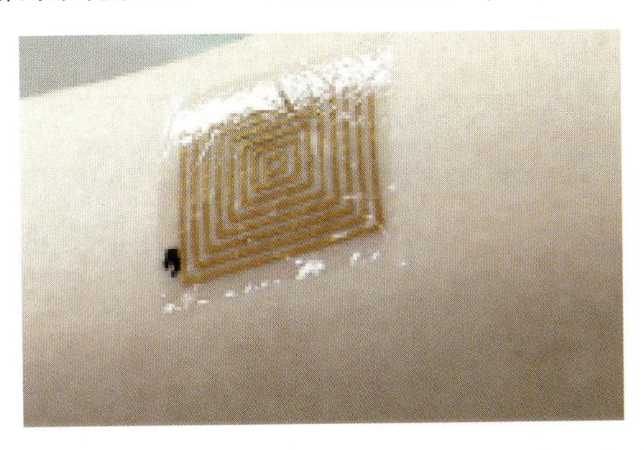

图 5-24　柔性感应加热装置（25 mm×25 mm）贴在人体皮肤上的照片

在电加热器中，我们需要更多的时间来达到更高的稳态温度。我们可以通过在一个更高的电压下驱动加热器来缩短升温时间。但这种技术降低了热精度，因为电阻可能会根据时间和热量变化。对应小型化感应加热装置，热控制系统可以通过使用适当的控制算法来解决这个问题，并根据电阻的变化改变温度，因此可以实现精确的温度控制和快速加热。目前应用广泛的微加热器温度控制系统有开关控制系统、比例积分（PI）控制系统、比例积分导数（PID）控制系统。对于加热卷烟，基于更快升温速率和更精准温度控制的柔性和小型化发热器件研制及与之适配的控制技术开发将成为未来的研究方向之一。

5.3　感应加热的最新研究及其应用

感应加热在家用、工业和医疗应用中不可或缺。结合电磁感应加热卷烟的特点，下文重点阐述了感应加热在家用和医疗领域的最新研究，以期从中获得值得借鉴的研发思路。

5.3.1　家用领域

广泛使用基于感应加热的系统的家用电器包括电磁炊具、电感加热器等。由于不需要单独的冷却系统，系统的整体效率仅取决于功率变换器的性能和负载参数。因此，研究不同的功率变换器拓扑结构并将其扩展到具有紧凑负载线圈的高效多输出方案受到了业界的关注。该研究的一个有趣的观点是，可以通过扩大总加热面积，有效地利用热表面，使工件放置在表面的任何部分。表 5-3 列出了与家用感应加热有关的一些最新研究。

表 5-3　家用感应加热最新研究举例

变换器拓扑结构	领域	控制技术	工作频率/kHz	特点
带普通电容的双输出 SRI	感应烹饪	PWM 控制	30	减少组件的数量、尺寸和成本；采用普通谐振电容；独立的功率控制并不容易；更多开关损耗
多频谐振逆变器	谐振开关	无差拍电流控制	50	采用中心抽头变压器；负载端的输出频率是开关频率的两倍；负载上的涡流更大；负载侧损耗更大；计算谐振频率很复杂
单级升压全桥逆变器	高频应用	移相 PWM	40	直接功率变换；效率高；开关损耗小；高次谐波注入

下面列举部分感应加热系统的研究进展。方案一提出了三桥臂双负载感应加热系统，其中一个桥臂用于两个负载，减少了组件数量，并且有效地利用了设备。该方案的限制在于当两个负载同时操作时，共用桥臂中的电流很高。方案二提出了一种带功率因数校正的双输出感应加热系统，采用 AVC 控制对各负载进行独立功率控制，但输出电压中存在偶谐波。方案三提出了感应加热系统的多逆变器多负载拓扑结构。该方案采用高频 PDM 技术开发了一种经济高效的高功率密度感应加热系统，该系统无法实现独立功率控制。方案四提出了采用非对称占空比控制的独立功率控制全桥逆变器，设计了一种双频双输出感应加热系统。系统在轻负载条件下效率较低。为了提高效率，方案五提出了基于 PDM 的双频率控制。方案六提出了一种多输出零电压开关谐振变换器，用于柔性加热应用。该变换器将线圈布置成矩阵结构并带有单个开关。该方案适用于多输出系统，但对于单负载应用来说体积太大。方案七研究了非金属工件对薄层非磁导电材料的适配性。研究者通过解析电磁模型、有限元模拟和实验测量对薄层的感应性能进行了研究，结果表明该系统非常适合非铁磁性工件。方案八针对全金属家用感应加热系统，提出了一种具有温度补偿和快速响应的功率曲线拟合控制方法。方案九提出了一种与无线功率传输相结合的感应耦合加热应用。与初级电感相比，该方案通过增强功率分配和延长负载距离来改善不同尺寸负载的感应加热，采用延长距离来实现感应目的，使功率损耗更低、电子元件应力更小。可根据加热卷烟自身特点，综合利用上述研究成果，用于新产品研发。

5.3.2　医疗领域

电力电子技术的发展将感应加热的应用扩展到医疗领域。由于它是一种快速、清洁和便携的热源，感应加热被用于医疗器械的制造和灭菌。后来，感应加热被用于对抗疗法和癌症治疗的热疗。为了更好地定位和控制深层组织的加热，用于癌症热疗的间质技术(interstitial techniques)不断发展。铁磁植入物的磁感应加热是间质技术的几种可用技术之一，利用热传导在一系列受控热源内重新分配热量。例如，有人设计了 7 个感应加热线圈，在人体不同部位的铁磁植入物周围产生强磁场。这种感应线圈设备提供了定制磁场分布的能力，以改善与位于体内任何深度或方向的铁磁植入物阵列的能量耦合。有人提出了一种用于电磁热疗的柔性层压铜（FLC）线圈，研究了线圈匝间距对FLC线圈加热性能的影响。该工作旨在通过改变原有柔性线圈的直径和匝间距来减小线圈电感，从而提高高频设备的输出功率，改善治疗，满足实际加热要求。有人设计了感应加热消毒装置，模拟有限元分析和数值研究是确定该装置几何结构和电磁特性的有用工具。

癌症治疗可以通过在约50 ℃的温度下去除受影响的细胞而不损害健康细胞来进行。对于这种治疗，感应加热是首选，因为它是一种非接触式加热方式，是清洁的，并能提供准确的功率控制。通常，铁磁性材料放置在病灶区域以产生热量。现代研究的重点是利用基于流体的纳米颗粒来获得热量的精确分布。这些应用需要一个合适的功率变换器和精确的功率控制机构与适当的电感设计。对于需要灵敏响应的应用，并联谐振变换器是首选，因为通过变换器的谐振电流可以减小，逆变器可以在200 kHz到几兆赫的频率范围内工作。感应加热卷烟可借鉴医疗领域的研究成果，在磁场与热量分布精确化定制及提高响应灵敏度方面有所获益。

5.3.3　加热卷烟领域

各大烟草巨头感应加热卷烟产品的推出时间可以间接反映出感应加热卷烟的技术发展脉络（详见第三章和第四章）。BAT于2019年9月推出了首款感应加热卷烟——Glo Pro。它采用周向感应加热方式，加热元件为金属管，构成了烟支腔。自此，BAT围绕该加热方式推出多款新品，其Hyper系列和Pro系列分别适配不同规格烟支，主要的变化包括烟具小型化和轻量化、外观设计人性化、低温和高温双工作模式以及相应的快速升温功能。从BAT的加热卷烟发展思路可以发现，其将更多研发精力投入感应加热方向，相反，其经典的周向电阻加热型产品自2020年后便再未推出新品。KT&G于2021年推出了基于针式感应加热技术的加热卷烟产品——Lil Solid 2.0。产品采用430F不锈钢针作为感应加热元件，最高加热温度可达336 ℃。2023年，KT&G又推出了迭代产品Lil Solid EZ。2021年，PMI推出了IQOS Iluma系列产品，采用其官网所称的无加热片内部烟草加热原理。PMI的产品与BAT和KT&G的产品最大的区别在于加热元件置于烟支的发烟段中，不与外部电子元件直接连接。这种布局避免了使用常规加热片式产品时，烟支拔插所致的加热片损坏以及需要清洁发热片的不便。

根据欧盟委员会授权指令（EU）2022/2100的规定，从2023年10月23日起，欧盟成员国不得销售特征风味加热烟草制品。为应对相关政策，BAT于2023年推出了无烟草尼古丁替代产品。PMI也推出了适配感应加热烟具IQOS Iluma的无烟草尼古丁替代产品LEVIA。这显然是国际烟草巨头“无烟未来”战略布局付诸实践的重要标志。从烟支角度分析，包括感应加热卷烟在内的可吸入尼古丁产品将立足递送尼古丁的本质消费需求，在一段时间内采取烟草与非烟草并行的发展格局；从烟具角度分析，新材料和显示屏、触摸屏、以人工智能物联网（AIoT）技术为代表的智能人机交互技术将成为各大烟草巨头从传统烟草企业向非烟草高科技公司转型的推手。

5.4 感应加热未来展望

虽然感应加热是一项比较成熟的技术，电力电子接口是其重要体现，但仍有一些额外的问题需要解决，以提高其性能。此外，技术和应用的进步产生了新的研究方向。感应加热的发展始于半导体开关的发展，因此，采用新型变换器拓扑结构设计的宽带半导体开关将提高性能，更可靠，效率更高。

多输出拓扑结构具有更高的灵活性、更强的性能和均匀的热分布。这些拓扑结构可用于家用和工业领域，提供有用的功率控制。此外，为了使所有负载的功率分布均匀，我们还可以采用低开关损耗的独立负载控制。在设计负载线圈(感应器)时，应考虑耦合系数的影响。

基于 PLL 的软开关方案可以降低开关损耗。然而，由于低通滤波器的存在，此方案无法适应大范围的负载变化。因此，我们可以提出增强型频率跟踪回路，在负载变化很大的情况下也能跟踪谐振频率。

动态负载变化是感应加热系统的关键问题。因此，我们必须设计一个适当的控制器来减少时域参数，探索一种有效的控制算法来在线识别负载参数。由于负载和工作点的变化，功率控制是变换器的另一项任务。因此，我们必须针对上述问题研发自适应控制器。未来，可广泛适配不同烟支的感应加热卷烟自适应控制器也许将简化消费者的使用过程，就像一台电磁炉可以适配不同材质的锅那样。

采用各种控制方法可为负载提供可变功率，从而对逆变器的逆变开关脉冲进行相应的调整。此外，由于高频反转作用和负载的非线性，感应加热负载是高度非线性的，需要在电网中注入更多谐波。因此，我们必须设计适当的滤波器来减少注入的谐波。

感应加热技术除了在家庭、工业和医疗领域应用外，还可扩展到包括加热卷烟在内的便携设备领域。感应加热的应用可以扩展到复杂几何形状的负载、低电阻材料加热和三维有限元评估分析，类似在医学应用中可以获得生物组织的热量分布和精确加热，加热卷烟也有相同的研发目标。

近年，基于计算的热管理方法的兴起引起了极大的关注，因为它能够解决复杂的“物理”问题，这些问题使用传统技术很难解决。感应加热系统需要热管理，以防过热和燃烧，提高设备效率和寿命。长期以来，数字技术一直被用来辅助电子产品的热管理。然而，数字技术也有一些局限性。为了提高传统数值方法的有效性并解决其缺点，研究人员已经研究了在热管理过程的各个阶段使用人工智能(AI)。随着尖端的 AI 技术逐渐成为许多领域的强大工具，人工智能在传热研究中的应用越来越受到重视，利用 AI 技术有利于对感应加热传热传质基础机制的探索和产品研发。

5.5　结　　论

随着感应加热应用的急剧增加，在功率变换器、调制技术、控制结构和磁线圈设计等领域的研究如火如荼，软件应能分析温度梯度和快速计算。然而，高精度的仿真研究对于指导研究转化为现实硬件是非常重要的。对各种控制和调制方案以及不同的拓扑结构的研究直接关系到能量效率的提高，如新的 AVC-PDM 技术可以提高效率和获得更好的功率控制范围。

对感应加热卷烟的电力电子接口及其控制器的进一步研究是未来的研究重点。此外，我们还应高度重视 AI 在热管理和人机交互体验方面的研究，提高加热卷烟智能化水平。

参考文献

[1] VISHNURAM P，RAMACHANDIRAN G，BABU T S，et al. Induction heating in domestic cooking and industrial melting applications：a systematic review on modelling，converter topologies and control schemes[J]. Energies，2021，14(20)：6634.

[2] PLUMED E，ACERO J，LOPE I，et al. Design methodology of high performance domestic induction heating systems under worktop[J]. IET Power Electronics，2020，13(2)：300-306.

[3] SAITO M，KANAI E，FUJITA H，et al. Flexible induction heater based on the polymeric thin film for local thermotherapy[J]. Adv. Funct. Mater.，2021，31：2102444.

[4] JEROISH Z E，BHUVANESHWARI K S，SAMSURI F，et al. Microheater：material，design，fabrication，temperature control，and applications—a role in COVID-19[J]. Biomedical Microdevices，2021，24(1)：3.

[5] AHN M，BAEK S，MIN J，et al. A portable electromagnetic induction heating device for point-of-care diagnostics[J]. BioChip J.，2016，10(3)：208-214.

[6] SIESING L，LUNDSTRÖM F，FROGNER K，et al. Towards energy efficient heating in Industrial processes-Three steps to achieve maximized efficiency in an induction heating system[J]. Procedia Manufacturing，2018，25：404-411.

[7] 韩熠，李寿波，李廷华，等. 一种电感器：CN202322452759.0[P]. 2024-04-16.